湖北水事研究中心

湖北经济学院　中南财经政法大学共建

湖北省人文社科重点研究基地

2012 Annual Report of
Hubei Water Resources
Sustainable Development

# 湖北水资源可持续
# 发展报告(2012)

主　编　吕忠梅
副主编　高利红　邱　秋

北京大学出版社
PEKING UNIVERSITY PRESS

**图书在版编目（CIP）数据**

湖北水资源可持续发展报告.2012/吕忠梅主编.—北京:北京大学出版社,2012.12
ISBN 978-7-301-22333-8

Ⅰ.①湖… Ⅱ.①吕… Ⅲ.①水资源利用-可持续性发展-研究报告-湖北省-2012
Ⅳ.①TV213.9

中国版本图书馆 CIP 数据核字（2013）第 063553 号

书　　　名：湖北水资源可持续发展报告（2012）
著作责任者：吕忠梅　主编
责 任 编 辑：王　晶　周　菲
标 准 书 号：ISBN 978-7-301-22333-8/TV·0002
出 版 发 行：北京大学出版社
地　　　址：北京市海淀区成府路 205 号　100871
网　　　址：http://www.pup.cn
新 浪 微 博：@北京大学出版社
电 子 信 箱：law@pup.pku.edu.cn
电　　　话：邮购部 62752015　发行部 62750672　编辑部 62752027　出版部 62754962
印 刷 者：北京世知印务有限公司
经 销 者：新华书店
　　　　　　787 毫米×1092 毫米　16 开本　14.75 印张　323 千字
　　　　　　2012 年 12 月第 1 版　2012 年 12 月第 1 次印刷
定　　　价：35.00 元

# 让江河湖泊休养生息（代序）

　　2011年，"看海"成为流行语，人们调侃"城市病"背后透出的无奈。一场并不大的降雨，便可以处处成"海"，人们诟病，是城市下水管网系统不完善造成了排水不畅。但是，我们知道，雨水最终的去处是江河湖泊，下水管网仅仅是输送，如果江河湖泊接受不了雨水，有再完善的下水管网，城市依然会成"海"。有好的下水管网，可以解决一些问题；但要从根本上说，解决成"海"问题并不止把下水道修大、修好那么简单。

　　专家告诉我们，河流有8个性状对于河湖生态系统具有不可忽视的作用，包括：汇集，把集水区的水汇进来；传输，从一个地方流到另外一个地方，携带水体内的物质；转化，河流奔腾向前，不断引发氧化还原等物质形态变化的化学反应，从而降低污染物的浓度；沉积，所以有时候河床不断增高；传播，河流生物物种带到别的地方；冲刷和切割，使岸线改变；延长，使河流拉长，在河口形成三角洲、湿地；流水生态，流水水体与静水水体的生态系统结构与功能是不一样的。而江湖阻隔后，原有的洪涝调蓄、水位调节、水文节律、鱼类洄游、产卵场维护、湿地净化等功能都将不复存在。

　　其实，解决下水道的问题并不复杂，有资金、做规划、按图施工就可以了。而要解决雨水的去向问题，则麻烦多多。君不见，几十年来，我们相信"人定胜天"，围湖造田提高粮食种植面积和产量、围湖造地开发房地产、筑坝筑路截断本来联通江河与湖泊、向江河湖泊排放污水、投肥投药养殖、把江河湖泊当作天然垃圾填埋场……其直接的后果是湖泊面积和数量锐减、江河湖泊生态功能萎缩、水污染严重，它们已经没有能力再接纳哪怕多一点的雨水，不堪重负的江河湖泊以成"海"的方式表达着它们的忧伤、它们的愤怒。

　　江河湖泊在哭泣，您看到了吗？江河湖泊在喊"救命"，您听到了吗？

　　显然，有人看到了，也听到了。

　　2008年初，胡锦涛总书记在安徽考察淮河，明确提出要让江河湖泊休养生息，使休养生息成为中国水环境综合治理的指导思想，逐步恢复山清水秀、江河安澜的自然风貌。

　　根据让江河湖泊休养生息的总体要求，国务院有关部门作出了一系列重大部署。国务院办公厅下发了《关于加强重点湖泊水环境保护工作意见的通知》，环境保护部召开专门会议，制定了若干重要的政策措施。并提出了湖泊环境保护的目标：继续以太湖、巢湖、滇池以及三峡库区、小浪底库区、丹江口库区为保护重点，并加强对洪泽湖、鄱阳湖、洞庭湖和洱海等水环境保护工作。到2010年，重点湖泊富营养化加重的趋势得到遏制，水质有所改善；到2030年，逐步恢复重点湖泊地区山清水秀的自然风貌，形成流域生态良性循环、人与自然和谐相处的宜居环境。

2009年，全球四十多个国家和地区的一千五百多位湖泊治理专家聚会武汉，在为期五天的第十三届世界湖泊大会结束时，发表了《武汉宣言》，倡导全球各国政府、社会团体、企业、水资源使用者和提供者等所有利益相关方"让湖泊休养生息"，进而促进人类经济社会的可持续发展。

2011年，财政部、环保部专门制定《湖泊生态环境保护试点管理办法》，启动了湖泊生态环境保护专项，投入大量资金支持重点湖泊的生态环境保护。与此同时，国务院组织环保部、财政部、水利部正在制定《重点流域水污染防治规划（2011—2015）》，准备打出湖泊生态环境保护的"组合拳"。

在湖北，"十二五"规划和第十次党代会都提出了建设"生态湖北"的目标。明确要以"三库、三江、三湖"为重点，加强水环境综合治理。梁子湖等一些湖泊也纳入了国家重点湖泊，得到了国家专项的支持。

但是，我们身边的江河湖泊的生态环境似乎并没有发生我们期待中的改变，阻隔依然、污染仍在。儿时的长江、长湖，还是在回忆中、睡梦里。

残酷的现实在告诫我们：污染易恢复难，江河湖泊是一个大系统，其生态环境的改善和生态功能的恢复，需要的是几十年时间和几代人坚持不懈的努力。只有从今天开始努力，我们的子孙后代才可能见到碧水蓝天！

为了子孙后代，让江河湖泊休养生息。首先需要了解湖泊、认识湖泊、理解湖泊。但事实上，对身边的湖泊，我们知之甚少，基础数据极度短缺、基础研究严重不足，一些最基本的概念都还模糊不清，对湖泊生态系统的认知水平远没有我们想象的那么高。在这种不高的认知水平下，我们开发利用湖泊，竭泽而渔者有之、竭泽而用者更大有之。使用过度，导致水量不足，水路阻隔，纳污过量，营养超负，富营养化加剧，富营养化而后沼泽化，再而导致湖泊解体乃至消亡。千湖之省不再，重点湖泊治污任务艰巨，如何处理利用与保护之间关系，成为了今天面临的重大问题。

让湖泊休养生息，最简单的理解，休养生息就是减轻负担、安定生活、恢复元气。休，就是为江河湖泊减负，少污染或者不污染；养，就是给湖泊扩容，保证湖泊有充足的水量、畅通的水道。其实，更确切地说，休和养无法绝对分开，因为污染物削减与生态修复就是协同作用的。正因如此，"生态水利"的提出具有了特别意义，它不仅是实行最严格的水资源管理制度的重要措施，也是我们对湖泊生态系统认知深化的一种体现。

让江河湖泊休养生息，既需要休，也需要养，休是前提，养是出路。我们必须明确的是，休、养的范围不应该仅仅只针对减轻污染，沟通江湖，打破阻隔，更重要的是协调湖泊的能力与发展模式。因此，无论休抑或养，根本上是要保护湖泊生态系统。休，要减轻负担和压力，不仅仅要减轻污染物入湖和污染物给湖带来的负担与压力，还要减轻各种对湖泊无休止需求的压力与负担。人们对湖泊有供水、纳污、航运、养殖、旅游、景观等诸多需求，索取湖泊的水量、水质、水能，湖泊还自发地提供人类社会明知或不被明知的生态系统服务价值，如物种传播、生物繁衍等服务。为了让湖泊休养生息，必须禁止或限制一些对湖泊功能的索取，如严禁湖泊纳污，限制或禁止养殖特别是投饵养殖，合理地从湖泊取水，保障向湖泊补水，等等。在湖泊多种功能与人们的不同利益相互交织的情况下，需要通过制定法律法规，规范人们的行为，平衡和协调各种利益关系，保证湖泊恢复或重建健康的生态系统，实现休养生息。

让江河湖泊休养生息，从科学技术层面，需要加强研究，以湖泊的发生学为背景，从湖泊的物理形态、物理和化学性状出发，对湖泊的主要功能加以定位，通过调查研究，剖析湖泊生态系统的现状和发育阶段，制定分类分期分区治理与管理的规划与计划，然后全面、同步地推进实施。从社会公众层面，需要在环境生态工程实施的同时，遵循生态系统修复原则，宣传对湖泊生态系统保护的知识，在对湖泊的开发利用过程中高度关注湖泊的生态健康。这就需要控制人们对湖泊利用的各种行为，通过采取各种治理措施，建立绿色产业链并引导消费；同时，对于各种不利于湖泊保护的行为，需要进行严格的监管。在这个意义上，政府及其职能部门、企业、社会公众都应担负起各自的责任。

让江河湖泊休养生息，需要采取综合性措施，但是其中必然有主导措施，这类措施的实施足以驱动整个系统的全面演变。我们听说过诸如美加五大湖、日本琵琶湖管理和治理的成功经验，从目前已有经验来看，主导措施就是健全法律、法规并加以严格执行，对污染物的发生、处理与入湖管理实行全过程控制。在此，我们介绍了来自我国台湾地区、欧盟和美国不同方面的做法，以资借鉴。

我们相信，真正坚持科学发展观，采取切实可行的治理措施，经过长期努力，众多波光粼粼、清澈秀美的湖泊一定会展现在世人面前。

吕忠梅

2012 年 9 月 13 日于中央党校

# 目　　录

# 总报告

## 湖北省湖泊保护现状、问题及对策

在数千年的人类文明演进中,具有独特功能的湖泊是维系人与自然和谐发展的重要纽带,全球湖泊的加速消亡正在严重威胁湖泊的生态服务功能。因水资源不合理利用造成文明兴衰的例子比比皆是,中国古代辉煌的楼兰文明已埋葬在万顷流沙之下,水草丰美的美索不达米亚、小亚细亚如今已变成不毛之地,闻名于世的地中海腓尼基文明、北非撒哈拉文明相继消亡。可以说,是水孕育了人类,人水和谐,延绵不断,支撑着人类文明的浩瀚进程。

——周生贤在第十三届世界湖泊大会上的讲话

# 湖北省湖泊保护的现状、问题及对策*

*《湖北省湖泊保护条例》立法课题组*

湖北因"湖"得名、得水独厚。湖北因水而兴,也因水而忧。2011年,受湖北省人大法律工作委员会的委托,湖北水事中心承担了起草《湖北省湖泊保护条例(专家建议稿)》的任务。接受委托后,湖北水事中心专门组成课题组,对湖北省湖泊保护情况进行了综合调研。通过调研,课题组深入了解了湖北省的湖泊资源的自然状况、湖泊管理与保护的现状以及湖泊资源保护存在的问题,为制定适应湖北省情的湖泊保护立法提供基础。

## 一、湖北省湖泊利用与保护的基本情况

湖泊是指陆地表面洼地积水形成的比较宽广的水域。一个典型的湖泊,通常由湖泊水体、湖盆、湖洲、湖滩、湖心岛屿等部分组成。

湖泊是一个庞大的生态系统,具有为人类生活和经济社会发展提供丰富水源;调蓄水资源,防洪、防涝和实施农业灌溉;保护生态环境,调节湖泊水陆系统循环,栖息繁衍水生动植物;涵养地下水、调节气候和旅游观光等多种功能。千百年来,湖泊以优美的自然环境、丰富的资源孕育了灿烂的荆楚文化,同时在经济上湖区周围地区更成为富饶之地。我国古有"两湖熟,天下足"的谚语,就是指湖北湖南两省得洞庭湖灌溉和水利之便而富庶繁荣。

### (一)湖北省湖泊概况

湖北省素有"千湖之省"之美誉,众多湖泊大都是古代云梦泽淤塞分割而成,集中分布于湖北省35个县市约4万平方公里的长江与江汉之间,因此被称为"江汉湖群"。其

---

* 本文为湖北省人大法律工作委员会委托立法项目——《湖北省湖泊保护条例(专家建议稿)》调研报告的一部分,主要为发现湖北省湖泊保护的法律需求而进行。调研由邱秋、刘佳奇、刘长兴、尤明青、陈虹、赵翔、彭彦、于佳、余吉超、汤皓、曹阳完成。本文执笔人:吕忠梅、赵翔。定稿人:吕忠梅(湖北经济学院教授、院长,湖北水事研究中心主任)。

成因是长江在这里摆动很大,经自然截弯取直后,从而形成了众多的弓形湖泊。[①]

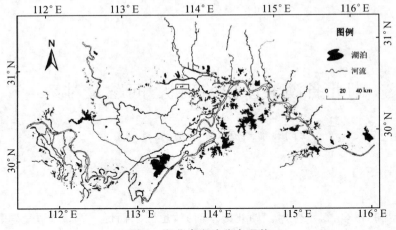

**图1  湖北省湖泊分布现状**

在自然地理上,湖北省的湖泊按照成因可以分为河间洼地湖、岗边湖、壅塞湖、河谷沉溺湖和牛轭湖六种,其中分布最广、面积最大的是河间洼地湖和岗边湖。

江汉湖群的湖主要为河间洼地湖,系长江及其支流之间低洼地积水而成,呈浅碟形。湖北省的洪湖、汈汊湖、大沙湖、运粮湖等都属河间洼地湖;其次是岗边湖,岗边湖系河流漫滩后缘与外围岗地之间的低地积水而形成,呈锅底形。湖北省的梁子湖、长湖、张渡湖、斧头湖等均属岗边湖。洼地湖和岗边湖的共同特点是浅而平,湖底泥沙淤积较厚,水深一般只1—2米,最深处也只有3—5米,较深的梁子湖,最深不到5米,洪湖只有3.5米左右,客观上容易被围垦。

相比而言,河间洼地湖的水更浅,岸线平直单调,沼泽化明显,更易被开垦利用。这类湖泊在人类活动的影响下,更容易出现面积萎缩甚至消失的风险,如湖北省的三湖、白露湖、大同湖等河间洼地湖就基本消失。而岗边湖的湖汊较多,岸线曲折、狭长,湖泊与陆地相邻面积广,更容易受到来自岸上活动的影响。

据历史记载,江汉湖群的开发利用始于晋朝,随着经济发展与人口增加,围湖垦殖的速度不断加快,范围不断扩大,与水争地的不合理现象时有发生。因过度围湖垦殖,酿成严重水患,清乾隆皇帝不得不两次降诏严令禁止围湖垦殖。新中国成立以后,江汉湖群因多年来自然淤积和遭到大面积的人工围垦、填湖建设,湖泊的数量和水面积已急剧减缩。[②]

① 如图1,参见魏显虎等:《湖北省湖泊演变及治理对策》,载《湖泊科学》2007年第5期。

② 参见《湖北湖泊现况》,网址:http://bbs.cnhan.com/thread-16410737-1-1.html,最后访问时间:2011/10/20。

表1　湖北省湖泊的主要成因类型及其特点

| 类型特征 | 河间洼地湖 | 岗边湖 |
|---|---|---|
| 成因 | 系长江及其支流如松滋河、东荆河、汉江、汉北河、天门河之间低洼地积水而成的湖泊。 | 系河漫滩后缘与外围岗地之间的低地积水而形成的湖泊,多分布于泛滥平原与其外围台地的接触部位。 |
| 形态特征 | 平面形态呈圆形,湖盆呈碟状;湖滩倾斜,港湾少,水浅,一般1—2 m。 | 呈树枝状,湖盆呈平底锅形,湖岸较陡,港湾多,湖岸线弯曲复杂,水深一般2—4 m。 |
| 水文特征 | 因湖盆浅平,水位季节性变幅不大;湖滩发育,湖面平静,无湖流。 | 水位变幅大,一般多年高低水位4—5 m,面积变化小,常有浪和湖流。 |
| 营养状况 | 一般为富营养化或极富营养化。 | 一般为中营养化或中富营养化。 |
| 水生生物 | 水生生物极繁盛,水草、芦苇等维管束植物衍生,单位面单位面积生物量一般大于4000 g/m²,湖泊沼泽化明显。 | 水生生物和成鱼产量均较低,单位面积生物量一般小于4000 g/m²,湖泊沼泽化不明显。 |
| 沉积特征 | 沉积物多为淤泥和淤泥质粘土,沉积速率小,如洪湖为1.9 mm/a。 | 沉积物多为淤泥和淤泥质粘土,速率大,如长湖为3.4 mm/a。 |
| 代表湖泊 | 洪湖、三湖、白露湖、运粮湖、大同湖、大沙湖、排湖、官湖、汈汊湖、西湖等。 | 梁子湖、长湖、野猪湖、后湖、武湖、张渡湖、黄盖湖、斧头湖、保安湖等。 |

**(二)湖北省湖泊的经济、社会和环境功能**

境内的湖泊集中分布于东经111°30′—116°06′、北纬29°26′—31°30′范围内,海拔高程在50 m以下,大多是长江、汉江及其支流演化过程中形成的伴生湖泊,由古代云梦泽淤塞分割而成,是长江、汉江侵蚀与堆积地貌的有机组成部分,因此被称为"江汉湖群",湖北省也因此获得了"千湖之省"的美名。亚热带大陆性季风气候具有湿热同期的特点,多年平均降水量1100—1350 mm,太阳年辐射总量106—118 kcal/cm²,年平均气温约16℃,除历史气候寒冷年外,湖面一般不封冻。这些特点为湖群水生动植物滋生繁衍和湖区农业生产提供了优越的自然条件。

1. 调蓄水资源,行洪、防涝,提供生活用水

湖北省湖泊一般地处天然洼地,水面高程低于周围地面,比人工水库和堤防更能发挥蓄洪功能。以2010年为例,全省湖泊调蓄洪水118亿立方米,解除了1850万亩农田(占受渍涝威胁2399.5万亩农田的77.1%)的渍涝威胁,有效保护了长江下游15座县级以上城市1135万人的安全。湖北省的湖泊是大多数城市和农村的饮用水源,湖泊所蓄积的洪水在秋冬降水较少的季节为人畜饮用和工农业生产提供了重要水源。

2. 调节湖泊水陆系统循环,栖息繁衍水生动植物

湖泊具有净化水质、调节气候、维系生态平衡和维护生物多样性等重要生态功能。尤其是大量的湖泊面积由于水浅而形成的湖泊湿地(湖泊湿地占全省湿地总面积的19.8%),生态意义十分突出。历史上,湖北省的湖泊大多与长江、汉江等相通,形成独特的江湖复合生态系统,是名副其实的生物种质资源的摇篮和基因库,生物呈丰富多样性,

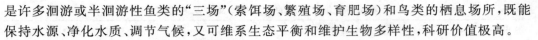

是许多洄游或半洄游性鱼类的"三场"(索饵场、繁殖场、育肥场)和鸟类的栖息场所,既能保持水源、净化水质、调节气候,又可维系生态平衡和维护生物多样性,科研价值极高。

3. 涵养地下水,为经济发展提供水资源

在经济发展层面,湖北省湖泊具有水产养殖、旅游观光、水域航运、提供工农业用水等功能:

(1) 水产养殖。根据《2010 湖北水产年鉴》,2010 年湖北省湖泊水产养殖面积294 万亩,产量38 万吨,分别占全省养殖总面积、水产品养殖总产量的29.8%和10.1%,为湖北淡水水产品总量连续 15 年位居全国第一位作出了重大贡献。全省以湖为生,或从事湖泊渔业生产、捕捞的人口约100 万,渔船近 2.5 万艘。洪湖、鄂州、仙桃、监利等重点湖区市县的渔业产值占大农业的五成以上。

(2) 旅游观光。湖北省湖泊旅游的主要景点有武汉东湖、鄂州梁子湖、赤壁陆水湖、神农架大九湖、黄石仙岛湖等。2011 年上半年仅武汉东湖磨山景区、听涛景区、马鞍山森林公园、落雁景区及牡丹园共接待游客 205.9 万人次,旅游总收入 3821 万元,同比增长25.6%,其梅花节、樱花节、牡丹花节以及端午文化节已经成为省内外重要的旅游品牌。

(3) 水域航运。根据湖北省第二次内河航道普查情况,全省共有通航湖泊 18 个,航道里程共计 659.22 公里,其中全年通航的有 609.82 公里。通航里程较长的湖泊主要有洪湖、梁子湖、长湖、龙感湖、木兰湖、大冶湖和保安湖等。

(4) 工农业用水。湖北省是以水稻为主的粮食大省,主要是因为湖泊可以提供丰富工农业用水;湖北省的工业布局也是沿江沿湖展开。

4. 保护水环境,孕育水文化

千百年来,湖水养育了湖北人,"楚风浓郁,楚韵精妙"。几乎每个湖泊都有自己的文化渊源,比如斧头湖有杨幺宣花大金斧的传说,龙感湖有"不越雷池一步"的典故。湖北的戏曲、文学、饮食、民风民俗无不与水相连、缘水而起。

# 二、湖北省湖泊保护存在的主要问题

此次调研,课题组走访了湖北省农业厅、环保厅、水利厅、林业厅、交通厅和武汉市水务局等政府部门,并对梁子湖、洪湖、斧头湖、丹江口水库湖泊和水库进行了实地考察。以发现湖北省湖泊保护存在的一些问题。

## (一) 湖泊基础资料匮乏,家底不清,情况不明

湖北省到底有多少湖泊,各个湖泊的基本情况如何,这是我们在调研中最想了解的基础性资料。然而,这似乎是最不可能的事情。调研组所到的管理部门,无一可以提供完整的全省湖泊信息。我们在调研中了解到,省水利厅已于 2009 年立项,对全省 5 平方公里以上湖泊进行调查、测量,计划用 3 年左右时间、分两阶段完成。第一阶段主要开展湖泊数量统计,湖泊水面线及湖面面积测量,湖泊水系与水文、水污染等特征资料的搜集、测量,湖泊变迁及湖泊治理等情况调查;第二阶段主要完成水位——面积——湖容曲

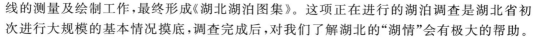

线的测量及绘制工作,最终形成《湖北湖泊图集》。这项正在进行的湖泊调查是湖北省初次进行大规模的基本情况摸底,调查完成后,对我们了解湖北的"湖情"会有极大的帮助。

但是,我们也必须承认,即便这个调查完成,对于湖北省的湖泊现状,也还有许多不明之处:如湖北省5平方公里以下的湖泊有多少?"湖"、"堰"、"塘"如何划分?湖泊与江河、湖泊与湿地、湖泊与水库到底是什么关系?等等。还有,除了湖泊的水文、水污染等特征资料以外,与湖泊相关的经济、社会、生态发展资料如何获得?基础信息不全,必然对湖泊保护带来不利影响。

**（二）湖泊数量、面积锐减,湖泊蓄水量变化大**

1. 湖泊数量锐减

20世纪50年代,湖北省100亩以上的湖泊有1332个,其中5000亩以上的湖泊322个;70年代后期,0.5平方公里以上的水面湖泊有609个;80年代仅剩下309个,300个湖泊消失,湖泊数量下降了49%。2009年1月,湖北省水利厅发布的《湖北省水资源质量通报》称,全省现有百亩以上湖泊仅为574个,比20世纪50年代减少56.9%,其中5000亩以上的湖泊仅剩100余个,比上世纪五十年代减少2/3。如荆州市因洪湖、长湖、三湖、白鹭湖而得名的"四湖",现在三湖、白鹭湖已基本消失,实际只剩"两湖"。有专家介绍,湖北每年有15个百亩以上湖泊消失,照此速度,几十年后湖北省将无湖泊可管。①

2011年9月,课题组从水利厅获悉,当前湖北省1平方公里以上的湖泊258个,5000亩(折合3.33平方公里)以上的湖泊104个,10平方公里以上的湖泊47个。

2. 湖泊水面积萎缩

与湖泊数量锐减相比,湖泊水面积萎缩更为明显。20世纪初期,湖北省湖泊面积约为26000平方公里;到2005年,面积为3025.6平方公里,仅为百年前的11.64%。与20世纪50年代相比,2005年湖北省湖泊面积减少了64.4%。作为湖北省第一大湖的洪湖,20世纪50年代水域面积达760平方公里,目前夏秋季节水面最大时也仅为400多平方公里。据武汉区域气候中心最新卫星遥感洪湖水体监测图显示,2009年1月31日,洪湖水体面积仅为309.95平方公里。长湖20世纪50年代中期水域面积约为65万亩,现有水面约为21万亩,减幅近68%。②

3. 典型湖泊蓄水动态变化大

2010年全省13个典型湖泊年末蓄水总量为18.46亿立方米,比年初蓄水总量减少4.87亿立方米,减少幅度为20.9%(见表1)。③

① 《"湖泊管理条例"须尽快出台》,网址:http://hb.qq.com/a/20100130/000433.htm,最后访问时间:2011/10/20。
② 张毅等《近百年湖北省湖泊演变特征研究》,载《湿地科学》2010年第1期。
③ 资料来源:《2010年湖北省水资源公报》。

表1　2010年湖北省典型湖泊蓄水量

| Ⅱ级行政分区 | 湖泊 | 年初蓄水总量(亿立方米) | 年末蓄水总量(亿立方米) | 蓄水变量(亿立方米) |
|---|---|---|---|---|
| 武汉市 | 鲁湖 | 0.52 | 0.48 | −0.04 |
| 武汉市 | 汤逊湖 | 0.72 | 0.73 | 0.01 |
| 黄石市 | 大冶湖 | 0.36 | 0.48 | 0.12 |
| 黄石市 | 张家湖 | 0.26 | 0.26 | 0 |
| 黄石市 | 保安湖 | 0.89 | 0.91 | 0.02 |
| 荆州市 | 长湖 | 2.97 | 2.28 | −0.69 |
| 荆州市 | 洪湖 | 4.44 | 3.85 | −0.59 |
| 黄冈市 | 武山湖 | 0.29 | 0.25 | −0.04 |
| 鄂州市 | 梁子湖 | 9.89 | 6.32 | −3.57 |
| 鄂州市 | 三山湖 | 0.54 | 0.56 | 0.02 |
| 鄂州市 | 鸭儿湖 | 0.49 | 0.43 | −0.06 |
| 咸宁市 | 西凉湖 | 1.01 | 0.93 | −0.08 |
| 咸宁市 | 斧头湖 | 0.95 | 0.98 | 0.03 |
| 合计 | | 23.33 | 18.46 | −4.87 |

**(三)湖泊污染严重,水质状况令人担忧**

随着湖北省人口增加和城镇化进程加快,主要湖泊周边地区工业、农业、运输业和旅游业快速发展,湖泊流域水体污染与功能退化共存,环境问题和经济问题叠加,致使湖泊流域水资源保护受到严重威胁,一些湖泊面临水质持续恶化、功能退化等危险。

**1. 湖泊水质状况不佳,富营养化程度较高**

根据水利厅发布的《2010年水资源公报》,2010年全年共评价26个湖泊,评价面积1552.31平方公里;其中Ⅱ类水湖泊1个,评价面积为5.92平方公里,占0.4%;Ⅲ类水湖泊10个,评价面积为744.50平方公里,占48.0%;Ⅳ类水湖泊7个,评价面积为663.56平方公里,占42.6%,为洪湖、东湖、严西湖、龙感湖、大冶湖、网湖和大岩湖;Ⅴ类水湖泊3个,评价面积为108.0平方公里,占7.0%,为汤逊湖、武山湖和西凉湖;劣Ⅴ类水湖泊5个,评价面积为30.33平方公里,占2.0%,为南湖、内沙湖、南太子湖、墨水湖和磁湖。湖泊主要超标项目为氨氮、总磷、挥发酚、高锰酸盐指数和总氮。从湖泊富营养化的角度评价,其中贫营养湖泊2个,评价面积74.70平方公里,占4.8%;中营养湖泊17个,评价面积为1225.13平方公里,占78.9%;富营养湖泊7个,评价面积252.48平方公里,占16.3%(见表2)。[①]

---

① 资料来源:《2010年湖北省水资源公报》。

表2  2010年湖北省主要湖泊水质状况和营养化程度

| 湖泊名称 | 水质类别 | | 主要超标项目 | 营养化程度 | | 备注 |
|---|---|---|---|---|---|---|
| | 当年 | 上年 | | 当年 | 上年 | |
| 洪湖 | Ⅳ | Ⅳ | 总磷 | 中营养 | 中营养 | |
| 长湖 | Ⅲ | Ⅳ | | 中营养 | 中营养 | |
| 武山湖 | Ⅴ | Ⅴ | 总磷、总氮 | 富营养 | 富营养 | |
| 龙感湖 | Ⅳ | Ⅲ | 总氮 | 富营养 | 富营养 | |
| 大冶湖 | Ⅳ | Ⅲ | 铅 | 中营养 | 中营养 | |
| 梁子湖 | Ⅲ | Ⅲ | | 中营养 | 中营养 | |
| 黄盖湖 | Ⅲ | Ⅲ | | 中营养 | 富营养 | |
| 斧头湖 | Ⅲ | Ⅱ | | 中营养 | 中营养 | |
| 汈汊湖 | Ⅲ | | | 富营养 | | 新增 |
| 鲁湖 | Ⅲ | | | 中营养 | | 新增 |
| 汤逊湖 | Ⅴ | | 总氮 | 中营养 | | 新增 |
| 南湖 | 劣Ⅴ | | 氨氮、挥发酚、总磷 | 中营养 | | 新增 |
| 内沙湖 | 劣Ⅴ | | 总磷、总氮 | 中营养 | | 新增 |
| 东湖 | Ⅳ | | 总磷 | 贫营养 | | 新增 |
| 严西湖 | Ⅳ | | 总磷 | 中营养 | | 新增 |
| 严东湖 | Ⅱ | | | 中营养 | | 新增 |
| 南太子湖 | 劣Ⅴ | | 高锰酸盐指数、氨氮、总磷 | 富营养 | | 新增 |
| 后湖 | Ⅲ | | | 中营养 | | 新增 |
| 涨渡湖 | Ⅲ | | | 贫营养 | | 新增 |
| 墨水湖 | 劣Ⅴ | | 氨氮、总磷、总氮 | 中营养 | | 新增 |
| 保安湖 | Ⅲ | | | 中营养 | | 新增 |
| 磁湖 | 劣Ⅴ | | 氨氮、生化需氧量、总磷 | 富营养 | | 新增 |
| 网湖 | Ⅳ | | 总磷、总氮 | 富营养 | | 新增 |
| 西凉湖 | Ⅴ | | 总氮 | 中营养 | | 新增 |
| 大岩湖 | Ⅳ | | 总磷、总氮 | 富营养 | | 新增 |
| 密泉湖 | Ⅲ | | | 中营养 | | 新增 |

2. 水功能区水质达标率不高

湖泊类水功能区评价面积为1526.31平方公里,达标面积为585.22平方公里,面积达标率为38.3%;水库类水功能区评价蓄水量为658.8868亿立方米,达标蓄水量为616.1136亿立方米,蓄水量达标率为93.5%。各类不达标的水功能区主要超标项目为氨氮、总磷、高锰酸盐指数、挥发酚和五日生化需氧量。[①]

3. 湖泊污染来源复杂,防控不力

农业和农村的生产和生活方式成为最主要的污染源。湖北省主要湖泊流域周边产

---

① 资料来源:《2010年湖北省水资源公报》。

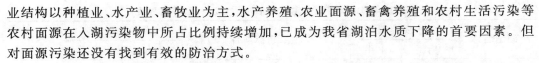

业结构以种植业、水产业、畜牧业为主,水产养殖、农业面源、畜禽养殖和农村生活污染等农村面源在入湖污染物中所占比例持续增加,已成为我省湖泊水质下降的首要因素。但对面源污染还没有找到有效的防治方式。

城市点源污染没有得到有效控制,跨界水污染日益严重。省内城郊型湖泊,随着湖区周边工业发展、人口数量增加,未经处理的工业污水、城市生活污水大量排入湖中。跨界湖泊由于缺乏监管,污染更加严重。

旅游成为新的污染源。随着一些湖泊知名度的提升,如东湖、梁子湖等以餐饮、住宿为主的旅游业迅速发展,但污染防治措施没有跟上,使得旅游业产生的生产、生活垃圾成为湖泊流域新的污染源。

### (四)湖泊水域生态空间萎缩,生态系统局部碎化

新中国建立以来,湖北开展了几次大规模的"围湖造田"、"围湖造地"运动。"围湖造田"形成大量的湖区周边围堰、坝堤;"围湖造地"则因为垃圾填埋、房地产开发而"鸠占鹊巢"。这些行为不仅严重阻碍了"湖—湖连通"、"江—湖相连",不利于湖泊的生态平衡;而且加剧了湖泊污染,破坏了湖泊生态系统的生物多样性。加之近年来,水利设施脆弱,天灾对生态破坏重。一些湖泊流域内圩堤线长,矮小单薄,涵闸泵站年久失修,防洪标准低。2010年汛期水势大、持续时间长,最高水位几乎全部超过省内主要湖泊的生态水位,导致遍布湖底多数生态植被濒临毁灭性灾难。2011年遭遇历史罕见的冬春连旱,素有"千湖之省"、"水利大省"等美誉的水乡泽国,承受着一场与自身禀赋极不相称的干旱剧痛,湖泊水体萎缩,洪湖、斧头湖、长湖等主要湖泊水体面积创历史新低,湖泊生态系统惨遭重创。

## 三、湖北省湖泊保护问题的原因分析及对策建议

一直以来,湖北省高度重视湖泊保护工作,出台了《湖北省环境保护"十二五"规划》、《湖北省水环境功能区划》、《梁子湖生态规划》等有关湖泊保护的政策、通知,建立了梁子湖管理局、东湖风景名胜区管理局等专门的湖泊管理机构,省政府和有关部门也开展了大量艰苦而卓有成效的工作。但是,随着湖北省经济社会的快速发展,人民群众对湖泊保护的要求提高,我们的工作还不能适应新形势、新发展、新要求。我们认为:出现当前湖泊保护中的种种问题并不可怕,只要我们敢于面对现实和问题,深入分析发生问题的原因,就能找到解决问题的办法。

### (一)湖北省湖泊保护问题出现的原因

客观地讲,湖北省湖泊保护问题的出现,与环境保护的科学技术发展、湖北经济发展水平的制约、全社会的认识水平与环境保护意识有着密切关系。如面源污染是一个世界性难题,目前尚未找到有效破解途径;湖北省处于中部不发达省份,在投入湖泊保护方面的财力不够;湖北省属于农业大省,经济结构调整和产业升级还有一个过程,同时,与农

业社会所伴随的生活方式与文化观念还不能适应环境保护的需要等等。但是，这些客观原因不能成为湖泊保护不力的直接理由，唯有面对这些客观情况，才能发现主观原因。

1. 观念不新阻碍科学发展

湖北省提出了建设"生态湖北"的目标，并将让"千湖之省"碧水长流作为"十二五"规划的重要任务之一，此次启动的湖泊保护地方立法，省人大领导也明确提出：湖泊保护的立法要针对非常态势，下非常决心，划非常"红线"，实现最严格的立法保护制度。具体要做到"五保、五禁、三责"，即保面积、保生态、保功能、保景观、保可持续利用；禁止填湖、禁止超标排放、禁止违法建筑、禁止投肥养殖、禁止掠夺性开发；实行严格的湖泊保护问责制，各级人民政府行政首长对辖区内的湖泊保护负总责，相关主管部门一把手对湖泊保护负专责，对触犯"红线"的，一律追究一把手和分管领导的责任。但是，在地区、部门对湖泊开发利用过程中，"经济优先"、"GDP思维"依然占主导地位，湖泊保护的规划、投入、项目、措施都十分不足，边污染边治理、先污染后治理是普遍现象，真正把科学发展观落到实处还有相当距离。

2. 体制不顺带来管理弊端

湖泊作为一种公共资源，必须由政府承担其保护的主要职责，科学合理的管理体制是政府履行职责的必要条件。长期以来的"多龙治湖"，后果是湖泊管理无序、开发过度。从目前的体制上看，涉湖泊部门达近10个，其中，水利部门行使水资源管理权，农（渔）业部门负责湖上渔业执法和渔业资源保护，林业部门承担湿地生态系统建设与维护，环保部门负责湖区环境监测，交通港航部门负责湖泊水上治安和船舶管理等职权。各部门看似分工明确，但实际上是多头执法，一方面是条块分割、城乡分割、部门分割，另一方面是管理的缺位、错位、越位、不到位并存，部门利益之争超越了湖泊保护的公共利益，形成管理的"公地悲剧"。如果说，从湖泊的功能和属性要求看，"多龙治湖"不可避免，但必须实现由"多龙分治"到"多龙共治"的转变。

3. 制度不全造成机制运行受阻

湖泊保护的基本价值取向、管理体制、管理程序、行为后果等等，都需要建立完善的规则，各种湖泊保护机制的运行也需要有成熟的制度作为保障。但是，湖泊保护立法长期滞后，严重影响到湖泊保护的效率和效能。湖北省是全国最早启动湖泊立法的省份，1995年即由水利厅开始起草《湖泊保护条例（草案）》，但由于种种原因，一直没有正式提交省人大审议。在部门权力争议的十几年中，湖泊生态日趋恶化，对立法的呼唤日益迫切，全国许多地方也都出台了湖泊保护的地方性法规、规章。2011年，湖北省人大常委会正式将《湖北省湖泊保护条例》纳入年度立法计划，目前对该条例的争议依然集中在部门权力方面。立法滞后带来的弊端诸多，管理体制无法确定、运行机制不能有效建立、行为失范得不到有效纠正，湖泊保护的正常秩序难以维系。

4. 参与不足形成治理短板

湖泊保护涉及经济社会发展的各个方面，在政府主导下，公众的参与十分必要。多主体参与、多元化治理是国内外湖泊保护的成功经验。但在湖北的湖泊保护中，政府的主导性得到了较高程度的体现，但企业、居民等利益相关方的参与程度还非常低，环境保护的社会力量还非常薄弱。社会公众的低参与，一方面对政府有关不利于湖泊保护的决策监督和制约乏力；另一方面，社会公众的生产方式、生活方式以及文化都可能成为危害湖泊生态平衡的直接原因。反过来，公众的行为还可能加大政府管理成本，形成恶性循环。

### （二）加强湖北省湖泊保护的对策建议

针对湖北省湖泊保护现状，分析产生问题的原因，根据湖北省的经济社会发展情况，提出如下建议：

（1）以科学发展观统领湖泊保护工作，做好湖北省湖泊保护规划，实现湖泊保护与经济社会发展的综合决策。

湖北迄今还没有制定省级湖泊保护专项规划，省委省政府确定的"生态湖北"建设目标，对湖泊保护规划提出了更新更高的要求。《湖北省十二五规划》明确提出："坚持加强生态文明建设。把建设'两型'社会、增强发展的可持续性放在更加突出的位置，强化节能减排，加强污染治理，发展循环经济，推广低碳技术，走绿色发展之路。"要"大力推进绿色发展，加快形成节约资源能源、保护生态环境的产业结构、生产方式和消费模式，加快建设生态湖北"。要"加强生态保护和防灾减灾能力建设。着力推进重点流域、区域环境治理及城镇污水垃圾无害化处理、农村面源污染治理、重金属污染综合整治等工作"。"以'三库、三江、三湖'为重点，加强水环境综合治理。"课题组认为，湖泊对于湖北经济社会发展的意义重大且功能多样，涉及的利益关系复杂，要真正协调好开发利用与生态保护的关系，实现综合决策，必须制定湖北省的湖泊保护专项规划。湖泊保护专项规划由总体规划和详细规划组成。湖泊保护总体规划由县级以上人民政府制定，纳入国民经济和社会发展规划，目标是摸清湖泊家底，协调解决湖泊保护工作中的重大问题，实现湖泊保护总体规划与土地利用总体规划、城乡规划、水污染防治规划、湿地保护规划等相关规划的衔接。对于列入湖泊保护名录的重点湖泊，还应当由县级以上人民政府水行政主管部门，根据湖泊保护总体规划作出湖泊保护详细规划，目标是通过"一湖一规划"，对重点湖泊特殊给予保护。为了避免随意变更规划，湖泊保护规划应报本级人大常委会备案，并通过立法明确规划的具体内容，以此抬高变更湖泊保护规划的门槛。同时，建立湖泊档案，为历史存照。

（2）理顺湖北省湖泊保护管理体制，建立协同管理机制，实现"九龙共治湖"的良性循环。

理顺湖北的湖泊保护体制，关键在于明确界定"九龙"的职责，建立"九龙"间的协同管理机制，实现"九龙共治湖"的良性循环。首先，要理顺政府职责与涉湖各部门职责之间的关系。湖泊保护应实行政府行政首长负责制，上级政府对下级政府湖泊保护工作实行年度目标考核，考核结作为任职、奖惩的重要依据。其次，要理顺涉湖各部门的职责，明确水行政主管部门为湖泊保护的统一监督管理部门。"水"是湖泊的核心和关键因素，湖泊的其他功能和要素都是建立在良好的水量、水质基础上的。湖北省应尽快确定水行政主管部门为全省湖泊的统一监督管理部门，并通过列举的方式，明确水行政主管部门和农业、林业、环境保护等其他涉湖管理部门之间的职责划分,避免职责不清、责权不明。再次,建立和完善湖泊保护部门联动机制,形成部门合力。建议湖北省不设立"湖泊保护委员会"等专门的湖泊协调机构,而是由各级人民政府负责牵头,通过制度化的湖泊保护联席会议,协调部门之间的利益冲突,既可避免增设机构带来的诸多弊端,实践中又容易操作。最后,专门性湖泊管理机构的法定化。实践证明,在特定的重点湖泊设置专门的湖泊管理机构,相对集中地行使涉湖执法权,对于减少部门利益冲突,理顺湖泊管理体制具有积极意义。建议明确专门性湖泊管理机构设立的法定条件,赋予其合法身份,并实行规范化管理。

(3)尽快制定《湖北省湖泊保护条例》,完善湖泊保护制度,实现湖泊保护机制的有效运行。

依法治湖,是建立湖泊保护长效机制的重中之重。目前,国家层面缺少专门针对湖泊管理与保护的法律法规,地方立法大有可为。近年来,江苏等省纷纷出台了统一的湖泊立法,但期待中的《湖北省湖泊保护条例》却一再搁置,严重滞后于"千湖之省"的实际需求。湖北是"千湖之省",拥有中国最优秀的环境法队伍,有必要、也完全有实力推动国家湖泊立法研究,并可将其成果首先应用于湖北湖泊保护的地方立法之中;武汉市有着中国最完善的湖泊保护立法,并获得了宝贵的法律适用经验,从实践上检验了湖泊保护立法的科学性和可操作性;国外湖泊立法经验也提供了较为先进的立法理念与制度设计。可以说,湖北的湖泊保护立法在立法技术上不存在难题,屡提未立、久拖不决的根本原因还是部门利益障碍、部门立法的局限。湖北的湖泊保护立法已经等待了16年,在这等待的16年中,湖北每年有15个百亩以上湖泊消失,照此速度,几十年后湖北就没有湖泊可管了。课题组建议,应加快《湖北省湖泊保护条例》的立法进程,推行"第三方立法",由省人大委托法学等社会各领域专家起草专家建议稿,征求各部门意见加以完善,破除部门立法的怪圈。

(4)积极鼓励公众参与,培育湖泊保护社会团体,实现湖泊保护的多元治理。

政府主导的优势十分明显,但对于湖泊保护这样的需要全社会、全过程控制与参与的工作而言,还要调动公共部门、私营部门和公众的共同参与,实现湖泊保护的多元治理。公众参与的前提是信息公开,县级以上政府要定期发布湖泊保护的相关信息,主要包括湖泊保护规划、湖泊保护名录、湖泊保护监测信息等。保障公众参与权还需要从法律制度上确立一套开放的、切实有效的公众参与程序,明确具体地规定公众全方位参与湖泊保护的途径、方式。湖北湖泊保护领域至今没有一个较具影响力的社会团体,应当借鉴襄樊"绿色汉江"的经验,鼓励湖泊保护社会团体的发展。

# 特别关注

## 最严格的水资源管理制度

制度实施的效果,需要时间和实践加以检验。从时间上看,2011 年是最严格的水资源管理制度实施的第一年,显然还难以对其效果进行评估。在实践中,水资源管理部门提出了建设生态水利的理念,对节水型社会与最严格的水资源管理制度、水资源管理队伍建设问题展开研究,对制度实施进行了深入的探索。对于其效果,我们继续关注!

# 建设生态水利　促进碧水长流

金正鉴*

水是生命之源、生产之要、生态之基,水资源、水生态、水环境是武汉城市圈经济社会发展不可缺少的重要自然资源和环境要素。近年来,湖北省水利厅积极开展水生态保护与修复和节水型社会建设,促进了武汉城市圈"资源节约型、环境友好型"社会建设健康发展。

## 一、圈内城市的生态之虞

武汉城市圈江河纵横、湖港交织、水库众多,圈内水域面积占城市圈国土总面积的15%。尽管水资源相对丰富,但也面临一些突出的问题。

问题之一——"水脏"问题日益严峻。长江、汉江沿江城市近岸污染带越来越长,汉江干流及部分支流多次发生"水华"。据《2011 年湖北水资源公报》,武汉城市圈城镇居民生活、第二产业、第三产业废水排放量分别为 54638、188642、16759 万吨/年,圈内主要污染源为城镇生活污水、工业废水、农药化肥和畜禽养殖污染等。圈内水环境保护、水生态修复任务艰巨。

问题之二——湖泊萎缩较为严重。湖泊是武汉城市圈自然地理的一张靓丽"名片",但由于种种原因导致湖泊开发利用过度,保护管理滞后。最新数据显示,武汉城区湖泊数量由建国初的 127 个锐减至目前的 38 个,60 年间近百个湖泊消失。20 世纪 80 年代至今,武汉市的湖泊面积减少了 228.9 平方公里;近十年,仅中心城区的湖泊面积就由原来的 9 万余亩缩减为 8 万余亩,净减少面积数千亩。

问题之三——节水意识亟待增强。武汉有"百湖之市"的美誉,长江、汉江穿境而过,城市圈其他城市水资源也相对丰富。但这也导致一些部门、企事业单位和居民对建设节水型社会认识不足,节水意识淡薄,用水管理粗放,生产、生活领域水资源浪费现象较为普遍。主要表现在万元 GDP 用水量、万元工业增加值用水量、农业灌溉水有效利用系数等指标均高于全国平均水平,城市圈供、用、耗、排循环用水效率和效益均有待提高。据测算,少用 1 立方米水,将减少 0.7 立方米污水排放、少污染 28 立方米的河(湖),用水浪

---

＊ 金正鉴,湖北省水利厅副厅长。

费不仅会造成经济上的损失,而且还加剧水环境恶化。

## 二、人水和谐的生态之策

人与水唇齿相依,休戚与共。我们在指导城市圈内水行政主管部门开展水资源保护和管理的工作中,既要防治水对人的危害,也要防止人对水的侵害。针对武汉城市圈严峻的水资源、水环境形势和科学发展的新要求,我们确定了"坚持人水和谐理念,围绕建成水资源保护和河湖健康保障体系,努力实现碧水长流目标"的总体思路。具体体现在以下方面:

一是在建设项目水资源论证上,统筹考虑兴利与除害,维护江河、湖泊、水库及地下水的合理水位和水量,保证生态用水,提高水体自然净化能力;二是在水利工程建设规划上,科学论证水利工程对生态环境的正面作用和负面影响,力求兴利避害;三是在水利工程设计和建设中,在考虑水利功能的同时兼顾生态功能;四是在水利工程的项目管理上,结合中小河流治理、水土保持、农村沟渠整治、城市防洪工程建设等开展水生态保护与修复;五是在水利工程调度上,变洪水调度为洪水和水资源结合调度,变汛期调度为全年调度,变水量调度为水量水质统一调度,充分发挥涵闸、泵站等水利工程在水生态保护方面的作用,以动治静、以丰补枯、以清释污,加快河网水体循环,改善水体水质。

## 三、水清岸绿的生态之路

湖北省水利厅坚持以构筑江湖相通、水质达标、水清岸绿、生物多样、人水和谐的河湖生态环境为目标,全力推进河湖水生态保护与修复和节水型社会建设。具体举措是:

### (一)注重顶层设计

按照"布局科学、功能完善,工程配套、管理精细,水旱无忧、灌排自如,配置合理、节水高效,河畅水清、山川秀美,碧水长流、人水和谐"的原则,湖北省水利厅组织、指导编制了《武汉城市圈生态水系工程建设规划》、《武汉大东湖生态水网构建规划》、水资源中长期供求规划、重点河(湖)水生态保护与修复规划、重要饮用水水源地安全保障规划、水资源保护规划、节水型社会建设规划等,统筹生活、生产、生态用水需求,科学确定城市圈水环境承载能力,为推进"两型"社会奠定规划基础。

### (二)探索"红线"管理

通过开展计划用水,实施水功能区达标监测,启动水功能区达标考核,严格取水许可和入河排污口设置审查,对建设项目进行水资源论证等措施的执行,力求从源头上对资源节约和环境友好严格把关。同时,扎实推进武汉市、鄂州市、天门市、孝昌县节水型社会建设试点。其中,武汉市已通过水利部组织的中期评估,孝昌县通过验收并被授予"全省节水型社会建设示范县"。此外,我厅启动了"节水型企业"、"节水型灌区"创建活动,在城市圈命名了东风本田汽车（武汉）有限公司、湖北双环科技股份有限公司、湖北祥云（集团）化工有限公司、天门市引汉灌区、咸宁市咸安区南川灌区等一批节水企业和节水型灌区，上报可口可乐（湖北）饮料有限公司、武汉市节水科技馆等5家国家级中小学节水教育实践基地。制定了水平衡测试工作实施方案，安排了水平衡测试专项资金，摸清用水情况，打牢节水型社会建设基础。通过积极申报，武汉长江水源地、武汉汉江水源地、长江黄石水源地成功列入全国重要饮用水水源地名录。围绕"水量保证、水质合格、监控完备、制度健全"要求，推动城市圈水资源保护和水生态环境建设。

**（三）理顺管理体制**

尽管《水法》确立了水资源统一管理体制，但长期以来圈内城市水资源管理存在管水源的不管供水，管供水的不管排污，管排污的不管治理回用等"多龙管水"的问题。针对这种情况，我厅大力推行城乡水务一体化管理。以武汉为例，在2001年9月的机构改革中，组建了武汉市水务局，随后所属13个行政区也成立了水务局，实现了全市城乡水务一体化的管理格局，克服了"多龙管水"的体制弊端，使武汉市的水安全、水环境、水资源的保护和开发有了统一的思路、政策、规划和管理，在城市圈内、全省乃至全国起到了很好的示范作用。圈内咸宁、鄂州、仙桃、潜江等市也相继成立了水务局，实现了供水、节水、排水、污水处理等涉水事务统一管理。

**（四）严格依法监管**

我厅积极推动《武汉市水资源保护条例》出台实施，该条例在用水管理、饮用水安全管理、水生态修复等方面有很多创新之处。孝昌县、天门市、潜江市出台了地下水管理的规范性文件，进一步加强了水资源保护和地下水管理。认真开展水资源论证、排污口设置论证、取水许可、排污口建设许可等水资源行政许可，落实行政许可后评估工作。进一步加强水资源费征收，查处和制止了一批非法取水、非法填湖、擅自建设取水设施、擅自建设排污口、拒缴拖缴水资源费等水事违法行为，有力地维护了正常的水事秩序。

# 四、碧水长流的生态之效

武汉市在湖泊生态水系修复过程中坚持"一湖一策、一湖一景"的基本原则，突出滨江滨水特色，推进水务工程建设与环境改造相结合，打造人水和谐的生态环境。武汉江滩过去阻水建筑林立，生产生活设施杂乱无章，环境质量堪忧。省水利厅积极争取国家有关部委支持，帮助武汉市水务局建成汉口、武昌江滩，集城市防洪、景观、旅游、休闲、体育健身为一体，以绿色为基调、亲水为主题、地域文化为底蕴，构成一幅人与水高度和谐、城市与江河相互融合的风景长卷。通过开展"一湖一景"的治理与保护工作，武汉全市有22个湖泊已建成景点或公园。此外，武汉市汉阳江滩和梁子湖综合治理、咸宁淦河、黄石磁湖、鄂州洋澜湖、黄冈长河、孝昌环东等一批重点水生态项目也正在有序推进，取得了较好的生态环境效益，大大提升了城市圈的水生态功能和水环境质量，受到了水利部和社会各界的好评。

# 湖北水生态保护与修复的实践与思考

熊春茂　　陈　敏*

2011 年中央一号文件强调："水是生态之基"，"水利是生态环境不可分割的保障系统"，这一论断深刻揭示了水资源、水利建设与生态环境的密切关系。近年来，我省以生态水利为方向，践行人水和谐的治水理念，全力推进水生态修复，致力江湖连通、水复其动、河畅其流，维护河湖生态功能，在破解水生态困局上取得了一定成效。

## 一、湖北开展水生态保护与修复的必要性

### （一）特殊的省情水情决定湖北水生态保护与修复任务重

首先是"水多"问题尚未能彻底解决。长江、汉江防洪保护圈没有完全形成，中小河流防洪标准低，湖泊堤防基础差，分蓄洪区建设和山洪灾害防治滞后，水库涵闸泵站病险多，加之三峡工程蓄水运用后，长江中下游河道的水沙条件、河势及江湖关系等发生了新的变化，给防洪保安提出了新的课题。其次是"水少"问题日渐显现。全省降水时空分布不均，南北降水量相差近三倍。除少数地区存在资源性缺水外，主要是工程性、水质性缺水，2010 年至 2011 年发生了秋冬春夏四季连旱更加剧了水少的问题。再次是"水脏"问题日益严峻。全省劣于Ⅲ类河长占总评价河长的 22.8%，湖泊污染较严重，少数水库富营养化严重，部分饮用水水源地水质不达标，全省水功能区现状达标率仅为 52.4%。最后是水管理较为粗放。全省 2009 年万元工业增加值用水量为 196 立方米，是全国平均水平 106 立方米的近两倍；农业灌溉水利用系数现状为 0.47，用水效率不高。

### （二）"两大工程"的投入运行给我省带来新的水生态问题

三峡水利枢纽与南水北调中线工程的建成和运行，将进一步加剧我省水生态的压力。三峡工程蓄水 175 米后，库区部分支流连续出现"水华"，呈现支流、库湾滞水区向干流近岸水域漫延的态势，藻类属性由河流型（硅藻等）向湖泊型（蓝藻等）演变；荆江干流

---

\* 熊春茂，湖北省水利厅水资源处处长，高级工程师；陈敏，湖北省水利厅水资源处主任科员。

发生崩岸险情 139 处,82 座灌溉闸站春灌时难以引水。荆江支流进水时间延迟、断流时间提前。据分析,南水北调中线一期工程调水 95 亿立方米以后,在不考虑汉江中下游四项治理工程的情况下,下泄流量平均减少 350 至 420 立方米/秒,水环境容量年均减少 26%,“水华”发生机率增加,不仅使本来就十分脆弱的汉江中下游水生态环境变得更加脆弱,而且影响中下游地区居民生产和生活用水安全。加之近几年汉江上游来水明显偏少,影响将更加严重。近年来,陕西省加快了引汉济渭工程的前期工作,预计一期工程年均可调水量为 10 亿 m³,二期工程年均调水量约 15.0 亿 m³。如果按两项调水工程调水 110 亿 m³ 估算,在汉江来水按 387.8 亿 m³(1956—1998 年水文系列)考虑情况下,调水达到汉江径流总量的 28.3%,超过国际公认的跨流域调水不得超过 20% 的上限,汉江水生态环境将更加严峻。

### (三)湖泊水生态问题较为严重

湖北曾“因湖而兴”,但由于受传统治理开发理念的制约和经济社会发展扩张影响,导致湖泊开发利用过度,加之管理保护滞后,造成湖泊水生态问题突出:一是数量减少。新中国成立初期,全省面积大于 0.1 平方公里的湖泊 1106 个,现有大于 0.1 平方公里的湖泊仅 900 多个。二是面积萎缩。新中国成立初期,全省 0.1 平方公里以上湖泊总面积 7141.9 平方公里,现总面积已锐减到 2438.6 平方公里,只有原来的 34.1%。三是水质恶化。湖泊水质普遍下降,不少水质恶化。其中,洪湖、梁子湖、长湖为中状态,东湖为富营养。四是功能衰减。湖泊具有重要的调蓄、供水、湿地生态、维持生物多样性等多重功能。随着湖泊数量、面积的不断减少、水质的日益恶化,导致湖泊功能不断衰减。

## 二、湖北水生态保护与修复的基本思路

水生态保护和修复是一个系统的工程,有着自身的特殊规律。只有正确认识这些客观规律,才能充分发挥人的主观能动性,有效地开展水生态保护与修复。

### (一)要以人水和谐作为水生态保护和修复的指导思想

任何生态系统中的各种环境要素,在数量和质量等方面都有一定的限度,水作为生态系统的组成部分,也要服从生态规律。一个地区、一个流域客观存在一定的水资源和水环境承载能力,合理的开发将促进生态系统的良性循环;开发不当就会造成生态系统恶化。对此,一方面要认真修订全省水资源综合规划,编制全省水资源中长期供求规划、水资源保护规划、节水型社会建设规划,统筹生活、生产、生态用水需求,科学确定全省水资源和水环境承载能力;另一方面要按“先节水后调水,先治污后通水,先环保后用水”的原则,抓紧编制全省重点河(湖)水生态保护与修复专项规划,以科学规划指导水生态保护与修复的顺利推进。

### (二)要把水资源严格管理作为水生态保护与修复的重要手段

水是生态之基,陆地生态系统存在的基础就是淡水。只有水资源可持续利用,生态

系统才有保障。一是建立指标体系。开展全省河湖水量分配和"三条红线"指标体系研究，建立省、市、县三级行政区域用水总量、用水效率、水功能区纳污控制指标体系。二是建立监控评价体系。抓紧建设水资源实时监控与管理信息系统，对"三条红线"指标落实情况进行监测、评价，为实施责任考核提供依据。三是建立责任考核体系。将"三条红线"约束性指标纳入市、州经济社会发展综合评价体系，会同有关部门加强考核，促进行政首长负责制的落实。四是建立服务体系。推进重要饮用水水源地安全保障达标建设，服务民生。开展河（湖）水生态保护与修复，服务生态文明。强化水资源应急管理建设，服务社会稳定。五是建立保障体系。积极探索水资源管理体制改革，建立水资源节约、管理、保护的投入机制，提高管理能力和服务水平。

**（三）要把水资源统一管理作为水生态保护与修复的体制保障**

生态系统中生物与生物、生物与环境资源之间是一个相互依存、相互制约的有机整体，不能人为切割。水资源系统同样一个整体，这就决定了水资源管理体制要考虑水生态环境系统内各种相互依存的关系。要进一步推进涉水事务统一管理，切实做好城市水务工作，巩固全省水务改革成果，为水生态保护与修复提供坚实的体制保障。

**（四）要建立市场化取向的水生态保护与修复运作机制**

水生态保护与修复标准高、功能多、投资大，不能完全由政府包办，必须根据社会主义市场经济的要求，创新我省水利投融资体制。首先要根据水生态保护与修复项目的不同功能确定不同的投资渠道，对纯公益性的防洪、水环境保护工程，以政府出资为主；对经营性的水上娱乐、景观项目，要鼓励社会投资建设和管理，探索生态水利融资的新路子。其次要按水权水市场理论，着力推进水价改革，使水价真正成为水市场信号和水资源配置的重要手段，引导人们自觉调整用水，形成水资源保护与管理的良性运行机制。

# 三、湖北水生态保护与修复的具体措施

根据以上基本思路，建议湖北省水生态保护与修复应采取以下具体措施：

**（一）科学编制规划，指导水生态保护与修复**

全省应贯彻"控污优先，生态修复，水网连通，综合治理，协调发展"的原则，以构筑江湖相通、水质达标、水清岸绿、生物多样、人水和谐的河湖生态环境为目标，全力推进江河湖库水生态保护与修复。按照上述原则和目标，全省先后启动了重点区域、重大项目水生态修复规划。如《湖北重点河（湖）水生态保护与修复规划》正在编制；《湖北省水功能区划》、《湖北省水资源保护规划》、《武汉城市圈生态水系工程建设规划》、《全省城市饮用水水源地安全保障规划》等编制完成；《武汉大东湖生态水网构建规划》、《四湖流域综合整治规划》已经实施。

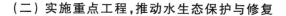

### （二）实施重点工程，推动水生态保护与修复

武汉市被水利部确定为国家首批水生态系统保护与修复试点后，在逐步做大做强水文章。2011年国庆节前夕，大东湖生态水网构建工程中连接东湖、沙湖两大水系的楚河开通，加之与楚河配套的汉街正式营运，呈现了一幅现代"清明上河图"；对江汉平原核心腹地四湖流域实施综合治理；洪湖在截污治污、拆除围网的基础上，充分利用水利工程生态调水作用，引长江水置换水体6000万方，目前水质由过去的Ⅳ类、局部劣Ⅴ类转变为Ⅲ类、局部Ⅱ类，生态成效已经显现。与此同时，全省各地还结合水利工程建设，积极开展水生态修复，平原地区结合新农村建设开展水生态修复，疏挖堰塘沟渠、采取林渠结合的方式建立水生态修复长效机制，打造"水清、岸绿、河畅、景美"的田园风光。山区结合水土保持开展生态小流域治理，控制面源污染，修复流域生态。通过重点工程典型引路，全省河湖水生态修复项目相继启动，已初具规模。

### （三）加强水资源管理，促进水生态保护与修复

第一，推进水资源严格管理。为探索用水总量红线控制措施，开展了计划用水管理，通过对全省近9000个取水单位实行计划用水，有效对我省取用水总规模的80%以上实行了用水总量控制。为探索用水效率红线控制措施，开展"节水型企业"、"节水型灌区"创建活动，对节水成绩突出的企业和灌区授予"节水型企业"、"节水型灌区"称号。为探索水功能区限制纳污红线控制措施，从2011年起对全省各市、州水功能区达标进行考核和评估，考核结果将作为各地区水利综合评先表彰的依据之一，促进水功能区达标。

第二，开展节水型社会建设。开展节约用水，控制用水总量，有效减少污水排放。为大力推进节水型社会建设，省政府成立了分管副省长任组长，省直有关部门为成员的"节水型社会建设领导小组"。襄阳、荆门、武汉、宜昌、鄂州被确定为全国节水型社会建设试点；孝昌、随州、天门、十堰茅箭区被确定为省级试点。

第三，落实水资源保护制度。开展了新、改、扩建排污口的审批，一批建设项目排污口进行了排污口设置论证。完成了《全省重要饮用水水源地安全保障规划》，印发了全省重要饮用水水源地名录，对列入国家级名录、省级名录的重要饮用水水源地开展安全保障达标建设，以努力实现"水量保证、水质合格、监控完备、制度健全"目标。

### （四）强化组织领导，保障水生态保护与修复

一是建立保障体制。全省有32个市、县（市、区）成立水务局，实行了供水、节水、排水、污水处理等涉水事务统一管理，建立有利于开展城市水生态修复的水行政管理体制。二是明确责任主体。很多城市明确了河湖管理行政责任人，对"湖长"、"河长"立牌公示，接受群众监督，保证河湖不受侵害。三是创新投入机制。建立"政府引导、地方为主、社会参与"的多元化水生态修复投融资机制，加大投入的市场化运作。如武汉市成立了水资源发展投资有限公司，负责大东湖生态水网构建工程营运，在建立多元化水生态修复投融资机制方面进行有益探索。同时，通过小型水利设施使用权改革，建立农民用水者

协会,初步建立起"政府为主导、农民为主体"的农村水生态修复运行机制。四是出台相关法规。《湖北省湖泊保护条例》正在抓紧制定出台,《武汉市湖泊保护条例》、《武汉市水资源保护条例》已先后出台并实施。

# 以节水型社会建设为平台全面推进
# 最严格水资源管理制度

熊春茂　陈书奇　朱白丹 *

## 一、全面开展节水型社会建设的必要性与可行性

水资源是我国全面建设小康社会面临的最紧迫、最直接、最主要的资源约束之一,节水型社会建设是控制用水总量、提高用水效率、减少污水排放的重要措施和平台,是实行最严格的水资源管理制度、严守水资源"三条红线"的关键。

### (一)全面开展节水型社会建设的必要性

1. 节水型社会是"两型社会"建设的需要

胡锦涛总书记在党的十七大报告中指出:"加强能源资源节约和生态环境保护,增强可持续发展能力。坚持节约资源和保护环境的基本国策,关系人民群众切身利益和中华民族生存发展。必须把建设资源节约型、环境友好型社会放在工业化、现代化发展战略的突出位置,落实到每个单位、每个家庭"。这是党中央从国家战略全局和长远发展出发作出的重大决策和部署,赋予全社会和广大水利工作者光荣而艰巨的任务。节水型社会是"两型社会"的重要内容,节水型社会建设搞不好,"两型社会"的目标就难以实现。

2. 节水型社会建设是实行最严格的水资源管理制度的需要

2009 年,国务院副总理回良玉提出"实行最严格的水资源管理制度",水利部部长陈雷提出明确水资源开发利用、水功能区限制纳污、用水效率控制"三条红线"。这是我国经济社会发展与资源环境矛盾日益突出的严峻形势下,在分析当前水资源管理工作新任务和新要求的基础上作出的具有战略意义的重大决策,意义重大而深远。

节约用水,主要就是通过综合采取行政、法律、经济、技术和宣传教育等手段,应用必要的、现实可行的工程措施和非工程措施,依靠科技进步和体制机制创新,提高用水的科

---

　* 熊春茂,湖北省水利厅水资源处处长,高级工程师;陈书奇,湖北省水利厅水资源处调研员;朱白丹,湖北省水利厅水资源处上派干部。

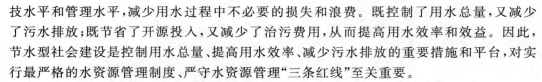

技水平和管理水平,减少用水过程中不必要的损失和浪费。既控制了用水总量,又减少了污水排放;既节省了开源投入,又减少了治污费用,从而提高用水效率和效益。因此,节水型社会建设是控制用水总量、提高用水效率、减少污水排放的重要措施和平台,对实行最严格的水资源管理制度、严守水资源管理"三条红线"至关重要。

3. 节水型社会建设是湖北省经济社会发展的需要

2008 年 7 月,湖北省委九届四次全会提出武汉城市圈、鄂西生态文化旅游圈和长江经济带发展战略。实施"两圈一带"发展战略,需要可靠的水资源支撑。节约用水、提高水资源的利用率,严格限制排污,是"两圈一带"循环经济、低碳经济的重要组成部分。我省的社会经济发展因水而兴,也因水而困——"两圈一带"战略目标的实现,很大程度上取决于水和受制于水。长江黄金水道历来是经济社会发展的重要载体和纽带;振业武汉城市圈工业,需要充分发挥长江、汉江等江河优势,布局钢铁、化工、造纸、电力等产业;发展鄂西生态文化旅游业,必须紧紧依靠青山碧水优势;长江经济带本身就是依江而布,只有充分利用水运、水能、水量、水质优势,才能打造现代产业集结带、新型城市连绵带和生态文明示范带。

4. 节水型社会建设是改变我省水资源严峻形势的需要

我省自产水资源有限,水资源短缺问题历来被"千湖之省"的美誉所掩盖。实际上,我省面临着严峻的水资源形势,主要表现为:

第一,资源性缺水。全省水资源总量只占全国的 3.5%,位列全国各省、自治区、直辖市的第十位,人均年占有量只有全国人均占有量的 73%,人均占有水资源量 1680 立方米,位居全国第十七位,低于全国人均 2200 立方米的平均水平和国际公认的人均 1700立方米的"用水紧张警戒线";亩均占有水资源 2104 立方米,低于长江流域亩均量 2560立方米和邻省四川、湖南、江西的水平。据统计,中等干旱年全省缺水 55.7 亿立方米;特大干旱年全省缺水 120.8 亿立方米。

第二,水质性缺水。我省水环境污染较重,并有进一步恶化的趋势,全省地表水普遍受到污染,局部地区还相当严重。湖泊富营养化加剧,长江、汉江湖北段的污染令人忧虑。汉江干流已形成 40 多条岸边污染带,多次出现通常只在较封闭的湖泊才发生的"水华"现象。汉江支流污染更为严重,在干流汇入处的水质超Ⅲ类水质标准(不能饮用)的占 85.7%,唐白河、小清河、竹皮河等主要支流水质超过Ⅴ类标准。农村居民生产生活垃圾、人畜粪便随意处置,农药化肥大面积使用,水环境受到严重污染。城镇污水处理厂的建设步伐跟不上水污染的态势,企业废水处理率低下,工业废水未达标排放或偷排现象时有发生,大量城市污水与工业废水直接排入江河水域,造成了水污染。

第三,工程性缺水。我省地貌类型多样,山区丘陵较多,水资源利用条件差,导致引水困难,水资源量有效供给减少。

**(二) 全面开展节水型社会建设的可行性**

我省如期实现节水型社会建设的目标任务,具备诸多有利条件:

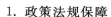 

1. 政策法规保障

党中央、国务院高度重视节水工作,提出了建设"资源节约型、环境友好型社会"的目标;第十届全国人民代表大会第二次会议把"国家厉行节约,反对浪费"写入国家的根本大法——《宪法》;《水法》第 8 条第 1 款明确规定:"国家厉行节约用水,大力推行节约用水措施,推广节约用水新技术、新工艺,发展节水型工业、农业和服务业,建立节水型社会";水利部对用水总量控制、用水效率控制、水功能区限制纳污和"三条红线"的具体指标提出了初步方案。上述法律法规和政策的实行和实施,为节水型社会建设提供了必要的制度保障,有利于节水型社会的顺利开展。

2. 试点经验借鉴

2004 年以来,我省武汉市、襄阳市、宜昌市、荆门市、鄂州市先后被列为全国节水型社会建设试点城市,孝昌县、天门市、随州市、十堰市茅箭区被列为全省节水型社会建设试点单位。实践证明,上述试点地区的节水目标基本实现。农田灌溉水利用系数由 0.45 提高到 0.50 左右;综合灌溉定额由 768 立方米/亩降到 690 立方米/亩;单位工业增加值用水率降低到 175 立方米/万元以下,比试点前降低 34% 以上;城市居民生活用水定额达到每天 188 升/人;管网漏失率由试点前 25% 下降到 20%;生活节水器具基本普及。其中,襄阳市、孝昌县节水型社会建设通过验收,并被授予"节水型社会建设示范市(县)"。由上述试点地区形成的两大试点经验,可资借鉴:其一是建立健全制度。试点地区建立健全了地方性节水政策法规、规章、制度。其二是理顺体制。武汉市及所属 13 个行政区、荆门市实行了水务一体化管理,组建了节约用水办公室,设水行政主管部门,理顺了节水型社会建设管理体制。

## 二、我省实现节水型社会建设的目标及遇到的困难

### (一)我省实现节水型社会建设的目标

第一,工业节水目标。到 2015 年,万元工业增加值用水量达到 175 立方米/万元,比 2010 年下降 30%。第二,农业节水目标。到 2015 年,新增节水灌溉面积 1400 万亩;农田灌溉水利用系数由 0.45 提高到 0.50 左右;综合毛灌溉定额由现状 768 立方米/亩降到 690 立方米/亩,亩均减少 78 立方米;在农业灌溉用水总量不增长的情况下,新增灌溉面积 75.36 万亩。第三,城镇节水目标。到 2015 年,城镇居民生活用水定额达到每天 168 升/人;管网漏失率由 2010 年的 19% 降到 14%;生活节水器具在城镇得到广泛推广。

### (二)遇到的困难

第一,管理体制亟待理顺。节水型社会建设需要以涉水事务一体化管理体制来保障,但目前全省 115 个县以上行政区域中,实行水务一体化管理的行政区域仅 31 个,绝大多数市、县未实行水务一体化管理。水务体制改革进展缓慢,存在地域上"城乡分割"、职能上"部门分割"、制度上"政出多门"的问题。即便是已成立水务局的地方,有的也仅

是换了一个名称，并未实行真正意义上的水务管理一体化。

第二，激励机制亟待健全。部分地区尚未形成合理的水价机制，再生水价格高于供水水价，难以调节经济用水结构；水资源有偿使用制度在市场配置中的基础作用未得到充分发挥，无偿使用水资源、浪费水资源的现象仍然存在，缺乏节约保护水资源的内在动力和激励机制。

第三，基础设施亟待改善。农业用水基础设施建设标准偏低，配套设施不完善，维护更新不及时；缺乏政策扶持，工程维护经费投入不足，导致工程利用效益低下或闲置，难以适应水资源高效利用的需求。

第四，节水意识亟待增强。一些地方领导认为本地水资源丰富，对建设节水型社会的紧迫性和重要性认识不足，以至于节水工作投入不足，节水技术落后，可操作性节水措施缺乏，激励公众参加节水型社会建设的机制不健全，全民节水意识有待进一步提高。

第五，节水管理亟待加强。取用水管理、污水排放、污水处理设施建设、水资源信息系统建设尚不健全，尚未建立以流域为单元的用水总量控制指标和市（县）水量分配方案，难以控制超定额用水的管理，节水执法监督检查、废污水排放监督管理薄弱。

# 三、主要对策措施

节水型社会建设事关以人为本、和谐社会构建，事关改革、发展、稳定大局。节水可有效控制用水总量、减少排污，提高用水效率和效益，是"两型社会"的重要内容，在"三条红线"中居主导地位。没有节水做支撑，"两型社会"建设和实行最严格的水资源管理制度就难以落实，为全面推进节水型社会建设，提出以下对策建议：

## （一）理顺管理体制

根据《水法》和各级政府印发的水利部门"三定"方案，节约用水是水行政主管部门的一项重要职责，各级水行政主管部门在节水型社会建设中的主导地位、主体作用不可替代。同时，节水型社会建设又是一项系统工程，复杂而庞大，涉及社会方方面面，牵动社会众多环节和相关行业，需要政府统一组织推动、各部门分工负责、全社会支持配合。因此，必须建立政府主导、水行政主管部门牵头、有关部门各负其责、全社会广泛参与的节水管理机制，可以采取建立政府领导任组长、水行政主管部门及有关部门主要负责人为成员的节水型社会建设领导小组，整合各方力量，发挥各自优势，形成推进节水工作的合力。

## （二）加大资金投入

一方面要加大公共财政投入。各级政府要加大节水投入，保证节水公共财政投入稳定增长，各级财政预算内的基建投资和支农资金的增量要向节水工程建设、水生态修复、推广节水器具、节水宣传等方面倾斜，积极争取水资源综合管理、节水型社会建设和水资源保护三大财政专项经费投入，保证节水日常管理、监测、应急处置等所需经费。另一方面要积极引进社会资本投入节水。鼓励企业自筹资金进行节水设施技术改造,开展"节水型企业"创建活动,提高用水效率。引导农民投资投劳,对"节水型农业"、"节水型灌区"通过"一事一议"方式筹集资金和劳务。

### (三)营造舆论氛围

利用"世界水日"、"中国水周"等活动,通过报刊、广播、电视、互联网等媒体,广泛开展节水宣传教育。抓住水价改革的契机,通过举办水价听证会;通过农民用水者协会,促进农民群众参与节水管理。在推进决策民主化进程的同时,使公众充分认识节水型社会建设的重大意义。此外,开展"节水型灌区"、"节水型企业"、"节水型社区"创建活动,提高全社会节水意识,营造"节水光荣、浪费可耻"的良好风尚。

# 结　　语

建设节水型社会,是全面推进最严格水资源管理制度最根本、最有效的举措,有利于加强水资源统一管理,提高水资源利用效率和效益;有利于保护水生态与水环境,保障供水安全,提高人民群众的生活质量;有利于从制度上为解决水资源短缺问题建立公平有效的分配协调机制,促进水资源管理利用中的依法有序,构建社会主义和谐社会。因此,必须建立节水长效机制,常抓不懈。

# 水资源管理队伍建设研究

朱白丹<sup>*</sup>

## 一、问题的提出

2011年1月,中共中央、国务院出台《关于加快水利改革发展的决定》(中发〔2011〕1号);2011年7月,水利部印发《关于开展加快实施最严格水资源管理制度试点工作的通知》(水资源〔2011〕369号),确定在山东、上海、湖北等省市试点,提出建立用水总量控制、用水效率控制、水功能区限制纳污、水资源管理责任和考核制度及水资源监控能力建设等试点任务;2012年1月,国务院印发《关于实行最严格水资源管理制度的意见》(国发〔2012〕3号)。党中央、国务院、水利部部署的最严格水资源管理任务繁重、时间紧迫、责任重大,要完成以上任务,就必须建立一支优良的水资源管理队伍。

## 二、水资源管理队伍建设存在的问题

当前在水资源管理队伍建设方面,存在着队伍建设滞后、基础工作薄弱、保障能力不足等诸多的问题。

第一,执法人员匮乏。以湖北省为例,在116个市、县两级行政区划中,除武汉、孝昌、荆门等市、县从建设部门成建制转来节水办,水资源管理人员相对较足以外,绝大多数市、县两级水资源与水政或水土保持合为一个科(股),且只有1个人。以两部分工作均衡计算,用在水资源管理上的人力只有0.5人。为解决人手不足的问题,部分市只能从下属单位借用人员,以应对繁重的水资源管理工作任务。有的县级行政区域无单独的水利局,水利与农业、林业合为一个局,定编只有几个人,既无水资源管理机构,也无专职的水资源管理人员。

第二,监管力度不足。因人员、经费、装备不足等多种因素,《中华人民共和国水法》(以下所有法律、法规都用简称)确立的水资源调查评价制度、水中长期供求规划制度、水

---

* 朱白丹,湖北省水利厅水资源处上派干部。

量分配方案和调度预案制度、用水总量控制和定额管理相结合制度、超定额累进加价制度、节水设施与主体工程"三同时"制度(同时设计、同时施工、同时投产)等大多没有执行或执行不力;取水许可、排污口许可的后续监管较弱,存在"重审批、轻监管"现象。准确地说,不是水行政主管部门"轻监管",而是无人去监管。

第三,专业能力不强。现有水资源管理人员都是从行政、后勤、工程技术等岗位轮岗而来或安排的军转干部,具有高等院校水资源相关专业学历的人员较少。同时,因学习培训开展较少,队伍管理能力亟待提高。目前的队伍现状,要完成法定的水资源节约、保护和管理任务,仅靠基层水资源管理机构现有的半个人、1 个人或几个人是不可能完成的。

## 三、水资源管理队伍建设途径与办法

在当前机构改革、严格控编的情况下,增加水资源行政编制的可能性不大,建议可以从几个方面来加强水资源管理队伍建设。

第一,成立或分设节约用水办公室。当前全国一些地方,节约用水机构主要有两类:一类是水行政主管部门内部单设节约用水办公室,如广东省深圳市、湖北省武汉市等;一类是在水行政主管部门内设机构水资源处(科、股)加挂"节约用水办公室"牌子,如湖北省宜昌市、宜都市等。《宪法》第 14 条第 2 款规定:"国家厉行节约,反对浪费",《水法》第 8 条第 1 款规定:"国家厉行节约用水,大力推行节约用水措施,推广节约用水新技术、新工艺,发展节水型工业、农业和服务业,建立节水型社会",中共中央、国务院《关于加快水利改革发展的决定》(中发〔2011〕1 号)要求"加强水利队伍建设"。当前成立或分设节约用水办公室,具备较好的外部制度环境和基础,建议单独成立或分设事业性质、全额拨款的"节约用水办公室"。由于各地情况各异,人员编制可多可少,但必须有正式编制。

第二,成立水资源管理中心。目前,部分省份成立了水资源管理中心,还有一些省份成立没有经编制部门批准的"水资源管理中心"。当前全国上下正在认真贯彻落实中央 1 号文件、国务院 3 号文件提出的"实行最严格的水资源管理制度",严格水资源开发利用控制、用水效率控制和水功能区限制纳污"三条红线"管理要求,为成立水资源管理中心提供了契机,各地特别是全国开展加快实施最严格水资源管理制度试点的省份,要抓住机遇、乘势而上,尽快把本级水资源管理中心组建起来。

第三,单设水资源科(股)。在当前机构改革、严格控编的情况下,增加水资源行政编制困难很大,但把水资源与水政或水土保持分开,单设水资源科(股)还是有可能的。这样,就等于增加了水资源管理人员,为今后增加人员预留了空间。

第四,水资源机构与水政监察队伍合署办公。1989 年以来,根据水利部"各级水利部门自上而下建立执法体系"的要求,全国各地建立了省、市、县三级执法网络。截至水利部印发《关于加强水政监察工作的意见》(水政法〔2010〕516 号)前的 2009 年,全国共组建水政监察队伍 3362 支,其中,流域机构和省级水政监察总队 46 支,地市级水政监察支队505 支,县级水政监察大队 2811 支。鉴于取水许可、水资源费征收等工作与水政监察工作相近、新成立水资源管理机构需要一定周期，建议在水政监察队伍加挂"水资源管理中心"牌子（全国已有一些地方采取此模式），以缓解当前水资源管理人手不足。待条件成熟时，再酌情分设。

# 湖泊保护立法

　　湖泊被称为地球的肾脏,对于人类的生存和发展意义重大,我们用什么来保护湖泊?答案早就在那里。1996年,湖北各界达成湖泊保护的共识,在中国率先启动湖泊保护立法。15年过去了,在许多省的湖泊立法出台并实施多年以后,《湖北省湖泊保护条例》还在千呼万唤之中。湖北水事研究中心作为湖北省人文社会科学重点研究基地,对制定《湖北省湖泊保护条例》,发出了专业的声音!

# 《湖北省湖泊保护条例》立法构想

## ——以湖北省湖泊现状调查为基础[*]

吕忠梅[**]

　　湖北省湖泊生态区位优越,被誉为"千湖之省"。湖北因"湖"得名,云梦大泽孕育江汉平原;千湖之省得水独厚,汇长江、汉江、清江三江之水。湖北因水而兴,也因水而忧。2011年,受湖北省人大法律工作委员会的委托,湖北水事研究中心承担了起草《湖北省湖泊保护条例(专家建议稿)》的任务。我们专门组成课题组,走访了湖北省农业厅、环保厅、水利厅、林业厅、交通厅和武汉市水务局等单位和部门,赴武汉市、鄂州市、荆州市、宜昌市、十堰市等地进行了实地考察,对湖北省湖泊保护的基本现状、相关立法及其实施情况等方面进行了综合调研[①],发现了湖泊保护的法律需求,并以此为基础,提出了制定《湖北省湖泊保护条例》的专家建议。

## 一、湖北省湖泊保护现状及立法需求

### (一)湖泊功能对立法的利益平衡要求

　　湖北省具有丰富的湖泊资源[②],境内的湖泊集中分布于东经111°30′—116°06′、北纬29°26′—31°30′范围内,海拔高程在50 m以下,大多是长江、汉江及其支流演化过程中形成的伴生湖泊,由古代云梦泽淤塞分割而成,是长江、汉江侵蚀与堆积地貌的有机组成部分,因此被称为"江汉湖群"。湖北所处的亚热带大陆性季风气候具有雨热同期的特点,

　　* 本文为湖北省人大法律工作委员会委托湖北经济学院的立法项目——《湖北省湖泊保护条例(专家建议稿)》的研究成果。该条例现已经省人大常委会通过,正式通过的《条例》吸纳了专家建议稿的大部分内容。感谢课题组成员邱秋、刘佳奇、刘长兴、尤明青、陈虹、赵翔、彭彦、于佳、余吉超、汤皓、曹阳。他们的调研和初期研究报告对于此文的形成给予了支撑,尤其是刘佳奇、尤明青、赵翔、陈虹做了大量的基础性工作。本文发表于《湖北经济学院学报》2012年第3期。
　　** 吕忠梅,湖北经济学院教授、院长,湖北水事研究中心主任。
　　① 本文未做特别说明的数据均来源于课题组的调研,由省水利厅、环保厅、农业厅、林业厅等相关部门提供。
　　② 湖泊是指陆地表面洼地积水形成的比较宽广的水域。一个典型的湖泊,通常由湖泊水体、湖盆、湖洲、湖滩、湖心岛屿等部分组成。

多年平均降水量 1100—1350 mm,太阳年辐射总量 106—118 kcal/cm²,年平均气温约 16℃,除历史气候寒冷年外,湖面一般不封冻。[①] 这些特点为湖群水生动植物生息繁衍和湖区农业生产提供了优越的自然条件,对于湖北的经济社会发展具有重要意义,担负着多种功能:

(1)蓄水行洪。湖泊一般地处天然洼地,水面高程低于周围地面,具有良好的蓄洪功能。以 2010 年为例,全省湖泊调蓄洪水 118 亿立方米,解除了 1850 万亩农田(占受渍涝威胁 2399.5 万亩农田的 77.1%)的渍涝威胁,有效保护了长江下游 15 座县级以上城市 1135 万人的安全。[②] 湖泊所蓄积的洪水在秋冬降水较少的季节为人畜饮用和工农业生产提供了重要水源。

(2)维护生态平衡。湖泊具有净化水质、调节气候、维系生态平衡和维护生物多样性等重要生态功能。历史上,湖北的湖泊大多与长江、汉江等相通,形成独特的江湖复合生态系统,是名副其实的生物种质资源的摇篮和基因库,生物多样性丰富,也是许多洄游或半洄游性鱼类的"三场"(索饵场、繁殖场、育肥场)和鸟类的栖息场所,科研价值极高。

(3)经济发展支撑。湖泊具有水产养殖、旅游观光、水域航运、提供工农业用水等功能,是湖北省经济发展的重要特色和支撑:

其一,水产养殖。根据《2010 湖北水产年鉴》,2010 年湖北省湖泊水产养殖面积 294 万亩,产量 38 万吨,分别占全省养殖总面积、水产品养殖总产量的 29.8% 和 10.1%,为湖北淡水水产品总量连续 15 年位居全国第一位作出了重大贡献。全省以湖为生、以湖为家或从事湖泊渔业生产、捕捞的人口约 100 万,渔船近 2.5 万艘。洪湖、鄂州、仙桃、监利等重点湖区市县的渔业产值占农业总产值五成以上。[③]

其二,旅游观光。湖泊旅游的主要景点有武汉东湖、鄂州梁子湖、赤壁陆水湖、神农架大九湖、黄石仙岛湖等。如东湖已经成为湖北的知名旅游品牌。

其三,水域航运。全省共有通航湖泊 18 个,航道里程共计 659.22 公里,其中全年通航的有 609.82 公里。通航里程较长的湖泊主要有洪湖、梁子湖、长湖、龙感湖、木兰湖、大冶湖和保安湖等。

其四,工农业用水。湖北省粮食生产以水稻为主,主要是因为湖泊可以提供丰富农业用水;湖北省的工业布局也是沿江沿湖展开。

(4)水文化丰富。千百年来,湖水养育了湖北人,"楚风浓郁,楚韵精妙"。几乎每个湖泊都有自己的文化渊源,比如斧头湖有杨幺宣花大金斧的传说,龙感湖有"不越雷池一步"的典故。湖北的戏曲、文学、饮食、民风民俗无不与水相连、缘水而起。

从立法的角度看,湖泊的不同功能是必须考虑的基本省情。因为,湖泊的不同功能相互之间存在着内在张力,相关主体为了实现其不同的功能目标可能发生各种利益冲突。发现各种可能不同的利益冲突并以规则的形式予以平衡与协调是立法的基本任务。

① 《湖北湖泊现况》,网址:http://bbs.cnhan.com/thread-16410737-1-1.html,最后访问时间:2012/2/26。
② 湖北省水利厅:《我省去年"五最"数据显防汛成效》,网址:www.hubeiwater.gov.cn,最后访问时间:2012/2/26。
③ 《湖北水产年鉴》,网址:www.hbfm.gov.cn,最后访问时间:2012/2/26。

因此,如何实现"水生态"、"水经济"、"水文化"等不同功能的有机整合,划定各自的利益边界,建立和维护法律秩序,让"千湖之省"的"水文章",从"各炒一盘菜"走向"共办一桌席",是实现湖泊生态保护与湖泊经济发展良性循环的必要前提。

**(二)湖泊属性对立法的条件限定**

"一条河川,一部法律"是一个古老的法谚①,它告诉我们:制定科学合理的湖泊保护立法,必须认真考虑湖泊的自然属性和与其相关的社会、经济发展特征。

1. 湖泊的自然类型

自然地理上,湖北省的湖泊按照成因可以分为河间洼地湖、岗边湖、壅塞湖、河谷沉溺湖和牛轭湖等几类,其中分布最广、面积最大的是河间洼地湖和岗边湖。河间洼地湖系长江及其支流之间低洼地积水而成,洪湖、汈汊湖、大沙湖、运粮湖等都属河间洼地湖。岗边湖系河流漫滩后缘与外围岗地之间的低地积水而形成,梁子湖、长湖、张渡湖、斧头湖等均属岗边湖。由于两类湖泊形成的原因不同,其自然生态系统平衡条件不同,人类活动对其造成的影响也不相同。相比而言,河间洼地湖的水更浅,岸线平直单调,沼泽化明显,更易被开垦利用,在人类活动的影响下,也更容易面积萎缩甚至消失,目前,三湖、白露湖、大同湖等河间洼地湖已经基本消失。而岗边湖的湖汊较多,岸线曲折、狭长,湖泊与陆地相邻面积广,更容易受到来自岸上活动的影响,尤其是因农业生产方式和农村生活方式所产生的面源污染,防控难度比较大。

2. 湖泊的管理类型

目前,湖北省从行政分权的角度,将湖泊划分为省直管湖泊、地级市管理的湖泊和县级管理的湖泊三类。一般而言,省直管湖泊具有面积大、跨县区级以上行政区域、在环境保护和经济社会生活中具有举足轻重的作用、保护难度较大、地方利益或部门利益冲突激烈等特征。但是,在实际操作中,由于缺乏明确的划分依据,加之划分湖泊类型的部门标准不同,出现了现实中的各自为政。目前,省环保厅将洪湖、梁子湖、斧头湖、大冶湖、保安湖、长湖和汈汊湖等确定为省控湖泊,开展水质监控;农业厅将梁子湖、斧头湖等9个大型跨界湖泊确定为省直管湖泊,设立了省级渔政监督管理机构;林业厅对洪湖、龙感湖等大型湖泊进行省级直管,建立了湿地自然保护区;水利厅对洪湖、梁子湖、长湖、斧头湖、汈汊湖等大型湖泊进行重点防汛和排涝调度。

县级管理的湖泊数量最多,面积较小,通常为封闭性湖泊,不跨县区行政区域,在生态、经济、社会中的作用有限,在湖泊管理中容易被忽略。这类湖泊的基础数据十分匮乏。

地级市管理的湖泊是在地级市行政管辖区域以内、面积大小以及在全省生态和经济

---

① 水事法是最古老的法律领域之一,盖由水资源对人类生存与发展的不可或缺性和水资源复杂的自然属性所致。首先,水是生命之源、经济之源、文化之源、社会之源,也有水是"一切资源的资源"之说,对人类的生存与发展须臾不可缺少。其次,水具有流动性、循环性、有限性,通常会以一定的形式汇集,形成海洋、河流、湖泊、冰川等等不同形式的水系;各种水系并不是水的简单集合,而是由各种自然要素密切联系的生态系统,这些生态系统差异巨大,人类利用海洋、河流、湖泊方式也不可能完全相同,立法上很难用一种方式加以统一,"一条河川,一部法律"的法谚就是对水事立法经验的形象总结。

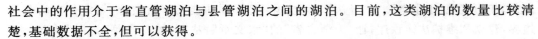

社会中的作用介于省直管湖泊与县管湖泊之间的湖泊。目前,这类湖泊的数量比较清楚,基础数据不全,但可以获得。

3. 湖泊的功能类型

湖泊因不同区域的经济社会发展方式和产业结构而具有不完全相同的功能。按照湖泊所处的位置,可以分为城市湖泊与农村湖泊;按照其不同经济用途,可以分为适宜人工养殖湖泊、饮用水水源性湖泊、旅游观光性湖泊、航行性湖泊等等。但是,目前湖北并没有按照湖泊功能进行湖泊分类,只是按照水产养殖与湖泊容量、环境承载力、规划之间的关系,将湖泊分为适宜水产养殖的湖泊与不适宜水产养殖的湖泊。一般而言,饮用水水源保护区的湖泊或者水质严重污染的湖泊,为不适宜开展水产养殖的湖泊;其他湖泊在不影响湖泊水生态功能的前提下,可以开展水产养殖、精养升级,属于适宜水产养殖的湖泊。

从湖北省目前的湖泊管理现状上看,没有统一、明确的湖泊概念,没有统一的湖泊管理部门及管理体制机制,没有确定湖泊管理权限、管理方式的标准,没有确定湖泊主要功能的指标体系,没有湖泊保护的明确价值取向。这种现状,对湖泊保护的不利影响是明显的,管理的缺位、错位、越位现象必然出现,湖泊保护立法的迫切性不言而喻。

**（三）湖泊保护问题对立法的重点吁求**

湖北省一直非常重视湖泊保护工作,采取了有利于湖泊保护的各种措施,这些措施也取得了一定的成效。但是,随着湖北省经济社会发展增速,经济结构调整与城市化进程加快,社会公众对生态安全和生活质量要求的提升,湖泊保护面临着新的威胁与挑战,也还存在着一些必须高度重视的问题。

1. 湖泊数量锐减,面积萎缩

湖泊的数量和面积是维系湖泊功能的前提和基础,面积的减小、数量的减少必然带来湖泊功能的降低或丧失。20世纪初期,湖北省湖泊总面积约为2.6万平方公里;到2005年,总面积为3025.6平方公里,仅为百年前的11.64%。20世纪50年代,湖北省100亩以上的湖泊有1332个,其中5000亩以上的湖泊322个[①]。根据湖北省水利厅2009年1月发布的《湖北省水资源质量通报》,全省百亩以上湖泊仅为574个,比20世纪50年代减少了56.9%。其中,5000亩以上的湖泊仅剩100余个,比20世纪50年代减少2/3[②]。

2. 湖泊水体污染严重,生态功能衰减

省环保厅发布的《湖北省环境质量状况（2010年）》表明,湖泊水质总体不容乐观:11个省控湖泊的15个水域中,水质为Ⅱ类的占20.0%,分别为斧头湖江夏水域和咸宁水域、梁子湖江夏水域;水质为Ⅲ类的占26.7%,主要是武汉市后官湖、梁子湖鄂州水域、大冶市保安湖和汉川市刁汉湖水域;水质为Ⅳ类的占26.7%、Ⅴ类的占13.3%、劣Ⅴ类的

---

① 张毅等:《近百年湖北湖泊演变特征研究》,载《湿地科学》2010年第1期。
② 湖北省水利厅水资源处:《湖北省水资源质量通报》（2009年第6期总第42期）。

占 13.3%。水质符合功能区划标准的水域占 40.0%①。

湖北省湖泊富营养化的情况比较严重,主要是总磷、总氮超标。主要污染源来自城市和农村的生产和生活方式:农村污染源主要是农村种植业、畜禽养殖业和农村生活方式带来的面源污染,以及利用湖泊进行投肥、投药养殖而造成的直接污染。城市污染源主要是城市生活垃圾处置不当、工业生产排污和开发湖泊旅游资源造成的餐饮、游船等污染。

3. 湖泊生境退化,生物多样性减少

由于围湖造田、筑坝拦汊、填湖造地以及过度的城市建设与房地产开发,导致湖泊大量减少和萎缩,原本"湖湖相连,江湖相通"的生态环境遭到破坏,湖泊的自身调蓄能力、自我净化能力、污染消解能力、生态修复能力大大削弱,加剧了洪涝旱灾的发生,也带来生物多样性减少等生态问题。如东湖水生植物分布面积由建国初期的 23.78 平方公里降为目前的 0.8 平方公里,减少 96.6%,底栖动物由 113 种降为 26 种,减少 77%,鱼类由 67 种降为 38 种,减少 43.2%。

4. 湖泊管理各自为政,保护缺乏必要机制

目前对于湖泊负有监测和管理职责的包括水利、环保、农业、林业等多个部门,相关部门依据各自的上位法进行管理,开展湖泊监测并各自发布水资源、水环境方面的监测公报。各自分散的监测不仅相互矛盾,必然导致"湖情"不明;而且依据这种监测所采取的管理和保护措施要么"无的放矢",要么相互扯皮,无法实现湖泊保护的目标。对于社会公众而言,不同部门发布的不同监测数据本身就会对政府的公信力产生不良影响,无论是否公开都会存在问题;同时,各种数据无法充分实现共享,加大了政府投入与公共资源的浪费。

造成湖北省湖泊保护问题的主要原因是缺乏对湖泊开发利用和保护的统一规划。各部门、各地方根据自己的需要制定各自的目标任务,缺乏整体性考量,缺乏统一的价值取向,没有必要的协调与整合,有的只是各自的权力冲突与利益冲突。虽然从形式上看,各部门都有规划、各地都在进行管理,但实际上,目标冲突必然带来管理上的不协同,湖泊的生态环境在这些不断发生的冲突过程中变得日益脆弱,甚至走向崩溃。因此,通过制定专门法规,对全省湖泊进行统一规划,厘清湖泊开发利用和保护之间的关系,使湖泊保护走向规范与秩序,已刻不容缓。

## 二、湖北省湖泊保护立法的重点与难点

根据对湖北省湖泊保护立法的需求调研,以及对武汉市和外省市已有湖泊保护立法的比较分析。可以认为:湖北省湖泊保护立法既有与外省市湖泊立法所共同面临的问题;也有因湖北是"千湖之省",湖泊数量多、自然属性复杂、与产业结构和生产生活方式联系紧密、管理方式粗放等"湖情"所呈现的特殊问题。要制定一部良好的《湖北省湖泊

① 数据来源:《湖北省环境质量状况(2010)》。

保护条例》，必须妥善解决如下重点与难点问题：

**（一）确定基本概念和标准**

1. 湖泊的界定

在自然科学上，湖泊被认为是"陆地表面洼地积水形成的比较宽广的水域"。考察已有的湖泊法律法规，从国际《湿地公约》①到国内的地方立法，所使用的"湖泊"概念极不统一，湖泊、滩涂、湿地等相关概念之间的关系也十分模糊。而在调研中，我们发现各相关部门有关湖泊的管理权限矛盾、执法冲突以及湖泊保护工作的缺位、越位、错位等诸多现象，无一不与湖泊界定不明直接相关。因此，合理的界定湖泊并将其以适当的方式予以表述，直接关系到湖泊保护立法的成败，关系到湖泊保护立法的执行力。

客观地看，将自然科学上的湖泊概念直接引入法律并不妥当，但抛开自然科学概念，直接从法律上界定湖泊也有相当困难。② 在相关理论尚不成熟的情况下，主要是通过立法技术来解决这个问题，通常是采取列举或者限定方式，确定纳入法律法规调整的湖泊范围，这也可以视为是从外延上界定纳入法律调整的湖泊范围的一种定义。从已有立法来看，采用的方法有两种：一种是直接确定水域面积，将达到一定水域面积的湖泊纳入立法调整，如《南昌市湖泊保护条例》；另一种是确定湖泊名录的方法，即把达到一定水域面积或容积的湖泊纳入名录，将列入名录的湖泊纳入立法调整，如《武汉市湖泊保护条例》。

实际上，无论是确定湖泊面积还是确定湖泊名录的方法都与湖泊的自然科学概念直接相关，将湖泊作为"陆地表面洼地积水形成的比较宽广的水域"中的"比较宽广"进行量化，这种方法的确避免了直接对湖泊进行法律定义的难题，也简单易行。③ 客观而言，这种界定方法对于数量不多、类型和功能相对单一、立法地域效力范围不大的湖泊立法是非常有效的。但将这种方法直接用于湖北这样一个"千湖之省"，却有相当困难。湖北省不仅湖泊数量众多、功能多样、开发利用与保护之间的关系复杂；而且还存在"湖情"不清、信息不明、湖区生产与生活方式多元等实际问题，很难以面积、容积或名录等方式简单决定是否纳入湖泊保护立法的范围。

我以为，面对湖北省的特殊"湖情"，有必要在立法中采用更加多元化的界定方式，以确保湖泊保护立法目标的实现：

---

① 《湿地公约》是《关于特别是作为水禽栖息地的国际重要湿地公约》，于1971年2月在伊朗拉姆萨尔签订，又称《拉姆萨尔湿地公约(Ramsar Convention on Wetlands)》。该公约1975年12月21日正式生效，中国于1992年加入。根据《湿地公约》：湿地包括沼泽、泥炭地、湿草甸、湖泊、河流、滞蓄洪区、河口三角洲、滩涂、水库、池塘、水稻田以及低潮时水深浅于6米的海域地带等。

② 这种现象，并非在湖泊保护立法中存在。如何将自然科学上的概念以法律的方法进行定义是整个环境资源立法面临的共同问题，因为自然科学是单纯从自然现象所进行的界定，而法律科学必须综合考虑人—自然现象之间的关系并以规范人的行为和活动为主，这是两种不同的思维方式，有着不同的目标追求。但是，不可否认，自然科学的概念为法律上的界定至少提供了科学上的基础，立法者的任务是将两种不同的思维方式进行整合，遗憾的是，目前的确还没有找到最佳途径，因此，环境法的许多定义经常遭受质疑。

③ 如《江苏省湖泊保护条例》规定：列入江苏省湖泊保护名录的湖泊的开发、利用、保护和管理，适用本条例。省人民政府应当将面积在0.5平方公里以上的湖泊、城市市区内的湖泊、作为城市饮用水水源的湖泊列入江苏省湖泊保护名录，于本条例实施前确定并公布。

首先,概括性规定"湖北省境内湖泊的保护、开发、利用和管理活动适用本条例",将所有湖泊都纳入法律保护的范围,为湖泊保护提供法律原则依据,避免出现无法可依现象。

　　其次,明确规定省人民政府水行政主管部门会同农(渔)业、林业等有关部门拟定湖泊保护名录,报省级人民政府确定并公布。通过名录制度明确湖泊保护立法的调整范围,为湖泊保护工作的开展提供具体的可操作的定义;同时,湖泊保护名录由省人民政府公布,以避免出现各有关部门从不同目的出发,自定标准,分别确定湖泊名录或者划定保护范围的情况。

　　再次,赋予省级人民政府根据实际情况适时对湖泊保护名录作出调整的权力。一方面,保证名录的适应性,使得湖泊保护可以适应湖泊自身变化和经济社会发展对湖泊需求的变化;另一方面,保证湖泊名录调整的严肃性,防治有违湖泊保护目的随意调整湖泊名录。

　　2. 湖泊保护范围的划定

　　湖泊并非一个封闭的生态系统,它在与周边环境要素不断进行的能量流动、物质交换与信息传递过程中实现生态平衡。因此,要保护湖泊,不能只针对湖泊水体本身。为此,立法上通常采用划定保护区的方式来确定湖泊保护的范围。[①] 这种方式考虑了湖泊保护的要求,也具有明确具体和可操作的优点。但这种统一"划线"的方式是否可以实现湖泊保护的目标却令人生疑;此外,其上位法依据也不充分。

　　正如前面所强调的,湖泊对于人类具有多种功能而非单一,湖泊的保护范围与湖泊的功能直接相关,作为饮用水源的湖泊与作为养殖水体的湖泊所要求的保护范围不可能相同,如果不加区别的统一"划线",极有可能出现"多划"、"少划"的现象,而无论是"多划"还是"少划",都与湖泊保护立法所要实现的目标相背离。

　　此外,根据《立法法》的规定,作为地方性法规的湖泊保护立法不得与相关上位法冲突是一项基本原则。目前,有关湖泊保护范围已经有了一系列的上位法规定,这些规定都是根据水体的功能确定的保护范围,如《水污染防治法》规定的饮用水源保护区保护范围,《自然保护区管理条例》规定的自然保护区保护范围,这些规定对于作为饮用水源地的湖泊和作为自然保护区、风景名胜区的湖泊是当然适用的。如果地方立法简单"划线",则可能因与上位法冲突而违反《立法法》而导致无效。

　　我以为,湖北省的湖泊保护立法必须遵循《立法法》的相关规定,同时充分考虑湖泊保护以保护湖泊功能为主要目标的客观实际,通过规定划定湖泊保护范围的基本原则的方法明确湖泊保护的范围:

　　首先,根据湖泊保护的需要,将湖泊保护范围分成湖泊保护区和湖泊控制区,明确规定湖泊保护区是核心区域,禁止或者限制人类有害于湖泊的各种活动;湖泊控制区是核心区域与人类活动集中的区域之间必要的缓冲区域,根据湖泊保护的需要,有效控制人

---

　　① 如《武汉市湖泊保护条例》通过规定"三线"确定了湖泊保护的范围:"湖泊水域线为湖泊最高控制水位;湖泊绿化用地线以湖泊水域线为基线,向外延伸不少于 30 米;湖泊外围控制范围以湖泊绿化用地线为基线,向岸上延伸不少于 300 米。"

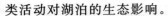

类活动对湖泊的生态影响。

其次，明确湖泊保护区的划定标准。根据湖北省的湖泊自然特性，按照湖泊最高水位线划定湖泊保护区，具体包括湖堤、湖泊水体、湖盆、湖洲、湖滩、湖心岛屿等。这里，没有采用一些地方立法以最高洪水位作为划定湖泊保护区标准的做法，是因为湖北省的大多数湖泊为河间洼地湖和岗边湖，湖盆较浅，如果以最高洪水位为标准，保护区可能包括整村、整乡镇，不仅占用土地面积过大，而且可能引发其他社会问题，必须慎重处理。①

再次，明确划定湖泊控制区的标准。湖泊控制区在湖泊保护区外围根据湖泊保护的需要划定，原则上不少于保护区外围 300 米。采用湖泊控制区是借鉴了广东省有关立法的成功经验，这样将"保护区外围 300 米"作为最低控制范围的规定，既肯定了武汉市湖泊立法划定"三线"的积极探索，也弥补了其单一标准灵活性不足的缺陷，给各地区、各湖泊因地制宜划定控制区预留空间；同时，也对湖泊保护提出了更为严格的要求。

3. 湖泊分类的标准

自然状态下的湖泊，形成方式不同；社会生活中的湖泊，开发利用方式以及形成的人文环境不同，这就要求立法时充分考虑湖泊的自然属性和社会属性，在合理确定湖泊功能的基础上，采用不同方式协调湖泊开发利用与保护的关系。因此，在立法中确定合理的湖泊分类标准并实施类型化保护，也是一种通行且被证明十分有效的方法。

于是，湖泊的分类标准对于湖泊保护目标的实现至关重要。目前，湖北省主要采用的是由业务主管部门确定标准的方法，这种从自身管理角度出发进行的分类，虽然有一定的合理性，但却可能与湖泊保护目标不相适应。因此，湖泊保护立法必须从实现立法宗旨的角度重新确定标准。

我以为，应该以湖泊的功能为基本标准对湖泊进行分类，然后根据湖泊功能类型确定湖泊保护目标，同时考虑湖泊保护的目标任务，确定湖泊保护的分级管理原则。一是对纳入湖泊保护范围的湖泊进行功能分类或者按照湖泊功能发布湖泊名录，宣示不同类型湖泊的保护目标；二是根据不同类型湖泊的功能保护目标，结合各行政管理部门的法定权限，将湖北省的湖泊分为省直管湖泊、地级市管理的湖泊、县级管理的湖泊和跨行政区域的湖泊。以为理顺湖泊管理体制建立基础，为各相关部门合力实施湖泊保护行为创造条件。

**（二）湖泊保护管理体制的构建**

目前，理论上和实践中对政府应该成为公共利益的代表并行使保护管理权，已经没有争议。但在湖泊保护中，由于政府的多个部门的管理职能与湖泊相关，并且存在着事实上的利益关系，必然存在着权力竞争。如果立法不能很好地解决公共权力配置问题，

---

① 如在江汉平原，许多地方，湖河原本相连，人为原因阻断后，湖河之间形成了大量的村庄、乡镇。如果以洪水的最高水位为标准划定保护区，这些村庄和乡镇必须实现搬迁，否则，这样规定从制定开始就知道没有执行的可能。如果实施整体搬迁，则必然涉及更为复杂而广泛的问题，不是一个湖泊保护条例可以解决。单从湖泊保护立法的理想看，为了保护湖泊，解决人水争地问题，整体搬迁必要时也属应该；但在这个问题没有综合考量并有充分决策依据之前，简单规定是不妥当的，至少是不负责任的。因此，我也很期待湖北省的立法机关、行政机关能够对这一问题进行可实施性及生态效益、社会效益的充分调研与全面评估，以便于作出有效决策。

不仅立法目的不可能实现,而且还可能导致因公共权力竞争而产生的"公地悲剧"。这既是在立法中必须构建合理的湖泊保护管理体制的理由,也是在现实中必须解决的权力配置难题。[①]

当前,在实际工作中,多个部门都实施着对湖泊一定程度的管理权;在国家已有立法中,也有多部法律规定了涉水部门对湖泊的管理权限。现状是:水利部门按照《水法》对湖泊的水资源管理负责、环保部门根据《水污染防治法》对湖泊的污染防治负责、农(渔)业部门根据《渔业法》对湖泊的水产养殖负责、林业部门根据《森林法》对湿地保护负责、交通部门根据《河道管理条例》对湖泊的通航和运输负责,此外,还有发展改革、国土资源、卫生、建设、食品药品监督等部门也分别从不同的角度对湖泊拥有一定的管理权限,好一个"九龙治水"。

从理论上讲,"九龙治水"属正常现象,因为湖泊功能的多样化,没有任何一个部门可以完全胜任将湖泊的所有功能全部纳入管理的任务,必须有权限与职责的划分。但是,如果由"九龙治水"变成了"九龙争水"则一定会出问题;因此,问题并不在于"九龙治水",而在于如何实现"九龙共治水"。[②] 相关部门争当"龙头",病症是"争权",病根在"争利"。改变这种乱象的关键在于转变湖泊保护观念,实现从"管理"到"治理",从"单一式执法"到"整合式执法"[③],这就需要以全新的理念来构建湖泊保护立法的管理体制。

我以为,新理念下的湖泊保护立法的管理体制至少应有如下内容:

首先,确定湖泊保护的行政主管部门。根据《水法》规定,水行政主管部门是水资源的综合管理部门,湖泊作为水资源的一部分,其管理体制设置当然应符合《水法》的规定。将水行政主管部门设立为湖泊保护的主管部门,也是各地方湖泊立法的共识,这其中既有上位法的规定,更因为这种规定符合湖泊保护的客观规律:湖泊保护的核心是水,包括水量和水质;水量是水质的基本保障,湖泊容量保住了,一定的自净能力才得以存在;水量和水质管好了,渔业养殖才有良好的场所,湖泊通航才有良好的条件,湿地生态系统才有了水域保证。从这个意义上说,水行政部门对湖泊的管理是其他部门进行专项管理的前提条件。

其次,按照湖泊的分类和功能保护目标,确定不同类型的重要湖泊的专门保护体制。以"一湖一法"形式特别授权相关主管部门进行综合性管理,如对重要饮用水源保护区授权环保部门牵头,对重要的湿地保护区授权林业部门牵头,对重要的养殖水体授权农(渔)业部门牵头,等等。同时,确定特别授权部门与一般管理部门的湖泊保护权限、职责

---

① 在我们的调研中,关于湖泊管理体制是各方面都高度关注的一个问题,甚至可以不夸张地说,调研中有80%的时间用于讨论各部门的权限以及相互关系。实际上,湖北省的湖泊保护立法历经16年才进入省人大常委会正式审议,很大程度上也是因为对于湖泊管理体制没有达成共识。

② 参见吕忠梅等:《流域综合控制:水污染防治的法律机制重构》,法律出版社2011年版,第11页。

③ 传统的水资源管理体制以权力集中和"命令—服从"式执法为特征,以行政权的行使为核心建立,突出管理机关的权力和行政处罚等行政强制性措施,这种管理模式对主体多元化和社会公众的参与重视不够,不能很好地适应水资源管理的需求,成为各国水资源管理体制改革的重点。经过近二十年的探索,各国的水法都逐渐建立了由"政府—企业—公众"多方参与的综合治理模式,以"治理"替代"管理";为了适应多中心治理的需要,在执法方面也由单一执法主体变为多个执法主体联合执法,以"整合式执法"替代了"单一式执法"。参见同上书,第16页。

以及与相关部门协调的基本程序。

再次,按《水污染防治法》、《渔业法》、《土地管理法》、《森林法》、《河道管理条例》等法律、法规的规定,环境保护、建设（规划）、农（渔）业、国土资源、林业、交通运输、旅游等部门对于湖泊保护的相应管理权限进行具体列举。明确集中管理体制下的职能分工原则与权限范围、协调性原则以及协同执法的基本程序等。

### （三）主要法律机制的构建

湖泊保护立法的目的、基本原则以及构建的管理体制,都必须通过一定的制度加以实现;同时,这些制度也是在立法目标、基本原则和管理体制指引下所做的具体措施、方式、途径、程序性安排,通过对相关主体间权利（权力）义务（职责）关系的确定,形成相应的法律机制。

1. 湖泊分级管理机制

湖泊分类是江苏省湖泊立法的成功经验,在分类的基础上进行分级管理,是分类的目的之一。通过建立分级管理机制,既可以针对不同湖泊进行不同方式的管理,为重要湖泊实行"一湖一法"奠定基础;又可以保证非重点湖泊保护不至于"逍遥法外"。

在湖北的湖泊保护立法中,也可以根据对湖北省的湖泊分类,将湖泊按照省直管湖泊、地级市管理的湖泊、县级管理的湖泊、跨行政区域的湖泊实行分级管理,并对重要湖泊按照"一湖一法"的思路进行特别授权。通过建立湖泊分级管理机制,一方面,可以解决现有湖泊保护中存在的强调湖泊单一功能的问题,有利于综合考虑湖泊的经济、社会、生态功能,使湖泊的管理更加科学;另一方面,也有利于实现湖泊分类与现行管理体制的有效衔接。

2. 专门湖泊保护机制

对于需要特殊保护的湖泊实施"一湖一法",是国内外湖泊保护立法的成功经验。所谓"一湖一法",就是通过对具有重大生态保护意义的湖泊采用单独立法方式,为这类湖泊"量身定做"法律,设置专门机构、建立专门制度、集中委托执法权等,以保证专门保护目标的实现。如美国的五大湖流域管理[①],我国的抚仙湖、滇池、太湖、洱海也都采用了这种专门立法方式。

在湖北的湖泊保护立法中,可以在建立整合式管理体制的基础上,确定专门立法的原则和条件,根据湖北省湖泊的不同情况,明确专门的湖泊保护机构的设立与执法权取得的依据,明确集中行使执法权的基本规则,为将来的重点保护湖泊的专门立法提供依据。

3. 湖泊管理权协调机制

湖泊的多功能性决定了管理部门的多元性,而多头管理的弊端必须有效克服,这是湖泊立法的重点,也是难点。建立长效的协调机制,以解决部门权力竞争及利益冲突,是成功破解这一难题的经验。根据美国五大湖流域治理的经验,长效协调机制需要通过多

---

① 参见吕忠梅等著:《流域综合管理:水污染防治的法律机制重构》,法律出版社 2011 年版,第 18 页。

种方式进行,包括同级别的合作交流、更高级别的部门协调等。

在湖北省湖泊保护立法中,也必须建立湖泊管理权协调机制。首先是建立同级机关、地方政府间的协调机制,包括明确各种合作与交流的制度、信息和资源共享制度、协同执法制度、责任共担制度等。其次是建立上级协调决策机制,鉴于在中国设置专门机构不仅可能涉及诸多其他问题,而且实际运行效果也难以保证,较好的选择是直接规定由各级人民政府的协调权力和责任,并明确各级人民政府进行协调的具体方式和决策程序,具体可包括联席会议制度、例会制度、首长办公会制度等多种形式,规定利益冲突协调程序、协同执法决策程序、重大保护措施选择程序等。

4. 政府法律责任追究机制

按照我国环境保护法的规定,地方人民政府对所辖区域环境质量负总责。① 这表明地方政府是包括保护湖泊在内的环境质量的法定责任主体,这既是湖泊保护立法规定各级地方人民政府负有协调权的原因,也是政府必须对湖泊保护负总责的法律依据。

目前,湖泊保护不力的一个重要原因就是将"政府负责"缩小为"部门负责",并且由于责任追究机制的缺失,使得行政问责落空。因此,在湖泊立法中完善相关规定,真正建立政府法律责任追究机制十分必要。在湖北省湖泊保护立法中,可以在明确政府行政首长在辖区内的湖泊保护负总责、相关部门负责人对湖泊保护负专责的规定之下,明确政府及其职能部门不履行法定职责的法律责任,实行行政问责与法律追究的双重责任制,规定政府的湖泊保护具体责任,明确权力来源及违法后果、追究责任程序,便于问责制与法律责任追究的落实。

### (四)湖北省特殊的制度安排

在实地调研中,我们发现了湖北省因"湖多"而特有与湖泊直接联系的一些生产方式和生活方式,除了湖北的农业生产为"多水型"——如水稻生产大省、水产养殖大省外,还有与湖泊紧密联系的生活方式——水上旅游、临水建筑、水体纳污等等。这些特有的生产生活方式必然会对湖泊保护带来一些特有的问题:如城市及周边因发展湖泊旅游导致的水污染,水上交通运输造成的船舶污染,沿湖农村生产生活方式对于湖泊造成面源污染等。这些在其他省份湖泊立法中也许不需要特别规范的行为,在湖北省的湖泊立法中必须予以规定。

1. 湖泊餐饮限制制度

利用水景观,发展沿湖餐饮业,是湖北省利用湖泊一种普遍形式。目前,这种湖泊利用方式不仅在许多城市及城市周边存在,而且正在向广大农村蔓延。由于缺乏相应的管理规范,各种餐饮污水直接向湖泊排放,造成的湖泊污染日益严重。武汉市在湖泊保护立法中注意到了这一问题,针对无序开发餐饮业造成湖泊污染的现状,建立了湖泊餐饮限制制度。湖北省湖泊保护条例应该借鉴这一经验,规定在湖泊控制区内和湖泊沿岸的

---

① 《中华人民共和国环境保护法》第16条规定:地方各级人民政府,应当对本辖区的环境质量负责,采取措施改善环境质量。

经营餐饮许可证制度、沿湖餐饮污染物排放许可证制度，禁止经营者向湖泊排放有害餐饮污水和固体废弃物，向湖泊排放无害废水也应取得排污许可证；规定沿湖餐饮业主的环境保护义务与责任。

2．船舶污染防治制度

航运船舶、旅游船舶产生的污水、废油、垃圾、粪便等污染物也是湖泊的主要污染源，有效控制船舶污染，也是湖泊保护立法的一个重点。根据船舶污染的特点，湖泊保护立法应当建立船舶污染防治制度，规定船舶污染防治的主体，对船舶产生的污染物进行收集、处理的义务和责任。根据我国内河航运船舶标准化的要求，在湖泊上航行的船舶必须持有合法有效地防止水域环境污染的证书、文书。同时，明确船舶污染湖泊水体的管理主体、执法程序与责任追究程序。

3．农村面源污染防治制度

湖北省作为农业大省，面源污染比较严重，其主要污染源是农业生产方式——大量使用化肥农药的粮食、蔬菜生产方式，以及以投肥投药为主的水产养殖方式，这些都必然带来湖泊的富营养化和有害化；还有当前农村的生活方式——无生活污水收集设施、无垃圾集中处理设施的临湖建筑大量存在，生活污水和垃圾直接向湖泊排放，也十分容易造成湖泊问题；再加上城市工业垃圾和生活垃圾大量向农村转移，使得本来就很孱弱的湖泊"雪上加霜"。湖泊保护条例应对这些问题，建立面源污染控制制度，对各种面源进行不同程度的禁限；同时规定激励性措施，鼓励发展生态农业、生态养殖、开展清洁小流域建设，以有效控制农业面源污染。

# 湖北省湖泊管理体制研究<sup>*</sup>

刘佳奇　余吉超　苏扬洋<sup>**</sup>

20 世纪 50 年代,湖北省面积 100 亩以上的湖泊有 1332 个,其中面积 5000 亩以上的湖泊 322 个。由于大规模围湖造田及近年来房地产开发、工农业污染、投肥养殖等,湖北省湖泊面积不断萎缩,到 2009 年,全省 100 亩以上的湖泊仅 574 个,比 20 世纪 50 年代减少 56.9%。[1] 同时,水生态环境破坏严重,水质不断恶化,湖泊功能不断衰减,湖泊保护已成为社会各界关注的焦点问题,刻不容缓。不可否认,湖泊保护不力有企业、公民等方面的原因,然而政府的环境保护责任决定了政府对于湖泊管理的主导性。出现上述问题,究其根源是湖泊管理体制问题。[2] 政府依法行政的基本原则要求政府必须依法管理湖泊,因此从立法上理顺湖泊管理体制是解决问题的关键。

## 一、湖北省湖泊管理体制存在的问题及原因

### (一)湖北省湖泊管理机构行使权力的法律依据

管理体制的核心是管理机构的设置,各湖泊管理部门、机构的职权分配以及相互协调直接影响到湖泊管理的效率和效能,对湖泊保护起着决定性作用。按照现行法律法规,在湖北省有湖泊管理权、开展湖泊管理工作的部门、机构及其法律依据如下:

(1) 水行政部门依据《水法》第 12 条规定:“县级以上地方人民政府水行政主管部门按照规定的权限,负责本行政区域内水资源的统一管理和监督工作。”在湖北亦是如此,《湖北省实施〈中华人民共和国水法〉办法》中具体规定了“省人民政府水行政主管部门负责全省水资源的统一管理和监督工作。市(州)、县(市、区)人民政府水行政主管部门按照规定的权限负责本行政区域内水资源的统一管理和监督工作”。

---

* 基金项目:本文系湖北水事研究中心重点课题资助项目《湖北省湖泊保护条例立法研究》(项目编号:2011C012)的研究成果。

** 刘佳奇,中南财经政法大学环境资源法博士研究生;余吉超、苏扬洋,中南财经政法大学环境资源法硕士研究生。

① 数据来源:湖北省人大常委会法规工作办公室。
② 施祖麟、毕亮亮:《我国跨行政区域水污染治理管理机制的研究》,载《中国人口资源与环境》2007 年第 3 期。

（2）环保部门依据《水污染防治法》第 2 条规定："本法适用于中华人民共和国领域内的江河、湖泊、运河、渠道、水库等地表水体以及地下水体的污染防治"，其中显然包括了对湖泊污染防治的管理。具体到湖北省，《湖北省环境保护条例》规定："县以上人民政府的环境保护行政主管部门对本行政区域内的环境保护工作实施统一监督管理。"

（3）农（渔）业部门依据《渔业法》第 2 条规定："在中华人民共和国的内水、滩涂、领海、专属经济区以及中华人民共和国管辖的一切其他海域从事养殖和捕捞水生动物、水生植物等渔业生产活动，都必须遵守本法"，这其中的"内水"显然包含了湖泊。该法第 6 条规定："县级以上地方人民政府渔业行政主管部门主管本行政区域内的渔业工作。"

（4）依据中国已经批准加入的《湿地公约》，国务院指定林业部门为执行部门。《湿地公约》第 1 条就对"湿地"作出了界定："湿地系指不问其为天然或人工、长久或暂时之沼泽地、湿原、泥炭地或水域地带，带有或静止或流动、或为淡水、半咸水或咸水水体者，包括低潮时水深不超过 6 米的水域。"按照这个定义，湖泊属于湿地的范畴。湖北省还专门在林业厅设立了"湿地保护管理中心"，专门负责湖北省境内的湿地保护工作。

（5）交通部门依据《航道管理条例》第 2 条规定："本条例适用于中华人民共和国沿海和内河的航道、航道设施以及与通航有关的设施"，此处"内河的航道"就包括了湖泊上航道。《湖北省水路交通管理条例》也明确规定："省人民政府交通主管部门主管全省水路交通工作。县级以上人民政府交通主管部门负责本行政区域内的水路交通工作。"

（6）专门的湖泊管理机构。如梁子湖成立了"湖北省梁子湖管理局"。根据湖北省委《关于研究梁子湖生态保护问题的会议纪要》（〔2007〕第 13 号）及湖北省人民政府《关于梁子湖管理局开展相对集中行政处罚权工作的批复》精神（鄂政函〔2007〕280 号），具体对梁子湖进行管理。

**（二）湖北省湖泊管理体制存在的问题**

通过对湖北省湖泊管理部门、机构现状梳理和对这些机构运行情况的实地调研，我们发现湖北省湖泊保护管理体制存在以下问题：

（1）管理体制尚未形成。目前，湖北省的湖泊管理机构交叉、重叠、缺位现象都有发生，缺乏统一有效的管理体制。有的地方授权综合部门统一管理湖泊，如武汉市，将湖泊的管理权主要授予武汉市水务局；有的湖泊是几个部门共同管理，如洪湖是林业和渔业部门共同进行业务指导；有的湖泊是由专门的管理机构管理，如梁子湖管理局；更多的是一个湖泊由多个部门和机构从不同的角度进行管理：林业部门管湿地、渔业部门管养殖、交通部门管航运、水利部门管防洪调蓄等等。"九龙治湖"名副其实。如果说，各种现行管理机构的存在都是合理的，那么，如何使得这些合理的管理机构形成完善的、科学的、有效的管理体制，在法律上还没有给出答案。

（2）管理权竞争激烈。由于管理体制的不顺，必然带来的问题就是各部门从各自利益出发，争当"主管部门"，而且都可以找到自己的法律依据。各部门"依法"竞争的结果，是使得各部门高度关注权力本身，而忽视了湖泊保护的职责履行和湖泊保护的实际效果，成为产生"公地悲剧"的直接原因。

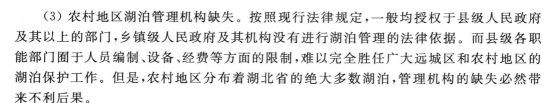

（3）农村地区湖泊管理机构缺失。按照现行法律规定,一般均授权于县级人民政府及其以上的部门,乡镇级人民政府及其机构没有进行湖泊管理的法律依据。而县级各职能部门囿于人员编制、设备、经费等方面的限制,难以完全胜任广大远城区和农村地区的湖泊保护工作。但是,农村地区分布着湖北省的绝大多数湖泊,管理机构的缺失必然带来不利后果。

从立法的角度看,造成湖北省湖泊管理体制现状主要有以下原因:

（1）部门立法体制。造成湖泊管理体制不顺的最重要原因就是现行的部门立法体制。在中国,虽然在法律规定上是由全国人民代表大会或其常委会制定法律,省级人大或其常委会制定地方性法规;但在立法实践中,无论是法律还是地方性法规的起草,都是委托相关部门进行的,形成了实际上的部门立法格局。这就为各部门通过立法给自己划定利益范围、赋予各种权力开了方便之门。其结果出现了各部门"依法管理"中的怪象:农（渔）业部门"积极管",因为依据《渔业法》,该部门可以从办理养殖许可证、承包湖泊进行养殖的过程中获得利益;水利部门"不愿管",因为依据《水法》、《防洪法》,水利部门对湖泊更多是监测、防洪、调蓄水利等责任而非权力;环保部门"消极管",因为按照法律规定,环保部门缺乏管理湖泊污染的依据和手段;林业部门"抢着管",因为根据《湿地公约》,湖泊属于"湿地",如果由林业部门管理,可以获得和渔业部门同样的利益。"有利益就相互争夺、有责任就互相推诿"成为"法律常态"。

（2）立法缺乏整体性。部门立法体制的必然后果是立法缺乏整体性,与湖泊保护的生态系统平衡要求相悖。如《水法》强调湖泊的水量,《水污染防治法》强调湖泊水质,交通方面的立法强调湖泊的通航,《渔业法》强调湖泊的养殖,林业部门的立法强调湖泊的湿地属性,等等。

（3）为城市立法。我国现行的与湖泊保护有关的法律法规大都对于工业、城市的湖泊管理和污染防治等工作作出了比较详细的规定,对于农村的湖泊保护乃至整个环境保护总是条文少且原则。而农村地区的湖泊保护工作不力,其后果不仅仅要由农村地区和广大农民承担,保护好农村地区的湖泊其实也是为了保护城市的生态环境,保护好农村地区的湖泊就是为了保护整个湖北省的生态环境。

# 二、地方立法中的湖泊管理体制借鉴

要解决湖北省湖泊保护不力、管理体制混乱、权限分散、农村地区湖泊管理机构缺失的问题,已经出台的地方立法的相关经验无疑是很好的素材。通过对它们立法经验的总结,在湖北省湖泊管理体制设计中予以借鉴,十分必要。

## （一）《江苏省湖泊保护条例》

《江苏省湖泊保护条例》第5条规定:"县级以上地方各级人民政府水行政主管部门是本行政区域内湖泊的主管机关,负责湖泊的管理和保护工作。"第6条规定:"除水利部流域管理机构直接管理的外,由省水行政主管部门管理。其他湖泊由设区市、县水行政主管部门管理,城市市区内的湖泊按照现有管理权限进行管理。跨行政区域的湖泊,由共同的上一级水行政主管部门或者其授权的水行政主管部门实施管理。"

我们将这种湖泊管理体制概括为"水行政部门主管下的分类管理"。即把全省湖泊分为目录内湖泊由省水行政主管部门直管;其他湖泊由市县水行政主管部门管理;城市市区内湖泊按现有权限管理。它的最大优势在于将湖泊进行分类:重点湖泊由省级直管,有效避免了地方政府在湖泊管理过程中的地区利益冲突和纠纷。城区内湖泊进行单独管理是充分考虑到了城区湖泊的特殊性。

但江苏的湖泊管理体制也存在一定的问题,把湖泊管理的权力完全交给了水行政主管部门,较少涉及其他部门的权限,也未对各部门间的协调配合作出规定。这种体制,可能影响对湖泊的多功能保护。

### (二)《太湖流域管理条例》

《太湖流域管理条例》的第5条规定:"国务院水行政、环境保护等部门依照法律、行政法规规定和国务院确定的职责分工,负责太湖流域管理的有关工作。国务院水行政主管部门设立的太湖流域管理机构在管辖范围内,行使法律、行政法规规定的和国务院水行政主管部门授予的监督管理职责。太湖流域县级以上地方人民政府有关部门依照法律、法规规定,负责本行政区域内有关的太湖流域管理工作。"

我们将太湖管理体制概括为"流域管理与区域管理相结合、流域机构管理与地方机构管理相结合",其最大的特点就是由流域机构专门负责,它可以解决不同行政区域的利益冲突影响太湖保护的问题,避免地方政府对太湖开发、保护、利用的干预。

这种管理体制非常先进,但我们也必须看到,它并不是对于所有湖泊都能适用。湖北有境内湖泊数量、类型众多,不可能都设立专门管理机构。

### (三)《武汉市湖泊保护条例》

《武汉市湖泊保护条例》第4条规定:"市水行政主管部门负责全市湖泊的保护、管理、监督。各区水行政主管部门负责本辖区内湖泊的日常保护、管理、监督。武汉经济技术开发区、武汉东湖新技术开发区内湖泊由市水行政主管部门委托开发区管理机构负责日常保护、管理、监督。规划、国土资源、环境保护、农业等部门按照各自职责,做好湖泊保护和管理工作。"

我们将武汉的管理体制概括为"水行政主管部门主导下的部门协调",它在授权水行政主管部门的同时规定其他部门各行其职,同时,还通过条例对东湖开发区内的湖泊管理进行了集中授权。为湖北省设置专门的湖泊管理机构开展集中执法和农村地区乡镇一级政府开展湖泊管理提供了解决执法依据不足问题的方式——通过立法授权或委托专门的湖泊管理机构或乡镇级政府行使执法权。

但是,武汉市的湖泊管理体制也存在不足,主要有二:一是水务局的地位尚未得到法律的承认,二是各权力部门之间的协调、协同机制还不够完善。

# 三、湖北省湖泊管理体制的立法建议

通过分析湖北省湖泊管理体制的现状,分析存在的问题及原因,借鉴相关立法的经验教训,对湖北省湖泊管理体制立法提出如下建议:

## (一) 湖泊分类管理

湖泊分类管理是江苏省的成功经验,其优势在于既突出了重点湖泊,又兼顾了其他湖泊的保护。既体现了湖泊全面保护的理念,又避免同已有法律法规相冲突且保持同相关立法的衔接,即城区湖泊按现行管理体制进行管理。

在湖北省湖泊管理体制的设计中,可以借鉴江苏省的经验。将湖北省境内所有湖泊分成省、地级市管理的湖泊、跨行政区域的湖泊、其余的湖泊三类。省、地级市管理的湖泊分别由省、地级市人民政府确定湖泊名录,其余的湖泊由县、区、县级市直接管理。跨行政区域的湖泊由共同的上级人民政府确定管理权限。

但我们不建议"城市湖泊"单列成一类,因为湖北省的湖泊情况远比江苏复杂,"城市湖泊"的界定不仅要考虑水域面积,还要综合考虑该水域的生态、经济等价值,更要考虑迅速推进的城市化进程,目前不宜统一作出规定。

## (二) 湖泊管理权限的分配

湖泊管理权限主要解决谁是湖泊"主管部门"的问题。目前,湖泊立法的主管部门大多数都是水行政部门,其他部门在职责范围内进行管理。我们也建议县级以上人民政府水行政主管部门负责本行政区域内的湖泊保护工作。因为《水法》对于水行政部门作为水资源主管部门已经有明确的规定;更为重要的是,水行政部门管的是水,这是湖泊管理的核心和关键。水管好了,渔业养殖就有了良好的场所,湖泊通航才有了良好的条件,湿地生态系统也有了水域保证,环境保护更有了良好的基础。换言之,湖泊管理的关键是"水",湖泊的各种功能、要素都建立在良好的水量、水质基础上。进一步说,水行政部门对湖泊的综合管理是其他部门进行专项管理的前提条件。在湖泊管理上,水行政部门与其他部门并不矛盾,而是在管理"水"的前提下并行不悖、相互协调与促进。

按照有关法律、法规的规定,环境保护、建设(规划)、农(渔)业、国土资源、林业、交通运输、旅游等行政主管部门及其他有关部门对于湖泊都具有相应的管理权限。这是由湖泊的功能和价值多元决定的。因此,在明确水行政部门负责湖泊综合管理的同时,还必须规定环境保护、建设(规划)、农(渔)业、国土资源、林业、交通运输、旅游等部门的相应权限,保证他们各负其责。

在我国,水行政部门的设立只到县级,但湖北省的实际情况是绝大多数湖泊处于远城区和农村地区,乡镇政府对于湖泊保护具有不可替代的作用。因此,我们建议在立法中明确县级以上人民政府水行政主管部门可以委托乡镇人民政府进行湖泊管理和执法,并对委托程序和效力作出规定。

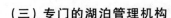
### （三）专门的湖泊管理机构

湖泊管理的立法和实践中成功的经验是"一湖一法"，成立独立机构，并将与湖泊保护有关的执法权集中授权。目前，独立监管机构的监管体制渐成主流，而由现有政府机构或部门行使监管职能的体制则日渐不受推崇。[①] 在湖北，可在立法中设立"一湖一法"制度，明确将大型湖泊、跨区域湖泊、有重要生态价值的湖泊、水质优良湖泊进行专门管理。

由于专门的湖泊管理机构设立需要更为严格的程序和条件，建议在立法中明确专门湖泊管理机构的设立与撤销、执法权的取得等核心问题。具体来说，第一，明确设立专门湖泊管理机构的条件与标准。第二，规定湖泊管理机构的设立及撤销由省、地级市人民政府决定。第三，明确湖泊管理机构的执法依据，将与湖泊保护有关的执法权集中授权。

### （四）湖泊管理的协调机制

鉴于湖泊管理多部门、多地区的现实，必须建立长效的协调机制。建议在立法中明确各级人民政府负责牵头协调部门利益，具体形式可以由各地区结合自身情况具体规定，采取联席会议、例会、行政办公会等形式进行。

---

① 清华大学环境资源与能源法研究中心课题组编著：《中国能源法（草案）专家建议稿与说明》，清华大学出版社 2008 年版，第 74 页。

# 湖北省湖泊保护条例（专家建议稿）

## 第一章　总　　则

**第一条　【立法目的】**

为了加强湖泊保护，维护和改善湖泊生态环境，合理开发利用湖泊资源，促进经济社会可持续发展，根据《中华人民共和国水法》、《中华人民共和国水污染防治法》、《中华人民共和国防洪法》、《中华人民共和国渔业法》等法律、法规，结合本省实际，制定本条例。

**第二条　【适用范围】**

湖北省境内湖泊的保护、开发、利用和管理活动适用本条例。

湖北省对湖泊实行分级管理，湖北省境内的湖泊分为省直管湖泊、地级市管理的湖泊和县级管理的湖泊。跨行政区域的湖泊由共同的上级人民政府确定管理权限。

本省境内湖泊保护名录及其管理权限，由省人民政府水行政主管部门会同农（渔）业、林业等有关部门行政主管部门拟定，报省级人民政府确定并公布。省级人民政府可以根据实际情况，适时对湖泊保护名录作出调整。

**第三条　【基本原则】**

湖泊保护应当遵循统筹兼顾、科学规划、保护优先、合理开发、协调发展的原则。

**第四条　【地方人民政府负责】**

县级以上地方各级人民代表大会应当将湖泊保护纳入国民经济和社会发展规划，加大湖泊保护投入，加强湖泊保护工作。

县级以上地方人民政府应当积极筹集资金，采取有利于湖泊保护的政策措施和经济技术手段，加强湖泊管理，保护湖泊资源，规范湖泊开发、利用，防止湖泊面积减少和湖泊污染，提高湖泊蓄水行洪能力，维护湖泊生态环境。

县级以上人民政府应当向本级人民代表大会及其常务委员会报告湖泊保护工作，并就湖泊保护规划及其执行情况接受质询。县级以上人民政府未完成湖泊保护目标的，应当向本级人民代表大会报告原因，并向社会公布。

**第五条　【管理权限】**

县级以上人民政府水行政主管部门负责本行政区域内的湖泊保护工作。环境保护、建设（规划）、农（渔）业、国土资源、林业、交通运输、旅游等行政主管部门及其他有关部门应当加强协调配合,按照各自职责做好湖泊保护工作。

跨行政区域湖泊的保护机构由所跨区域共同的上一级人民政府确定。

县级以上人民政府应当建立和完善湖泊保护联动机制,逐步推行综合执法,相对集中行使行政处罚权。

设立湖泊保护机构的,由湖泊保护机构综合执法,相对集中行使行政处罚权。

省、地级市管理的湖泊以及跨行政区域的湖泊可以设立专门的湖泊管理机构。湖泊管理机构的设立、职责及撤销由省、地级市人民政府决定。

**第六条 【检举与奖励制度】**

任何单位和个人都有依法保护湖泊、维护湖泊生态环境的义务,有权对违法行为进行检举。

对于为湖泊保护作出显著成绩,检举、协助查处重大违法行为的单位和个人,县级以上人民政府应当给予物质奖励和精神奖励。

**第七条 【湖泊保护教育与宣传】**

各级人民政府应采取措施,加强湖泊保护教育宣传工作,其他相关部门和单位应在各自职责范围内积极开展湖泊保护宣传教育活动。

# 第二章 湖泊保护规划和保护范围

**第八条 【湖泊保护规划的制定】**

县级以上人民政府水行政主管部门应当拟定湖泊保护规划,征求同级其他有关部门意见后,报同级人民政府批准并公布实施。湖泊保护规划应当与水资源规划、土地利用总体规划、城乡规划和流域规划相衔接。

湖泊保护规划应当包括湖泊面积控制和还湖工作规划目标,湖泊保护区和控制区划界工作规划目标,湖泊水功能区划分和水质保护目标,水域纳污能力和限制排污总量意见,防洪、除涝和水土流失防治目标,种植、养殖控制目标,湖泊生态环境修复规划目标,重点湖泊保护的规划目标等内容。

**第九条 【规划的修改和效力】**

湖泊保护规划是湖泊保护、开发、利用和管理的依据,不得随意变更。确需修改的,应当按照原批准程序进行。

各级人民政府及其有关部门不得违反湖泊保护规划批准开发利用湖泊资源,任何单位和个人不得违反湖泊保护规划开发利用湖泊资源。

**第十条 【湖泊保护范围】**

湖泊保护范围包括湖泊保护区和湖泊控制区。

湖泊保护区按照湖泊最高水位线划定,包括湖堤、湖泊水体、湖盆、湖洲、湖滩、湖心岛屿等。湖泊最高水位线以外区域对湖泊保护有重要作用的,可以划为湖泊保护区。

湖泊控制区在湖泊保护区外围根据湖泊保护的需要划定,原则上不少于保护区外围三百米的范围。

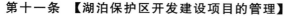

**第十一条　【湖泊保护区开发建设项目的管理】**

在湖泊保护区域内,禁止新建、扩建与防洪、改善水环境、通航以及旅游资源开发无关的建筑物、构筑物。

确需在湖泊保护区域内进行防洪、改善水环境、通航项目建设以及旅游资源开发,对湖泊生态环境可能产生不利影响的,除依法进行环境影响评价外,具有管理权限的县级以上人民政府应当提请本级人民代表大会或其常委会决定,并依法履行报批手续。

**第十二条　【湖泊保护区影响水生态环境的分割水面的行为的管理】**

在湖泊保护区域内,禁止填湖造地、围湖造田、筑坝拦汊及其他影响水生态环境的分割水面的行为。

湖泊已经被围垦的,应当按照湖泊保护规划,逐步退田还湖。

在城市、镇规划区内填湖造地进行工程建设的,城乡规划行政主管部门不得为其办理城乡规划许可。

**第十三条　【湖泊保护区禁止进行的其他行为】**

除本条例第十一条、第十二条之外,在湖泊保护区域内禁止进行下列活动:

(一)无排污许可证或违反排污许可证的规定向湖泊保护区域内排放工业污水和生活污水;

(二)向湖泊保护区域内排放、倾倒、堆放、存储固体废弃物和其他污染物。

**第十四条　【环评审批前的意见征求】**

在湖泊保护范围内新建、改建或扩大排污口涉及通航、渔业水域的,环境保护行政主管部门在审批环境影响评价文件时,应当征求交通运输、农(渔)业行政主管部门的意见。

**第十五条　【湖泊控制区的管理】**

湖泊控制区域内土地的开发利用应当与湖泊的社会公共使用功能相协调,预留公共进出通道和视线通廊,禁止在湖泊控制区域内从事可能对湖泊产生污染的建设项目和从事危害湖泊的活动。

湖泊控制区内的单位和个人有义务协助县级以上人民政府水行政主管部门采取保护湖泊的措施,其合理支出由水行政主管部门补偿。

# 第三章　湖泊水资源保护

**第十六条　【湖泊最低水位线制度】**

县级以上人民政府水行政主管部门应当会同同级农(渔)业行政主管部门按照管辖权限根据湖泊生态保护和农(渔)业需要确定湖泊的最低水位线,设置最低水位线标志。

湖泊水位接近最低水位线的,应当采取补水、限制取水等措施。湖泊水位达到或者低于最低水位线的,应当禁止除保障饮用水之外的取水并采取补水等措施。

**第十七条　【湖泊生态用水的保障】**

取水许可应当考虑湖泊可取水量,防止过量取水。

在通江湖泊和其他有条件的湖泊可以建设涵闸,调蓄水资源,维持水循环,保证湖泊维持合理水位。

重要湖泊可建设永久或者临时补水工程,为湖泊补水。

**第十八条 【特别排放限制】**

省环境保护主管部门根据湖泊水污染防治和优化产业结构、调整产业布局的需要,拟定水污染物排放限制适用的具体地域范围和时限,经省人民政府批准、公布后执行。

**第十九条 【环评限批】**

对环境质量不能满足环境功能区要求的区域,省环境保护行政主管部门应当暂停审批新增污染物排放总量的建设项目的环境影响评价文件。

**第二十条 【跨区域湖泊的特殊规定】**

跨区域湖泊各区域之间应当加强相互配合。

主要入湖河道控制断面未达到水质目标的,在不影响防洪安全的前提下,有关管理机关应当通报有关地方人民政府关闭其入湖口门并组织治理。

**第二十一条 【面源污染的控制】**

县级以上人民政府农(渔)业、林业主管部门应当依法控制面源污染,明确入湖面源污染控制目标并向社会公布。

县级以上地方人民政府应当推广测土配方施肥、精准施肥、生物防治病虫害等先进适用的农业生产技术,实施农药、化肥减施工程,减少化肥、农药使用量,发展绿色生态农业,开展清洁小流域建设,有效控制农业面源污染。

**第二十二条 【湖泊种植、养殖的管理】**

县级以上人民政府农(渔)业行政主管部门应当会同其他有关部门,按照湖泊保护规划和防洪要求编制种植、养殖规划,确定具体的种植、养殖水域、面积、种类、密度、方式和布局,报本级人民政府批准。

在城市、镇规划区的湖泊内,禁止围网、围栏养殖。

种植、养殖项目,应当按照依法批准的种植、养殖规划实施,并服从湖泊蓄水调洪的需要。对在规划养殖面积之外的原有养殖项目,应当自规划批准之日起分期分批停止实施,停止实施计划由县级以上人民政府制定。

推广生态养殖技术,减少水产养殖污染。因养殖污染导致水质不能达到水功能区划要求的,应减小养殖规模或者禁止在特定水域养殖。

**第二十三条 【船舶污染防治】**

在湖泊航行的船舶应当按照要求配备污水、废油、垃圾、粪便等污染物、废弃物收集设施,禁止排入湖泊。未持有合法有效地防止水域环境污染证书、文书的船舶,不得在湖泊航行。

在湖泊行驶的旅游船舶禁止使用汽油、柴油等可能污染水体的燃料,已经或正在使用的必须在有管辖权的交通行政主管部门规定的期限内改装。

县级以上人民政府水行政主管部门发现船舶在湖泊中排放油污或者其他污染物的,应通报海事管理机构或渔业主管部门,由海事管理机构、渔业主管部门按照职责分工责令改正并处以罚款。

**第二十四条 【保护区内经营活动管理】**

在湖泊保护区域内从事经营活动应当办理审批手续,并且采取废油及垃圾回收措施和污水处理措施;有关部门审批前应当征求具有管辖权限的水行政主管部门的意见。

经营者不得向湖泊排放废油和其他垃圾,向湖泊排放废水应当取得排污许可证并按照许可证的要求排放。

**第二十五条 【环境影响评价】**

严格控制湖泊保护区域内的开发建设。

在湖泊保护区域内进行道路、桥梁、管线等工程建设、旅游开发的,必须进行项目环境影响评价,编制环境影响评价报告书或报告表。环境保护主管部门在批准环境影响评价文件前应征得同级水行政主管部门的同意。

**第二十六条 【湖泊保护区域内进行工程建设或设置其他设施】**

在湖泊保护区域内,依法获得批准进行工程项目建设或者设置其他设施的,不得有下列情形:

(一)缩小湖泊面积;

(二)影响湖泊的行洪蓄洪能力和其他工程设施的安全;

(三)影响湖泊水质保护目标;

(四)破坏湖泊的生态环境。

在湖泊保护区内经批准建设工程或者设置其他设施的,建设单位应当及时清除施工便道、施工围堰、建筑垃圾等。

**第二十七条 【湖泊美学价值的保护】**

保护湖泊自然与人文景观,在湖泊保护区域和控制区域内兴建各类设施,其建筑风格、形式、体量和色彩应当与自然景观相协调。

对于影响湖泊生态保护的建筑物、构筑物,直管湖泊的水行政主管部门应当采取措施逐步拆除、以恢复湖泊生态,但对合法的建筑物、构筑物应给予合理补偿。

**第二十八条 【对湖泊保护范围内经营项目的要求】**

在湖泊保护区域和控制区域内开发旅游项目应当符合湖泊保护规划的要求,并依法报经批准。

经批准设置的各类旅游观光、水上运动、餐饮娱乐、度假休闲等设施应当与生态环境、自然景观相协调,不得影响防洪安全,不得破坏水环境。

**第二十九条 【执法巡查】**

县级以上人民政府水行政主管部门和其他有关执法部门应当开展执法巡查工作,加强对湖泊的经常性保护管理,及时处理违法行为。

# 第四章 湖泊生态保护和修复

**第三十条 【维持和改善湖泊的自净能力】**

县级以上人民政府水行政主管部门应当采取种植林木、投放水生物、补充湖水等措施,维持和改善湖泊的自净能力,保护和改善湖泊生态系统。

**第三十一条 【生态修复方案与湖泊水质监测】**

对生态破坏和污染严重的湖泊或者湖泊区域,县级以上人民政府水行政主管部门应当制定清淤、疏浚、治污的生态修复方案,报本级人民政府批准后实施。

县级以上人民政府水行政主管部门应当对湖泊水质状况进行监测,发现水质不达标的,应当及时报告有关人民政府采取治理措施,并向环境保护行政主管部门通报。

**第三十二条 【湖泊生态修复和保护资金】**

县级以上人民政府应当积极筹措资金开展湖泊生态保护和修复工作。湖泊被侵占、污染严重的区域,负有保护职责的人民政府应当在年度预算中列入湖泊生态修复经费。

**第三十三条 【湖泊生物多样性】**

维护湖泊生物多样性,保护湖泊生态环境和生态系统,禁止猎取、捕杀、采集和非法交易珍稀濒危野生动植物及其制品。

保护湖泊渔业资源,促进自然增殖。对于水生动物产卵的重要湖区和繁殖季节,农(渔)业行政主管部门应当设立禁渔区,确定禁渔期。在禁渔区内和禁渔期间,任何单位和个人不得进行捕捞、爆破和采砂等水下作业。

# 第五章 法律责任

**第三十四条 【政府责任】**

人民政府及其相关管理部门不履行本条例规定的职责,造成严重后果的,对直接负责的主管人员和其他直接责任人员依法给予行政处分;后果特别严重的,应当依法撤销职务。

人民政府及其相关管理部门的工作人员在湖泊保护工作中玩忽职守、滥用职权、徇私舞弊的,由其所在单位或者上级主管机关依法给予行政处分;构成犯罪的,依法追究刑事责任。

**第三十五条 【违反保护区内禁止性规定的责任】**

违反本条例第十一条的规定,在湖泊保护范围内新建、扩建与防洪、改善水环境、通航以及旅游资源开发无关的建筑物、构筑物的,由县级以上人民政府水行政主管部门责令停止违法行为,恢复原状或者采取其他补救措施,并处一万元以上十万元以下罚款。

**第三十六条 【在湖泊保护区域内从事影响水生态环境的分割水面的行为的责任】**

违反本条例第十二条的规定,在湖泊保护区域内从事填湖造地、围湖造田、筑坝拦汊及其他影响水生态环境的分割水面的行为,由县级以上人民政府水行政主管部门责令停止违法行为,限期采取补救措施,限期恢复原状或采取补救措施,可并处一万元以上五万元以下的罚款。不恢复原状又不采取其他补救措施的,由水行政主管部门指定有关单位代为恢复原状或者采取其他补救措施,所需费用由违法者承担。

**第三十七条 【违法在湖泊保护区域内进行其他行为的责任】**

违反本条例第十三条的规定,由县级以上地方人民政府环境保护主管部门责令停止违法行为,限期采取治理措施,消除污染,处二万元以上二十万元以下的罚款;逾期不采

取治理措施的,环境保护主管部门可以指定有治理能力的单位代为治理,所需费用由违法者承担。

**第三十八条 【违反特别排放限制的责任】**

排污单位违反本条例规定,排放水污染物超过经核定的水污染物排放总量,或者在已经确定执行水污染物特别排放限值的地域范围、时限内排放水污染物超过水污染物特别排放限值的,依照《中华人民共和国水污染防治法》第七十四条的规定处罚。

**第三十九条 【城市、镇规划区的湖泊内围网、围栏养殖的责任】**

违反本法第二十二条的规定,在城市、镇规划区的湖泊内围网、围栏养殖的,由有关部门依法责令停止违法行为,处二万元以上十万元以下的罚款。

**第四十条 【湖泊船舶污染的责任】**

违反本条例第二十三条的规定,由海事主管部门、渔业主管部门按照职责分工,依照《中华人民共和国水污染防治法》第七十九条、第八十条的规定处罚。

**第四十一条 【湖泊保护区域内从事经营活动的责任】**

违反本条例第二十四的规定,由县级以上人民政府环境保护主管部门依照《中华人民共和国水污染防治法》第七十六条的规定处罚。

**第四十二条 【未通过环境影响评价的责任】**

违反本条例第二十五条的规定,未通过环境影响评价在湖泊保护区域内从事开发建设的,由县级以上人民政府水行政主管部门责令停止违法行为,限期补办有关手续;逾期不补办或者补办未被批准,责令限期拆除违法建筑物、构筑物;逾期不拆除的,强行拆除,所需费用由违法单位或者个人负担,并处一万元以上十万元以下的罚款。

**第四十三条 【在湖泊保护范围内进行工程建设或设置其他设施违反规定的】**

在湖泊保护范围内进行工程项目建设或设置其他设施违反本条例第二十六条规定的,由县级以上人民政府水行政主管部门责令停止违法行为,限期恢复原状或采取补救措施,并处一万元以上十万元以下的罚款。

**第四十四条 【破坏湖泊保护设施的责任】**

违法损坏、挪动湖泊保护区、控制区界碑、界桩或者其他封闭设施构成犯罪的,依照刑法的有关规定追究刑事责任;尚不够刑事处罚,且防洪法未作规定的,由县级以上地方人民政府水行政主管部门或者流域管理机构依据职权,责令停止违法行为,采取补救措施,处一万元以上五万元以下的罚款;违反治安管理处罚法的,由公安机关依法给予治安管理处罚;给他人造成损失的,依法承担赔偿责任。

# 第六章 附 则

**第四十五条 【制定实施办法或者实施方案】**

县级以上人民政府应当制定实施办法或者实施方案,履行本条例确定的各项职责。

**第四十六条 【条例的开始实施日期】**

本条例自_____年___月___日起实施。

# 农村面源污染防治

环境保护成为一项国策写进宪法,已有数年;每天打开新闻,满眼都是与环保相关的话题。不可否认,公众的环境保护意识有了很大提高。但是,公众的环境保护知识随之得到了提高吗?值得深究:什么是污染源?有哪些污染源?农村面源污染是怎么回事?你愿意为环保付费吗?各种调查的结果表明:环境保护不仅需要热情,需要投入,更需要理性!

# 湖北省水产养殖业内源性污染的治理

李 博 胡 静 陶珍生[*]

近二十年来,湖北省水产养殖业呈现持续、快速、稳定的发展局面。养殖规模和水产品总量等多项指标一直居全国淡水渔业的领先地位。但是,在湖北水产品产量迅速增长的同时,养殖过程对水体的污染也在逐渐加重,这种水产养殖业所造成的内源性污染不仅对人类赖以生存的水环境造成了一定程度的破坏,而且也严重阻碍了水产养殖业自身的可持续发展。因此,综合治理我省水产养殖业内源性污染已刻不容缓。

## 一、湖北省水产养殖业内源性污染的基本情况

湖北是千湖之省,境内江河纵横,湖泊水库池塘星罗棋布,发展水产业具有得天独厚的资源优势。全省水域总面积2200万亩,宜养水面1180万亩,居全国第一。近二十年来,我省水产养殖呈现持续、快速、稳定的发展势头。2010年,全省养殖总面积达到985万亩,其中湖泊养殖面积约占30%,水库养殖面积约占17%,精养鱼池和塘堰面积约占51%。同年,全省淡水养殖产量达到327万吨(占全国比重13.9%),居全国第一,湖泊养殖的产量约占全省总产量的11%,水库养殖约占7%,精养鱼池和塘堰养殖则约占到81%,其中精养鱼池的平均单产高达582公斤/亩。

### (一)湖泊养殖

我们对湖北省两大湖泊的水产养殖内源性污染情况进行了调查研究,结果如下:

位于洪湖市和监利县之间的洪湖,属河间洼地湖,是省内第一大湖,现已列为省级保护区,水质管理目标为Ⅱ类水质标准。1990—2010年间仅有两年达到国家水质标准,COD、氨氮、总氮、总磷、高锰酸盐指数多年份超标。从表1中可以看出,水产养殖为洪湖污染物排放的主要来源,其COD和总氮总磷排放量在六类污染源中均处首位,排放量也仅次于畜禽养殖,所占比例分别高达64.46%、67.95%和34.83%。

---

* 李博,湖北经济学院经济学系副教授、湖北水事研究中心涉水产业可持续发展研究所所长;胡静,湖北经济学院讲师、中南财经政法大学经济学博士;陶珍生,湖北经济学院讲师、华中科技大学经济学博士。

**表1 洪湖各污染源输入比例统计分析①** (单位：%)

| 污染源分类 | COD | 总氮 | 总磷 |
|---|---|---|---|
| 水产养殖污水 | 64.46 | 67.95 | 34.83 |
| 工业生产废水 | 0.64 | 0.11 | 0.00 |
| 城镇综合污水 | 11.40 | 8.41 | 17.20 |
| 农村生活污水 | 11.36 | 8.38 | 7.49 |
| 畜禽养殖污水 | 10.80 | 15.94 | 38.77 |
| 农业种植面源 | 1.31 | 6.76 | 1.67 |
| 合计 | 100.00 | 100.00 | 100.00 |

资料来源：胡丹：《洪湖水质及污染源调查与分析》，载《大众科技》2011年第2期。

梁子湖作为省内第二大湖，近二十年来围垦围网养鱼，湖面面积和水质都发生了较大变化。总氮含量偏高，总磷部分地区偏高，COD含量超标。从表2可以看出，梁子湖各类污染源的输入比例与洪湖有很大区别，水产养殖业的COD、总氮、总磷输入比例分别为18.25%、27.88%和18.75%，并不是梁子湖最主要的污染源，相比之下，农村生活污水才是最主要的污染源。

**表2 梁子湖各污染源输入比例统计分析** (单位：%)

| 污染源分类 | COD | 总氮 | 总磷 |
|---|---|---|---|
| 水产养殖污水 | 18.25 | 27.88 | 18.75 |
| 工业生产废水 | 20.75 | 1.11 | 1.35 |
| 城镇综合污水 | 22.85 | 14.14 | 15.08 |
| 农村生活污水 | 25.60 | 36.22 | 33.88 |
| 畜禽养殖污水 | 2.52 | 5.04 | 16.80 |
| 农业种植面源 | 10.01 | 15.52 | 13.02 |
| 合计 | 100.00 | 100.00 | 100.00 |

数据来源：张劲：《污染物入湖组成分析——以梁子湖为例》，湖北大学2008年硕士论文。

可见，虽然不同湖泊的具体情况不同，水产养殖内源性污染排放占湖泊污染物总量的比例也不同，但毋庸置疑的是，水产养殖内源性污染已经成为我省湖泊污染的主要来源之一。

**（二）水库养殖**

我们对丹江口水库的水产养殖内源性污染情况进行了调查研究，结果如下：

南水北调中线工程要求丹江口水库库区水质要达到国家地表水Ⅰ类水质的要求，2010年，丹江口库区控制断面的水质监测结果显示，库区水质总磷在0.01—0.03mg/L，总氮指标在1.2—1.6mg/L，超过或接近国家Ⅱ类水质标准。通过对超标成分的分析，主

---

① 表1和表2每列数据汇总均不为100%，原始资料如此。由于使用数据主要涉及"水产养殖污水"一项，误差应不大。特此说明。

要是由于污水、农药、化肥、人畜粪便及生活垃圾污染形成的面源污染引起的。

根据 2010 年 3 月湖北省第一次全国污染源普查农业源结果,丹江口库区农业源 COD(化学需氧量)产生量 20888 吨,COD(化学需氧量)排放总量 3844 吨。其中畜禽养殖业源 COD 产生 20624 吨,排放量 3627 吨,占 94.4%;水产养殖业源 COD 产生 263 吨,排放量 218 吨,占 5.6%。畜禽养殖业是农业源 COD 排放的主要来源。

农业源总氮 TN 排放量 3,838 吨。其中种植业流失 3,229 吨,占 84.13%;畜禽养殖业排放量 435 吨,占农业源比重 11.34%;水产养殖业排放量 174 吨,占农业源比重 4.53%。种植业是农业源总氮排放的主要来源。

农业源总磷 TP 排放量 371.01 吨。其中种植业流失总量 271.85 吨,占 73.27%;畜禽养殖业排放量 65.74 吨,占 17.72%;水产养殖业排放量 33.42 吨,占 9.01%,种植业是农业源总磷排放的主要来源。

不难看出,水库养殖对于水体的污染明显小于种植和畜牧业,至少目前对水库水质的污染程度还很轻。

**(三)精养鱼池和塘堰养殖**

根据我们的调查,全省养殖户(企业)大量使用精养鱼池或塘堰作为养殖水体,使用精养鱼池或塘堰进行养殖的养殖户占到养殖户总数的一半以上。精养鱼池或塘堰也是我省水产养殖业的主阵地,在保障水产品安全有效供给和农民增收中具有举足轻重的地位和作用。虽然面积只占养殖水面的 50%,产量却占到了总产量的 80%。

由于精养鱼池和塘堰养殖一般面积小、分散,因此,增加了对其水质进行监测的难度。不过,由于这类水体不像湖泊和水库那样属于开放性水域,因此,其污染源往往是比较单一的,就为养殖户在养殖过程中为了增加产量而提高养殖密度和过量投肥投药所致。

调查过程中我们还发现:由于年久失修,老化淤塞严重,60% 的精养鱼池现有保水水深只有 1.5 米左右,渔业生产能力显著下降,养殖污染现象较为突出,并导致养殖病害频发,给水产品质量安全造成了一定的隐患,鱼池改造刻不容缓。

# 二、水产养殖内源性污染的原因剖析

**(一)高密度超负荷的养殖模式**

从全国范围来看,传统的渔业生产方式还没有发生根本性的改变,高密度、高产量的养殖模式加之传统的养殖技术极易引发养殖水体自身的污染。目前,我省的水产养殖业总体上也存在生产方式粗放、科技含量不高的现象。许多单位和个人为了提高产量,片面的追求高密度;与此同时,在养殖技术上还没有全面推广健康养殖模式,养殖布局不合理,放养密度远远超过环境承受能力从而导致自身污染。而这势必也要求在养殖方式上提高投饲量和换水量,而残饵、粪便的增加使养殖环境负荷量加大,提高了日换水量,造成养殖水资源利用不合理、病害频发、产品质量不高以及养殖水域环境遭受污染等方面的问题,也严重制约了水产养殖产业自身的健康发展。

从经济角度上讲,高密度养殖并不一定能给养殖户带来更高的经济收益。具体来说:第一,如果养殖户能降低养殖密度并在养殖品种上下工夫,那么可能会获得更高的收益。因为养殖品种越优越则产品的市场附加值就越高;第二,即使无法养殖市场价值更高的品种,高密度养殖业很可能通过水质状况逐渐恶化而带来个人长期利益的损失。

为究其养殖户这一行为的原因,我们对广大的养殖户群体进行了调查。数据显示,在养殖品质的选择上,29%的养殖户通过品种的品质来决定,46%养殖户通过产量的高低来决定,25%的养殖户通过市场价格来决定,没有养殖户是通过政府或渔业协会的要求来选择品质,或者说政府和协会对养殖品种没有要求。这说明目前养殖户对养殖品质选择具有盲目性以及政府与渔业协会没有起到应有的指导作用;为了判断养殖户是否具有对长期经济利益进行判断的能力,我们对养殖户的学历状况进行了调查,其中,只有1%的养殖户有大专学历,26%的养殖户有高中学历,58%的养殖户有初中学历,还有15%养殖户只有小学及以下文化程度。由此可以认为我省个体养殖户的文化程度普遍不高,再加上政府及渔业协会发挥的作用相当有限,所以很难满足现代渔业对人的要求,难免会出现养殖户短视行为,对环境污染给个人和社会带来的长期影响视而不见。

### (二)饵料肥料的不合理投放

科学合理的投肥是保证产品质量以及保护水体环境的重要因素之一。而在实际养殖过程中,如何合理的选择饵料投放量及方式,达到科学养鱼又保护环境的目的则需要丰富的经验和科学的指导。根据我省的实际情况,由于投肥的不合理导致水体污染可分为两个方面。

其一是"方式"的不合理。大部分养殖户都是凭借自身的经验来进行养殖,而由于养殖户规模较小,缺乏对投肥的科学认识,尤其是有的直接将鸡鸭猪粪肥投入池塘中,作为杂食性鱼类(鲤、鲫等)的饵料。从科学养殖的角度,鸡鸭猪粪肥及其残渣、剩饵等有机碎屑直接施入池塘内在池塘水体中腐烂分解,而此过程需要消耗大量的氧气,严重时可导致缺氧泛池。此外粪肥中往往含有大量的致病细菌,容易导致细菌性疾病的发生,甚至蔓延。另一方面,鸡鸭猪粪肥在分解过程中,还会产生氨氮、硫化氢等有害物质,影响水体环境,最终通过排放导致更大的污染。

其中的原因是与养殖户的规模密切相关的,如果养殖户的养殖规模比较大,那么必须要求养殖户对肥料的投放方式进行学习。整个接受调查的养殖户中,57%的养殖户养殖规模只有11—15亩之间,22%的养殖规模低于10亩,这说明受地理等因素的限制,我省的个体养殖户养殖规模较小,这不仅限制了规模经济效应的发挥,也限制了整体养殖户对科学养鱼方式认识的提高。

其二是"量"的不合理。相关研究表明,饵料的投放过量会直接导致养殖业的内源性污染。饵料中大约74%的氮可被吸收利用,15%成为残饵,4%溶解于水,7%悬浮于水上。经过鱼的代谢,一部分氮又以尿和粪便的形式进入水环境。以鲤、鲫等低层鱼为例,总投饵中氮含量的 46.4% 进入了水体。当然,若养殖品种、饵料系数、饵料性质、管理水平不同,以上数据也有所不同。随着我省密集养殖的比重逐渐增大,饵料的投放自然也快速增加,高密度养殖加重了内源性污染。没有消耗的残饵和鱼体排泄物及浮游生物尸体堆积于底层,使底层有机物越来越多,有机污染导致水体富营养化程度也越来越严重。

我们的调查也试图分析养殖户过量肥料投放的原因,当然其背后的原因是多方面的,除了高密度养殖直接导致高投肥的结果之外,调查数据还显示,缺乏对肥料投放的监管以及对产品质量和水体的检测是肥料过量投放的一系列直接诱因。调查数据显示,84% 的养殖户认为政府防止水污染的执法不太有效率或无效率,而绝大部分养殖户都认为当地政府并没有高度重视。然而,从 2002 年我省出台《湖北省实施〈中华人民共和国渔业法〉办法》以来,政府连续出台了多项规划、规范性文件旨在加强对水资源的保护。从两方面对比来看,政府监管措施仍不完善且对污染监管的执行力度显然不够。并且,只有 22% 的养殖户指出批发商会对水产品的质量检测,而 78% 的养殖户表示批发商不会对其产品进行检测。此外,69% 的养殖户表示根本没有对水体进行过任何检测,只有11% 的养殖户指出政府对其养殖水体进行了检测,还有 20% 的养殖户对养殖水体进行了自行检测,这都为过量投肥提供了一定的现实条件。

**(三)养殖设施改造更新的动力不足**

养殖设施改造特别是对鱼塘、给排水系统设施的完善不仅是创造持续经济效益的保障也是降低渔业内源性污染程度的一项重要措施。

近两年来,湖北对水产业发展的专项投入大幅增加,尤其是单设了小龙虾产业发展专项和水产灾后恢复生产贷款贴息,对促进水产业发展起到了很好的引导作用。但是,对水产健康养殖项目的资金配套不多甚至没有,有的地区只是象征性发放一些雨衣、雨鞋等物品,各地对能够减少污染的精养鱼池改造、健康养殖基地和板块基地建设的重视和支持不平衡,全省综合资金投入还不能满足现代渔业发展的需要,引导民间资本投入水产的力度也远远不够。

湖北省现有鱼池 500 多万亩,大都是 20 世纪 80 年代开挖兴建的,60% 的鱼池淤塞老化严重、进排水和配套设施不完善,池底淤泥过厚,滋生大量病原微生物,导致水产养殖病害频频发生、综合生产能力下降,影响渔业增效和渔民增收。近几年,我省累计投入池塘改造的资金超过 15 亿元,但是省级以上资金仅仅 1.2 亿元,市县投入资金仅 2 亿元,渔民自筹改造资金高达 12 亿元。这说明,我省基础设施改造投入不足,养殖户自身的投资仍占据了主要部分。

由于政府直接监管难度相对大,养殖户对环境污染能不能受到周边社区或居民的监督直接影响了养殖户对各种设施投资的动力。由于直接数据难以获得,我们调查了养殖户与居民产生纠纷的情况,其中,17% 的养殖户表示遇到过污染纠纷问题,但很少发生也不严重,其中 5% 的纠纷会经常发生,大部分养殖户从未遇到过这一问题,这说明周边居民对养殖户的污染并没有进行有效的监督与制约,这是养殖户对养殖设施改造动力不足的重要原因之一。

### （四）水产品的绿色供应链运作存在诸多问题

绿色供应链是一种在整个供应链中综合考虑环境影响和资源效率的现代管理模式。水产品绿色供应链由水产品养殖农户及合作社、加工企业、物流服务商、冷链物流配送中心、经销商、消费者等构成，通过供应链各节点成员的相互合作，开展绿色化运作，以达到消耗资源最少、对环境影响最小的目的。然而，我省水产品绿色供应链运作中尚存在诸多问题。主要有水产品供应链运作中没有建立完善的冷链物流体系，水产品物流的绿色运作受重视程度不足，水产品养殖与加工废弃物再处理系统需要进一步完善，对绿色水产品生产、加工与可持续发展的鼓励性补偿和约束性惩罚机制还不完善，水产品绿色品牌建设还需要加强等等。

## 三、湖北水产养殖业内源性污染治理的政策建议

目前，我省的水产养殖业总体上还相当程度地依靠扩大生产规模和大量消耗资源而取得发展，生产方式粗放，科技含量不高，单位和个人为了提高收益，片面地追求高密度、高产量；在养殖技术上还没有全面推广健康养殖模式，养殖布局不合理，放养密度远远超过环境承受能力从而导致养殖水体污染。虽然各个管理部门出台了大量的政策、措施治理水产养殖所带来的内源污染，但由于受以提高产量为主导的思想影响以及监督成本过高，很难达到预期效果，而养殖户也在和政府不断博弈的过程中选择个体最优的策略使得所有的养殖户都会为了提高产量而大量使用肥料和药物，污染问题日益严重。因此我们考虑首先从发展思路的转变开始，然后通过各种经济的、行政的手段调整养殖者的生产行为，实现排污者的外部成本内部化，达到控制产量减少污染提高质量的目的。基于此，我们提出了以下治理水产养殖业内源性污染问题的环境经济政策。

### （一）转变水产养殖业发展方式

我省水产养殖"十二五"规划中，产量作为一个硬性指标指挥着我省水产养殖的发展方向。正是这种不断提高产量的发展思路，迫使养殖者通过无节制的提高养殖密度，大量投肥投药来保证产量获取短期利益。事实上粗放式的水产养殖，单位面积产量低，经济效益也较低，而为追求产量大量投肥投药，又会造成水体污染，同时也降低了水产品的品质，养殖者仍然无法获得高额收益，这就使得水产养殖陷入了污染与经济落后的恶性循环中。因此我们应该从根本上转变这种发展思路，以水产品的质量替代数量，根据循环经济的发展思路，选择性的建立人工湿地—水产养殖—畜禽养殖—种植业的复合养殖体系，充分利用现有的资源，形成一种集生产、休闲、观光于一体的综合渔业，创造良好的渔业环境，实现水产养殖模式由单一生产型渔业向无害化立体生态养殖与复合型景观渔业的转变，提高水产品的附加值，在获得高额收益的同时也减少了对环境的污染。

### （二）优化政府部门管理职能

同很多政府部门类似，水产局作为渔业生产的监督管理部门，同时也是渔业的生产

者。很多地方水产局不仅制定政策、实施管理,也参与生产。这种既是裁判员又是运动员的双重身份,使政府应履行的经济调节、市场监管、执法管理和公共服务的职能大大弱化,出现了政府职能的错位、越位和缺位,影响了市场有效配置资源的法律法规的建立和完善,经济活动缺乏应有的规则和诚信。与此相关,整个行业经济效益偏低、环境污染严重等问题也日益突显出来。政府只有从市场参与者的角色中退出,才能发挥其纠正市场失灵的积极作用。因此,政府首先要把资源配置主导权交给市场,致力于履行政府职责,做好职业的裁判员。包括搞好宏观调控,制定水产发展目标;保持市场的稳定,为水产品市场的健康运行严格执法;努力提供更多更好的公共产品和服务,包括科技养殖攻关、技术培训和环境保护宣传等。

### (三)发展水产品绿色供应链

主要包括建立绿色水产品生产的多元补偿机制;打造水产品冷链物流中心,构建水产品信息交易平台和可追溯质量监控体系;引进大型龙头企业,通过供应链金融模式进行水产品绿色供应链中小企业融资;加强水产品合作社建设,制订科学的水产品绿色供应链定价策略与利益协调机制;制订完善的绿色水产品质量认证标准,推进绿色产品质量数据信息透明化,扩大品牌效应;等等。

### (四)鼓励水产养殖业合作组织建设

我省水产养殖的产业化程度低,不但影响到产业结构的调整和新技术的推广应用,而且影响到经营管理成本和规范化、标准化的实施,大大增加了政府监管的难度,导致养殖环境污染和产品质量问题。池塘的承包经营权问题限制了水产养殖的产业化发展。家庭经营要向采用先进科技和生产手段方向转变,增加技术、资本等生产要素投入,着力提高集约化水平;统一经营要向发展渔民联合与合作,形成多元化、多层次、多形式经营服务体系方向转变。因此,政府应加强管理和服务,促进池塘承包经营权的合理流转,培育养殖大户。同时,通过财政支持、税收优惠和金融、科技、人才的扶持以及产业政策引导等措施,促进水产养殖渔民合作社的发展。发挥龙头企业和能人、大户的带动作用和科技的引领作用,促进淡水养殖向规模化、产业化方向发展,促进养殖结构调整,提高标准化生产水平,增强市场竞争能力。从管理部门的角度看,这些措施的采用也便于对生产者养殖过程的控制,减少养殖环节污染的发生。此外,还可以集中行政管理资源,提高行政效率。

### (五)促进水产养殖业技术创新和应用

世界农业的快速发展主要得益于农业科技的重大突破和农业技术的创新。农业科技创新与应用已经成为增强农业生产能力、提高农业生产效率、转变农业增长方式和推进现代农业建设的关键因素。近年来,我省在水产品种培育、水产健康养殖、水产病害防治、水产品质量安全、渔业装备与工程等学科领域取得了一系列的科研成果,对提高水产养殖业的科技水平起到重要作用。农业发展的根本出路在科技进步,因此加强水产育种工作,培育出能大规模生产的抗病、抗逆新品种,提高水产养殖良种化水平;开展池塘环境生态修复技术创新,加快实现养殖废水达标排放,保护和改善养殖生态环境;开展水产用药物代谢规律研究,研发药物安全使用技术,推进水产养殖科学合理用药;研制能够替代禁用药物的新型渔药,特别是水产疫苗,逐步降低化学药物使用量;研究开发适合于不同养殖品种、不同养殖条件的高效环保饲料及投饲技术,降低和消除养殖投饵对环境的影响;研究水产品质量安全快速检测技术和水产品质量安全追溯技术,为加强水产品质量安全监管提供科学手段。

# 湖北城乡居民对水产污染的认知及支付意愿的对比研究*

王　丹　周　颖　曾　霞**

农业面源污染已经成为湖北省主要的污染源,已经或正在从各方面危害着民众的日常生活和身体健康。湖北是全国第一大水产品产地,水产品在养殖过程中深受农业面源污染影响,进入市场后对人体健康带来诸多不利影响,这一事实长期未得到政府和民众的认识和重视。本文选取武汉市和丹江口地区为调研点,以水产养殖和水产品为例,对武汉市民与丹江口水源地保护区农村居民的环境保护的认知水平和支付意愿及其影响因素进行对比研究,以期说明城乡居民在环境保护支付意愿方面的差异,最后提出相应的政策建议。

## 一、城乡调查问卷分析

### (一)城市居民的问卷结果

本次实地调研于 2011 年 7 月 2 日—8 日在武汉市沃尔玛超市、家乐福超市、中百仓储、北京华联超市等多个大型农产品销售点展开,共回收问卷 443 份,有效问卷 398 份。

1. 城市居民对面源污染行为的认知

如图 1,33.5%的居民完全不知道何为面源污染,31.1%认为是农药化肥的使用,27.6%认为是工厂排放污水和其他污染物,24.4%认为是生活污水随便排,22.0%认为是生活垃圾随便倒,20.6%的居民听说过,不是很清楚,18.0%认为是养鱼、养螃蟹、鳝鱼等投放的化肥、饲料、鱼药,13.9%认为是养鸡、养鸭、养猪等产生的粪便随便倒。

超过一半的居民表示不清楚什么是农业面源污染,一些居民只是凭借自己的理解进行的选择,而没有比较系统的对其进行了解。结果显示,所有问卷中,没有一份问卷完全答对。由此可见,居民对"面源污染"的认识远远不够。

---

　　* 本文为湖北水事研究中心课题《湖北城乡居民对水产污染的认知及支付意愿的对比研究》的研究成果。

　　** 王丹,湖北经济学院国际贸易学院讲师;周颖,湖北经济学院国际贸易学院学生;曾霞,湖北经济学院统计与应用数学系讲师。

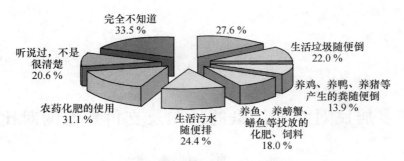

**图1  城市居民对面源污染行为的认知**

2．城市居民对农村面源污染影响途径的认知

如图2,63.1％的居民认为面源污染会通过农产品影响人们生活,20.3％的居民认为通过其他途径影响人们生活,只有3.8％的居民认为不会影响生活。

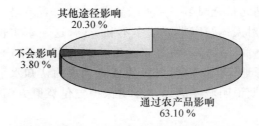

**图2  城市居民对面源污染影响途径的认知**

只有极少数的人认为面源污染不会影响到生活,超过95％的居民认为面源污染会影响到人们的生活,说明居民对污染有一定的警惕性。

3．城市居民对无污染水产品的支付意愿

如图3,36.8％的居民认为贵5％以下合理,33.9％的居民认为贵5％—10％合理,22.4％的居民认为贵10％—20％合理,4.5％的居民认为贵20％—50％合理,2.4％的居民认为贵50％—100％合理。绝大多数的居民接收高于一般水产品价格20％以下的无污染水产品,因此从城市居民主观估价来看,使用有机化肥对水产品价格的影响在20％以下。

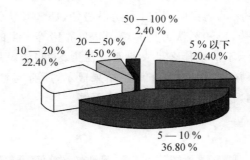

**图3  城市居民对无污染水产品愿意支付高于一般水产品的价格比例**

以草鱼为例,如图4,78.44%的居民认为经检验的草鱼比一般草鱼贵1元以下合理,19.27%认为贵1—2元合理,仅有2.3%认为贵2元以上合理。

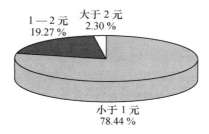

**图4 城市居民对经检验的草鱼的支付程度**

草鱼在白沙洲农副大市场的报价在8元/kg左右,在浠水报价为13元/kg,以中间价10元/kg来算,接受贵2元以下(贵20%以下)的居民占了97.7%,与上题显示结果一致。

**(二)农村居民的问卷调查结果**

本次实地调研于2011年7月2日—7月18日在丹江口库区展开,共回收问卷821份。

1. 农村居民对相关方面认知状况

(1)对面源污染行为的认知

如图5,43.40%的居民表示只是听说过面源污染,更有9.50%的居民表示很清楚面源污染为何,说明面源污染这一概念在农村有一定认知度,但是仍有37.90%的居民完全不知道面源污染为何。

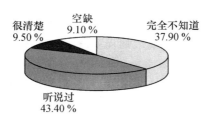

**图5 农村居民对面源污染的认知**

(2)对本地水环境变化看法

如图6,32.4%的居民认为没什么变化,31.9%的居民认为有所恶化,21.3%的居民认为当地水环境有较大改善,8%的居民认为当地水环境迅速恶化,6%的居民认为有改善。总体而言,认为当地水环境有所恶化的居民居多,然而居民对水环境变化的看法相对分散,可能由于调查地水环境情况有所差异,也有可能由于居民对水环境的理解缺乏一个客观的认识。

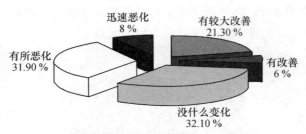

**图6 农村居民对当地水环境变化的看法**

（3）对当前本地水环境影响因素及改善问题的认识

如图7，33.1%的居民认为农村生活垃圾污染是本地影响最大的水环境问题，18.3%的居民认为农药、化肥污染是本地影响最大的水环境问题，16.2%的居民认为乡镇企业污染是本地影响最大的水环境问题，5.7%的居民认为畜禽养殖场的粪便污染是本地影响最大的水环境问题，5.2%认为是城市污染向农村转嫁是本地影响最大的水环境问题，4.6%认为是水产养殖中投肥、投药污染是本地影响最大的水环境问题。

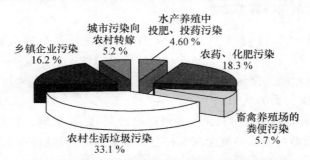

**图7 农村居民对本地影响最大的水环境问题的看法**

居民认为农村生活垃圾污染，农药、化肥污染，乡镇企业污染是影响水环境的主要因素，认为水产养殖投肥、投药对水环境影响程度最小。

如图8，31.3%的居民认为当地水环境改善的主要原因是治理了农村生活垃圾污染，19.8%的居民认为是因为治理乡镇企业污染，7.7%的居民认为是因为控制种植业中的农药化肥污染，5.5%的居民认为是因为防止了城市污染向农村转嫁，5.1%认为是控制养殖场污染，4%的居民认为是因为控制水产养殖投肥、投药。

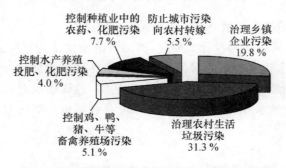

**图8 农村居民对当地水环境改善主要原因的看法**

结合"对生活影响较大的农村面污染因素"的调查,在"农村生活垃圾污染,农药、化肥污染,乡镇企业污染"三项中,"控制农村生活垃圾"、"治理乡镇企业污染"为当地水环境改善比例最高的影响因素,体现了居民认可了这两种污染的治理对水环境改善的贡献,控制农药化肥污染的成效就不如其他两项。

居民认为水产养殖投肥、投药对水环境影响较小,自然"控制水产养殖投肥、投药"对水环境改善影响的比例最小。

(4)对当地渔业养殖总体印象

如图9,24%的居民对当地渔业养殖总体印象不错,14.4%的居民认为当地渔业养殖有污染但是和经济贡献相比比较值得,7.3%的居民认为当地渔业养殖污染太严重,不值得。

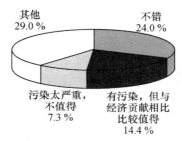

**图9 农村居民对当地渔业养殖总体印象**

14.4%的居民明知渔业养殖产生污染,但还是认可牺牲环境利益换取经济贡献,说明还有部分农村居民对环保的认识不足。

(5)居民对无公害水产品的认知

无公害农产品是保证人们对食品质量安全最基本的需要,是最基本的市场准入条件,普通食品都应达到这一要求。

如图10,35%的居民表示只是听说过无公害水产品,更有10.7%的居民表示很清楚无公害水产品为何,说明无公害水产品这一概念在农村有一定认知度。而无公害作为农产品市场准入的基本条件,仍有44.8%的居民完全不知道无公害水产品为何,说明相当一部分农村居民在从事农业生产活动时缺少"无公害"这一最基本的市场导向。

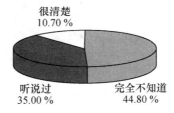

**图10 农村居民对无公害水产品的认知**

2. 居民的支付意愿

所有调查样本中,绝大多数愿意支付环保费用,如图11,48.4%的居民愿意支付环保费用,15.5%的居民表示不愿意支付环保费用。

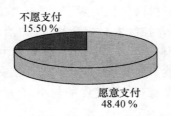

**图 11　农村居民是否愿意支付环保费用**

如图尽管在意愿上绝大多数居民愿意支付环保费用,但是在实际污染较轻的化肥支付意愿上,33.5％和19.6％的居民表示只有和其他化肥一样、甚至比现在更便宜才会接受,只有22％的居民表示会接受高于一般价格的化肥,说明支付成本是影响居民支付意愿的重要因素。

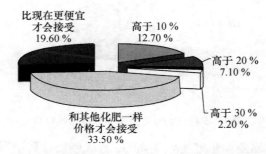

**图 12　农村居民愿意支付污染较轻化肥高于一般化肥的价格比例**

3. 使用有机化肥的水产品高于一般农产品价格比例

生产无公害水产品,在化肥使用上必然会耗费更多的成本,所生产的农产品价格也必然比一般农产品贵。如图 3,34.8％的居民认为应该贵 10％,25.1％的居民认为应贵20％,13.9％和4.4％的居民分别认为应贵50％和80％,占所调查的小部分。因此从农村居民主观估价来看,使用有机化肥对农产品价格的影响在 20％左右。

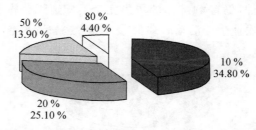

**图 13　农村居民认为使用污染较轻化肥农产品高于一般农产品的价格比例**

## 二、城乡环境保护的认知水平对比研究

### （一）城市居民的环保认知分析

1. 城市居民对于面源污染的认知分析

（1）性别影响对于面源污染的认识

如图14，女性选择"养鱼、养螃蟹、鳝鱼等投放的化肥、饲料、鱼药"为面源污染行为的比例低于男性。女性完全不知道"面源污染"的比例高于男性。说明女性对"面源污染"的认知低于男性，可能是受教育程度的影响。

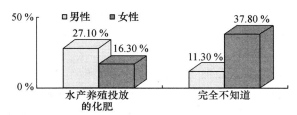

**图14 男性和女性对面源污染行为的认识**

（2）年龄影响对于面源污染的认识

如图15，处于20—30岁这个阶段，选择"工厂排放污水和其他污染物"和"农药化肥的使用"的消费者较其他年纪消费者高，完全没听过"面源污染"所占比例最小，而对于不属于面源污染的工厂排放污水也认为是面源污染，说明这一年龄阶段的消费者对面源污染的关注程度高，但认知仅停留在感性阶段。而60岁以上的居民对食品安全、面源污染等有一定的关注度，但由于年龄稍长，信息流动性和身体状况造成学习能力的局限，认知能力较年轻人低。

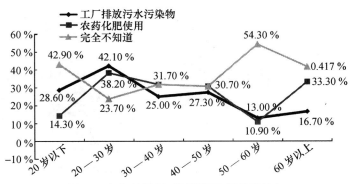

**图15 各年龄居民对面源污染行为的认知**

（3）消费影响对于面源污染的认识

如图16，随着家庭月农产品消费占月收入比例的上升，居民所知的"养鸡、养鸭、养猪等产生的粪便随便倒"为面源污染行为的比例整体走高。而在家庭月农产品消费占月收

入比例为 40％、50％(生活状况处于温饱—小康阶段)处有大幅下降。

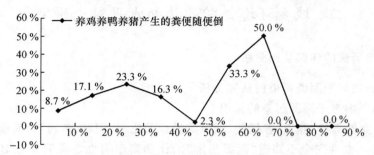

**图 16　农产品消费水平对面源污染认知的影响**

整体而言,农产品消费占月收入比重大的消费者对农产品消费更为谨慎,虽然实际购买力有限,但是主观上还是关注食品安全等相关问题,希望用有限的消费获得更大的效益。

生活状况处于温饱线(农产品消费占收入 50％)上的消费者,可能由于收入的偶尔波动,对本家庭生活状况持一种不确定性,对食品安全问题的关注度有大幅降低。

而当家庭月农产品消费占月收入为 80％及以上,家庭绝大部分收入用于购买农产品,温饱问题成为一个家庭需要解决的主要问题时,农产品安全问题将不是关注的最重要问题,所以对"面源污染"问题的认知不高。

2. 城市居民对面源污染的影响途径认知的分析

(1)调查地点影响对于面源污染途径的认识

如图 17,60.2％的超市消费者认为农村面源污染会通过农产品影响人们的生活,89.2％的农贸市场消费者这样认为;15.1％的超市消费者认为农村面源污染会通过其他途径影响我们的生活,而在菜场则有近 67.6％的消费者这样认为。整体而言,对"面源污染影响人们生活"这一认识,超市消费者不如农贸市场消费者。

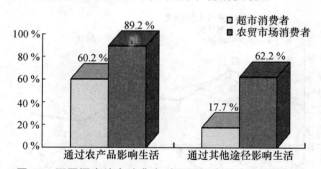

**图 17　不同调查地点消费者对面源污染影响途径的认知**

超市消费者可能认为在超市消费农产品更有保证,因此认为农村面源污染会通过农产品影响人们的生活的比例相对较少;农贸市场消费者对农贸市场购买农产比较有警惕性,所以认为农村面源污染会通过农产品影响人们生活的比例相对较高。

（2）年龄因素对于影响面源污染的途径的认识

如图 18,28.6％的 20 岁以下的居民认为农村面源污染会通过其他途径影响他们的生活。从 20—30 岁这一年龄段开始,随着年龄的增长,认为农村面源污染会通过其他途径影响他们生活的比例整体增加;当年龄在 50—60 岁时,比例稍有下降,认为农村面源污染会通过其他途径影响生活的占 20.5％。到了 60 岁以上这个年龄段,认为农村面源污染会通过其他途径影响他们生活的比例达到最大,为 50％。

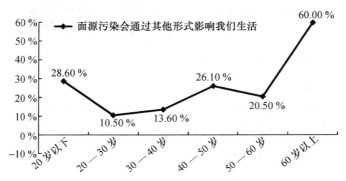

**图 18   不同年龄消费者面源污染影响途径的认识**

各年龄段的居民都认为农村面源污染会通过其他方式影响人们生活的比例总体偏低,反映出绝大部分消费者对面源污染的危害后果认知不足,警惕性不高。

总体来说,对面源污染的认识问题上,结果都显示与年龄是正相关,随着年龄的增长,生活阅历、知识水平会越来越丰富,对农村面源污染的认识更加深刻、科学一些。尤其是经历过青山绿水的上一辈人对面源污染更加重视,说明我们的教育对面源污染涉及太少,一定程度上体现了教育失灵。

**（二）农村居民环境保护的认知水平**

1. 农村居民对于无公害水产品的认知分析

（1）家庭主要收入来源影响对无公害水产品的认识

如图 19,分别有 47.6％的农业来源居民、40.3％的非农业来源居民完全不知道无公害水产品,33.5％的农业来源居民、37.5％的非农业来源居民听说过无公害水产品,说明绝大部分的居民对无公害水产品这一问题的认识尚停留在感性认识阶段,只有 8.3％的农业来源居民和 14.5％的非农业来源表示很清楚无公害水产品。

完全不知道无公害水产品的农业收入居民比例高于非农业收入居民比例,很清楚和只是听说过无公害水产品的非农业收入的居民比例高于农业收入居民的比例,说明当地非农业收入居民对这一问题的认识度高于农业收入居民。

无公害是农产品进入市场的基本标准,而绝大部分农业生产者并不熟悉这一概念,说明当地的农业生产缺少必要的生产标准,具有很大的随意性。

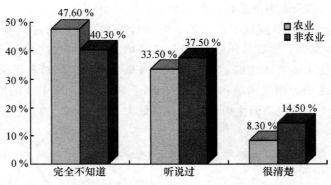

**图 19　不同主要收入来源的家庭对无公害家产品的认知**

（2）教育背景影响对无公害水产品的认识

如图 20，从小学以下到研究生、博士，完全不知道无公害水产品的居民比例由 48.7%下降到 0，很清楚无公害水产品的居民比例由 9.6%上升到 100%。

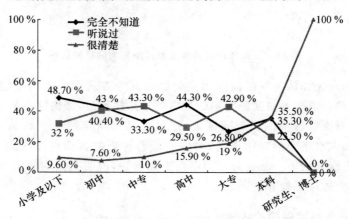

**图 20　不同教育程度的居民对无公害水产品的认识**

随着教育程度的提高，很清楚无公害水产品的居民比例总体逐渐提高，完全不知道或只是听说过无公害水产品为何的居民比例总体逐渐降低。

有大专学历的居民听说过无公害水产品的比例较本科学历居民高，完全不知道无公害水产品的居民比例较本科学历居民低，说明虽然在理性认识方面大专学历居民不如本科学历居民，但在感性认识上好于本科学历居民，大专学历居民比本科居民有着更丰富的生活阅历或是社会经历，可以在一定程度上弥补专业知识的不足。相同情况也出现在高中学历居民和中专学历居民身上。说明专业教育与职业教育相比在一定程度上有所缺失。

2. 农村居民对于面源污染的认知分析

（1）家庭农业收入影响对面源污染的认识

如图 21，不同农业收入的居民对面源污染的认识基本持平，都处于认知程度不高的状态。认识程度不高，在实际生产过程中也不会特别关注防治面源污染的行为。农业收入的增加并不是因为对面源污染认识加深带来的,所以无论是否注重防治面源污染,对农业收入的增加影响不大,反而可能由于防治成本造成了收入的减少,这也可能是造成面源污染防治不足的原因。

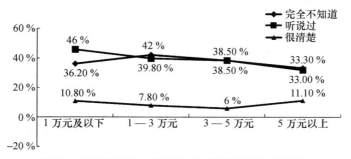

**图 21   不同家庭收入的居民对面源污染的认识程度**

（2）对无公害水产品的认知影响对面源污染的认知

如图 22,随着无公害水产品认识的加深,完全不知道面源污染居民比例由 49％下降到 28.4％,呈逐渐下降趋势,很清楚面源污染的居民比例由 4.1％上升到 19％,呈逐渐上升趋势。说明对无公害水产品的认识程度越高,对面源污染的认识程度就越高。

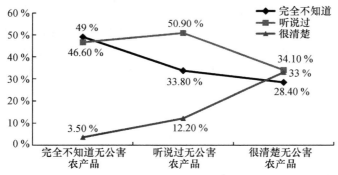

**图 22   对无公害家产品认知不同的居民对面源污染的认知**

### （三）城乡居民环境保护的认知对比分析

**1. 城乡居民环境保护的认知程度**

总体来说,城乡居民对环境保护相关概念的认知程度普遍不高,相比农村居民,城市居民对面源污染的认识更加偏感性认识,这可能受生活环境的影响:生活在城市,更多的污染来自城市的点源污染,对面源污染的认识比较淡薄;而生活在农村,其污染主要由面源污染构成,对与农业生产工作相关的无公害水产品等概念也会有更多的认识。

**2. 影响城乡居民环境保护的认知水平因素**

（1）影响城乡居民环境保护认知水平的共同因素

影响城乡居民环境保护认知水平的共同因素在于性别对认知的影响,男性对面源污染等概念的认知程度相对高于女性。总体来看,女性的本身具有不利于认知的主客观条件：客观来说，受传统思想的影响，女性受教育程度低于男性，使得女性认识能力低于男性；主观来说，女性的感性认识较强，对事物的认识易停留于感性认识阶段，而男性的理性认识较强，看待事物易上升到理性高度。

（2）影响城乡居民认知水平的不同因素

影响城市居民认知水平的主要因素在于年龄和消费水平，影响农村居民认知水平的主要因素在于教育程度、收入来源及相关概念的认知。

认知的来源主要有两种形式：一是间接来源，即从教育中获得；二是直接来源，即在生活、工作中直接获得。

在间接来源方面，城市的教育水平高于农村，然而受过更好教育的城市居民在环保认识方面不如农村居民，说明了城市教育的缺位，因此教育对认知的影响作用在城市没有体现出来，反而是在农村体现出了对认知的影响。

在直接来源方面，对于城市居民，随着年龄的增长，城市居民的生活阅历不断积累，会在一定程度上弥补教育的不足，因此年龄成为影响城市居民认知的因素。另一方面，城市居民更多是作为消费者的身份，因此其消费水平一定程度上决定了所关注的方向，消费水平低的居民自然更关注自身温饱问题，对环境保护关注的需求不是十分强烈，只有满足了温饱问题之后，人们才会开始关注生活质量、生活环境等问题。

对于农村居民。虽然教育水平不如城市，但是处于水源地保护区，相关环保问题必然会贯穿生产生活中，农业收入来源的居民由于生产地相对固定，接触到的人员、事物有限，生活相对封闭，而非农业收入来源的居民生活灵活性更大，因此更易于接触到各种概念。另一方面，相关环保概念具有关联性，对某一概念的认识能联系到另一概念，因此对相关概念的认识能影响认知水平。

# 三、城乡居民的支付意愿对比研究

## （一）城市居民的支付意愿分析

如图23，随着支付成本的提高，各年龄段愿意支付的居民比例总体下降。40岁以下居民支付意愿呈波动下降趋势，20岁以下居民在10%—20%处、20—30岁和30—40岁居民在5%—10%处有明显凸出。40岁以上的居民支付意愿呈逐渐下降趋势，50—60岁居民及60岁以上的居民下降趋势几乎一致，40—50岁下降趋势较50岁以上居民相对平和。随着年龄的增长，支付意愿逐渐减小。

## （二）农村居民的环境保护支付意愿

1. 农村居民的环境保护支付意向

（1）对面源污染的认知影响环境保护的支付意愿

如图24，尽管完全不知道面源污染，但仍有54%的居民表示愿意支付环保费用，同时分别有49.4%听说过面源污染的居民和61.5%很清楚面源污染的居民愿意支付环保

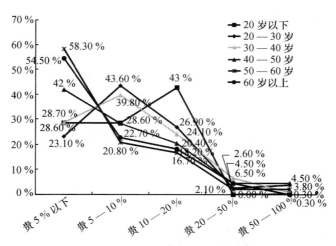

图 23 不同年龄对无污染水产品愿意支付的高于一般农产品的比例

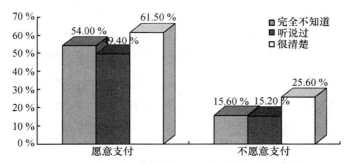

图 24 对面源污染的认知对环保支付意愿的影响

费用;15.6%完全不知道面源污染的居民、15.2%听说过面源污染的居民和 25.6%很清楚面源污染的居民不愿意支付环保费用。

总体来说,对面源污染认识程度影响环保支付意向。有部分居民虽然表示很清楚面源污染,但仍不愿意支付,说明对面源污染的认知对支付意向的影响程度不大。

(2)对当地渔业养殖总体印象影响环保支付意愿

如图 25,不论对当地渔业养殖有何种印象,绝大部分居民愿意支付环保费用。因为认为当地渔业养殖污染太严重,所以居民愿意支付环保费用,这类的居民比例为 45%,高于其他居民,相应不愿意支付的居民比例也小于其他居民。

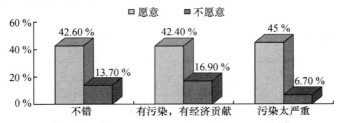

图 25 对当地渔业养殖的总体印象对环保支付意愿的影响

虽然认可以环境利益换取经济利益，虽然不愿支付环保费用的居民高于没有明确表示是否愿意支付的居民，但仍有大部分居民愿意支付环保费用。所以总体来说，绝大多数居民的环保支付意愿强烈。

（3）对无公害水产品的认知影响环境保护的支付意愿

如图26，尽管完全不知道无公害水产品，但仍有48.1%的居民表示愿意支付环保费用，同时分别有56.4%听说过无公害水产品的居民和62.5%很清楚无公害水产品的居民愿意支付环保费用；15.5%完全不知道无公害水产品的居民、16.4%听说过无公害水产品的居民和22.7%很清楚无公害水产品的居民不愿意支付环保费用。

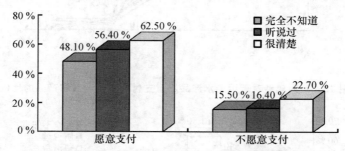

图26 对无公害农产品的认知对环保支付意愿的影响

总体来说，对无公害水产品认识程度影响环保支付意向。有部分居民虽然表示很清楚无公害水产品，但仍不愿意支付，说明对无公害水产品的认知对支付意向的影响程度不大。

2. 农村居民环境保护的愿意支付程度

（1）家庭主要收入来源影响愿意支付程度

如图27，57.3%的农业收入来源居民和46.7%的非农业收入来源居民表示在无污染、污染程度较低的化肥比目前更便宜或和目前价格一样的条件下，才会使用无污染、污染程度较低的化肥；只有19.7%的农业收入来源居民和25.6%的非农业收入来源居民愿意支付比目前化肥价格更高的无污染、污染程度较低的化肥。说明绝大多数居民的实际环保支付程度不高，非农业收入居民的环保支付程度高于农业居民的环保支付程度。

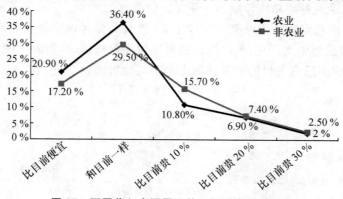

图27 不同收入来源居民的环保愿意支付程度

（2）对无公害水产品的认知程度影响愿意支付程度

如图 28,67.9% 的完全不知道无公害水产品的居民、53.7% 的听说过无公害水产品的居民和 44.4% 的很清楚无公害水产品的居民表示在无污染、污染程度较低的化肥比目前更便宜或和目前价格一样的条件下,才会使用无污染、污染程度较低的化肥。说明绝大多数居民的实际环保支付程度不高。

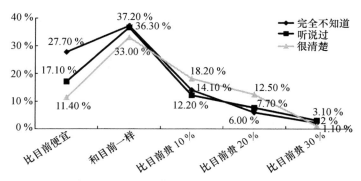

**图 28　对无公害农产品认知不同的居民环保支付程度**

33.8% 的很清楚无公害水产品的居民表示愿意支付高于目前化肥价格的无污染、污染程度较低的化肥,在环保支付程度上高于完全不知道和只是听说无公害农产品的居民的环保支付程度。说明在一定程度上对无公害水产品的认识程度越深,环保支付程度越大。

### （三）城乡环保支付意愿对比

1. 城乡环保支付意愿

**表 1　城乡居民对无污染水产品价格支付意愿对比**

| | 城市居民对消费无污染水产品的支付意愿 | 农村居民对生产无污染水产品的支付意愿 |
| --- | --- | --- |
| 贵 10% 以下 | 57.2% | 12.7% |
| 贵 10%—20% | 22.4% | 7.1% |
| 贵 30% 及以上 | 6.9% | 2.2% |

总体来说,城乡居民对环境保护的支付意愿不强,城市居民对环保的支付意愿较农村居民强,这可能受支付能力和生活水平的影响,城市居民大多解决了基本生存问题,有一定的能力支付环保费用,也更加愿意通过支付一定的环保费用提高自己的生活质量。

而农村居民,大多从事农业生产、小农经营,靠天吃饭,支付能力有限,无力承担因使用无污染、污染程度较低的化肥而带来的额外成本风险、销售风险,因此支付意愿不强。

表 2　城乡居民无污染水产品价格认知

| | 城市居民愿意支付无污染水产品价格 | 农村居民对无污染水产品估价 |
|---|---|---|
| 贵10%以下 | 57.2% | 34.8% |
| 贵10%—20% | 22.4% | 29.95% |
| 贵20%—50% | 4.5% | 19.5% |
| 贵50%—100% | 2.4% | 15.75% |

而调查得知,79.8%的城市居民愿意支付比一般农产品贵20%的无污染农产品价格,64.8%的农村居民也认同了这一价格,说明在一定程度上无污染农产品是有销售市场的。

2. 城乡环保支付意愿的影响因素

对于城市居民,影响支付意愿的主要因素是年龄。随着年龄的增长,城市居民的环保支付意愿逐渐下降。老年人一方面受教育程度相对较低,环保意识薄弱,另一方面对自己的收入预期下降,不愿意支付额外的可能使自己生活条件下降的费用;中青年环保支付能力较强,近年来"环保"教育使其环保意识有所增强,所以中青年居民的环保支付程度高于老年居民。

而对于农村居民,除了上文提到的支付能力有限,影响支付意愿的主要因素还有对环保的认知水平。能认识到当地是水源地保护区的重要性、认识到无公害水产品的生产要求、认识到面源污染的影响危害,是农村居民愿意支付环保费用的主要因素。

# 四、对 策 建 议

1. 扩大农村信息获取的渠道

当前农村信息不畅是造成农村生产落后的重要原因。农民获取外界信息的主要方式是收看电视节目,报纸、杂志及网络等方式还没有非常普及。因此,一方面要充分利用各种传播媒介,及时采取措施向农村公布市场信息,促使农民生产适销对路的农产品;另一方面要积极扩大宣传渠道,提高农村居民对面源污染的认知程度,加大环境保护重大意义的宣传力度。

2. 提高环保教育的专业性

目前我国环保教育,很大程度上提高了居民的环保责任感,但是仍存在一些不足,教育空泛、流于形式不利于居民更好的认识环保问题。加强对城乡居民的环保教育,要在条件允许的情况下尽量提高专业性,让城乡居民对环保的认识上升到理性的高度。

3. 确保水产品质量,建立全面质量监控体系。

水产品质量的好坏关系到水产品在国内外市场上竞争能力的高低。要提高湖北水产品质量,就要建立全面质量监控体系。第一,加大水产品质量管理的全程监控。建设水产品质量安全监督监测中心,进行水产品加工质量安全监督、产品监测工作。以出口备案基地为重点,全面加强质量安全管理,做好产品质量从源头产地到市场的全程监控。第二。完善水生动物检疫防疫体系,抓好水产品违禁药残的检测和监管、督查。第三,加大水产品的无公害产地认定和产品认证工作。建立政策扶持、技术支持、安全监管的体系。

4. 加大生活辅助设施建设

针对目前农村垃圾回收站点少,垃圾处理粗放等现状,建设农村生活污水、生活垃圾处置的配套设施,增加农业、农村废弃物的回收点,鼓励和实施废弃物的再利用,逐步改变农户多年形成的粗放生活习惯。针对畜禽养殖大户,要增强畜肥处理设施的处理能力,如扩大畜禽场化粪池的容量,保证化粪池密封性,以防径流和侧渗;对于畜禽场养殖规模要根据周边农田面积来确定,以便农田能完全消纳,使畜禽粪肥能得到充分的再利用。

5. 完善农产品营销渠道

目前我国形成了庞大的农产品营销渠道体系,但整个农产品渠道体系中还存在着很多的问题,农产品营销渠道不畅阻碍了无污染农产品更好的进入城市、实现其价值。完善农产品营销渠道,为无污染农产品进入市场创造更好的渠道,要培育适应市场经济要求的农产品流通主体、加快农产品批发市场升级改造、建立农产品超市连锁经营、建立和完善农产品物流配套系统。

# 南水北调水源地水产品绿色供应链管理模式与发展对策*

张曙红**

南水北调中线工程水源地是指丹江口库区及其上游地区。丹江口水库位于鄂、豫、陕3省交界处,库区分布着淅川县、西峡县、白河县、丹江口市、郧县、郧西县、张湾区等7个县、市、区,其中丹江口市、郧县、郧西县、张湾区属于湖北库区,归十堰市管辖。

由于水产业具有市场容量大、集约化程度高、比较效益显著等行业优势,加之在南水北调中线工程大坝加高淹没后,土地更加贫瘠狭窄、生存发展空间更加缩小的情况下,南水北调中线工程水源地区立足于丰富优良的水资源优势,纷纷把水产业作为主要优势产业来抓,实施以水兴市,以渔富民,做大做强水产业的战略。为促进南水北调水源地水环境与经济可持续发展,落实最严格的水资源管理制度,本课题组对南水北调中线工程水源地——丹江口水库库区及集水区进行了大规模调研,重点对水产品养殖、加工、包装、物流、存储、销售等情况发放调查问卷,并结合访谈调查,深入了解水产养殖农户生产与生活,收集有关一手资料,探索南水北调水源地区水产品绿色供应链管理模式,并提出相关对策建议,力图建立南水北调水源区水环境保护与经济发展的"保水富民"长效机制。

## 一、南水北调水源地水产业发展现状

南水北调中线工程核心水源地——丹江口水库在丹江口市境内有52万亩水面,具有发展水产业得天独厚的资源优势,现有鱼类67种,其中经济鱼类50余种,国家重点保护的二级水生野生动物有大鲵、水獭、鳗鲡等,省级重点保护的水生野生动物有21种,是鱼类天然的生活繁衍地和商品鱼养殖的重点产区。近几年,丹江口市立足水资源优势,大力发展水产经济,取得了渔业经济的规模化、效益化快速发展,为全市农业经济发展、农村农民增收致富、库区水体生态环境建设作出重要贡献:

(1)水产品产量形成规模,经济地位显著提高。2007年,全市实现水产品产量4700万公斤,名列全省山区前三名;水产业综合产值达5.2亿元,占本市农业总产值的33%;

---

* 本文为湖北水事研究中心课题《南水北调水源地农村面源污染防治体制机制研究》的成果。

** 张曙红,湖北物流发展研究中心副主任、湖北经济学院工商管理学院物流管理系副教授、副院长。

渔民人均纯收入4500元,占农民多种经营收入的三分之一以上。水产业已发展成为丹江口市农业的重要组成部分,被市委、市政府确定为重点优势产业。

（2）水产基地建设初具规模,形成四大养殖增殖基地。全市实现精养面积8.5万亩,开发利用水面30.5万亩,初步建成以均县镇、习家店镇库区水域为重点100 km长、3.5万箱、1700亩、1300万公斤的鲢鳙鱼网箱商品鱼基地;以凉水河镇、坝区水域为重点50 km长、6000网箱、350亩、750万公斤的名优特产优网箱生产基地;库区沿岸200 km长、4.8万亩、500万公斤的"库湾群"混养基地;库区大水面22.5万亩、1600吨银鱼增殖生产出口基地。

（3）丹江口市渔业产品的市场竞争力和出口创汇能力都显著增强。养殖的水产品产量3.8万吨,占水产品总产量的80%;水产品加工年产量8000吨,渔业加工产值达到1.35万元。丹江口市水产品已稳固占领周边市场,内销十几个省市,去年生产银鱼、鲴鱼1000吨,提供出口创汇产品400多万美元,远销日本、欧美市场,已形成以鲌鱼、鳜鱼为主多品种优质化的产品结构,优质率已达90%,名特水产品接近40%,突破1000万公斤。

（4）经营能力显著加强,服务水平有所提高。全市从事渔业的各类船舶达到3000余艘、1万吨位、1.3万千瓦,从业劳动力1.15万人,渔民人口达到6.5万人。名优鱼苗种繁育已实现重大突破,鲌鱼苗种形成批量化繁育供应能力。水产品生产、销售的组织化程度有所提高。丹江口市已成为鄂豫陕渝周边地区的苗种产供中心、渔需物资购销中心、水产科技示范推广中心、渔业船舶修造中心和水产品销售的重要通道或港口。

（5）渔业执法管理有所加强,资源保护和食品安全程度有所提高。现已规范开展渔政、船检、港监、春季禁渔、养殖证、投入品等方面的行政执法管理,库区鱼类资源衰退得到一定遏制,生产井然有序,安全生产程度提高,丹江口市库区生态渔业的发展对库区水体的生态保护作出积极贡献。

（6）丹江口市已经发展各类农民专业合作社组织158家,其中水产类40家,并呈现数量规模日益扩大,覆盖范围日益拓展,牵头主体日益多元,内部运作管理日益规范,利益联结日益紧密,市场竞争能力日益增强的良好格局。水产专业合作社不仅可以提高交易价格,降低交易成本,而且能够获得物流环节的增值收益。目前,合作社产品销售价格比其他渔民自行销售每斤增收5—10元,促进了水产业发展。

（7）积极推进绿色水产品认证,推进绿色水产品品牌建设。近年来,丹江口市在食品环保认证方面做了大量而富有成效的工作,并纳入年度工作考核目标,同时在资金上予以一定的扶持。目前,全市共获得认证的绿色环保产品有30个,其中有7个有机食品,2个绿色食品,18个无公害农产品,3个地理保护产品。水源区不断做大做强国家地理标志产品——丹江口翘嘴鲌鱼,汉江名优鱼——鳜鱼和国家有机鱼认证产品——鲢鱼、银鱼集约化养殖的特色水产板块,这些水产品品牌成功走上了星级饭店,国家机关后勤中心以及北京高端市场,大大提高了市场的知名度和产品的附加值。

## 二、水产品绿色供应链运作数据收集与分析

### （一）水产品绿色生态养殖行为分析

调查发现，针对"是否有向鱼塘投肥或类似行为"和"不投肥或药养殖时水产品赢利的看法"两个问题，绝大多数人都有"向鱼塘投肥或者类似行为"，而其中又有绝大多数的人认为不投肥会使盈利减少。因此，从盈利的角度考虑，绝大多数村民会选择向鱼塘投肥。

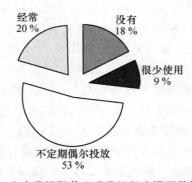

图1　水产品投肥养殖或类似行为调研数据分析

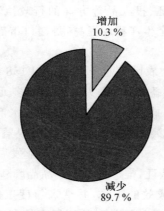

图2　水产品不投肥养殖的赢利情况调研数据分析

### （二）环保意愿分析

调查问卷中，针对"今后是否会减少化肥、农药的使用，减少多少"这个问题，多数人不愿意减少化肥、农药等鱼塘的肥料的使用量。

针对"是否愿意负担环境保护费用"这个问题，绝大多数人还是愿意承担环保费用的。

对"在如下何种情况下会使用目前市场上对环境污染较轻的有机肥料"这个问题,在至少贵一成的情况下有29.2%的人会考虑使用有机肥料;价格不变则会有73.9%的人会考虑有机肥料。

由于68.7%的人不愿意减少对化肥、农药、肥料的使用,所以完全不使用肥料、农药是不可行的(参见图3)。但是,有75.8%的人愿意负担环境保护的费用,所以用成本代价较大的有机肥料代替原始的污染较重的肥料是可行的(参见图4)。另外,农民对农业投入的成本非常敏感(参见图5),因此,将绿色养殖成本控制在比原始养殖成本略微提高或适当进行政府补贴是比较可行的。

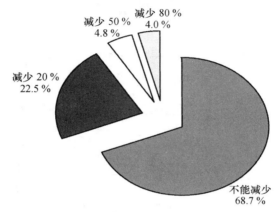

**图3　减少化肥、农药使用情况及意愿调查数据分析**

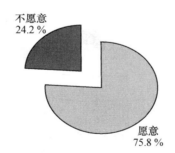

**图4　承担环境保护费用意愿调查数据分析**

### (三)水产品供应与销售运营情况调查分析

对"是否有进行农(水)产品的农民专业合作社或其他机构"这个问题进行调查的结果表明,目前农(水)产品的农民专业合作社建设及运作机制还不完善,未能发挥显著作用。

对"目前水产品的运输方式"的调查分析可知,水产品的运输方式绝大多数多是独立的、分散的。

结合图6、图7两组数据,分析表明:目前水源地区农(水)产品的生产与销售缺乏有效的组织和管理,各自为政,无法集中运作,也达不到规模效应。

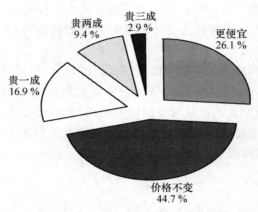

图 5　使用低污染有机肥料情况调研数据分析

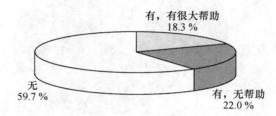

图 6　农民专业合作社或其他机构建设情况调研数据分析

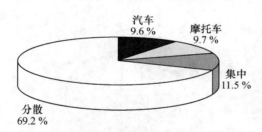

图 7　水产品的运输方式情况调研数据分析

对"是否有对水产品的质量检验措施"这个问题的调查发现仅有少数地方存在并且严格执行水产品质量检验措施，许多地区还未高度重视。

针对"是否在水产品包装、运输、储存等过程中考虑环保因素或实施环保措施"的问题，大多数人在水产品包装、运输、储存等过程中还未考虑环保因素或实施环保措施。

结合图 8、图 9 两组数据，分析表明：目前水产品质量检验措施以及包装、运输、储存等过程中的环保措施几乎不被考虑或者重视。为保障水产品质量安全和保护环境不被破坏，有效监测机制和政策体系亟待建立。

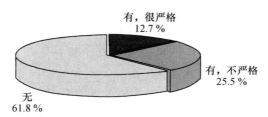

**图8　水产品质量检验措施调研数据分析**

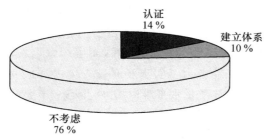

**图9　水产品物流过程中实施环保措施情况调研数据分析**

## 三、南水北调水源地水产品绿色供应链运作中存在的问题

结合以上对南水北调水源地水环境保护、水产业发展情况以及绿色水产业发展的调研和数据分析,表明南水北调水源地水产品绿色供应链运作存在如下的问题:

(1)水产养殖规模不断扩张,水体污染源扩散压力增大。丹江口全市淡水鱼面积达25万亩以上,产量达到5000万公斤,呈现强劲的发展势头。据有关方面的数据,每养殖1吨鱼,排入环境中的氮、磷分别为146.4公斤和31.7公斤,残饵和固体排泄物在水体中分解后,会产生大量的氨氮,对水体造成污染。

(2)水产品供应链运作中没有建立完善的冷链物流体系。目前,水源区在水产品收购、加工、销售过程中普遍采用加冰保鲜措施,大部分水产品应用活鱼运输设备和技术进行销售,无冷藏保鲜车船运输设备。水产品物流方面目前无中间运输环节冷链保鲜措施,以鲜货销售为主,主要是在供应链两端有保鲜措施。

(3)水产品物流的绿色运作受重视不够。南水北调水源区水产品物流特别要求绿色物流,要求在包装、储存、运输等物流过程中不污染、不变质、低碳排放,否则会严重影响水源地库区及周边流域水环境安全。调研表明:水产品物流中包装材料符合水产品质量包装要求,但大多数为一次性使用的、难以分解的塑料或泡沫制品;当前物流企业均未通过相关机构的绿色认证,而且实施绿色物流运作,物流企业约承担10%—15%的绿色环保增加成本,物流企业实施绿色物流意愿不高,而且物流企业尚未采用低碳排放的绿色运输设备。

(4)水产品养殖与加工废弃物再处理系统需要进一步完善。水产品废弃物物流是指对水产品加工、销售过程产生的变质物和废弃物的运输、装卸及处理活动。目前水源区水产品生产、加工与物流废弃物主要有饲料、死鱼尸体、加工副产品如内脏、骨头、鳞片等废弃物，另外还有包装材料。与工业品废弃物不同的是，工业品废弃物一般可经过改制、翻新重新成为原材料，而水产品废弃物或变质品却一般只能作为垃圾处理，会造成水源区大量面源污染。目前，水源区已经建立了废弃物回收的逆向物流系统，但是还不完备，没有针对水产品生产加工与物流配送的回收再处理系统，需要科学进行规划落实，做好废弃物的回收再利用工作。

（5）对于南水北调水源地绿色水产品生产、加工与可持续发展的鼓励性补偿和约束性惩罚机制还不完善。由于生产绿色水产品需要投入较高的生产成本，还要支付比生产普通水产品更多的绿色技术应用费以及绿色营销费用等，再加上市场交易公平机制的缺乏，使生产劣质的不安全水产品能获得巨额利润，而生产绿色农产品则获利较少甚至亏损，导致绿色水产品的生态经营者为了实现利润最大化，转向生产普通水产品甚至是不安全的水产品，致使水产品整体质量水平难以提高，生态水产业难以可持续发展。

（6）水产品绿色品牌建设还需要加强。目前丹江口库区非常重视绿色农产品品牌，制订了 20 多项有机食品标准，积极开展 ISO9000 生产认证、环保产品认证，并开展广泛的科技攻关和技术创新。丹江口市共获得认证的"三品"产品 30 个，其中 7 个有机食品，2 个绿色食品，18 个无公害产品，3 个地理保护产品。但是由于无大型龙头企业带动、不成规模，而且面临资金少的问题，商业品牌建设与推广还需要加强。目前，在湖北省各个大型超市中的绿色水产品品牌中丹江口库区水产品知名度并不高，价格优势不明显。

（7）水产品销售以传统分散农户贩卖为主，无定价权，再加工企业实力不足，未形成规模经济效益，水产品养殖农户与加工企业在供应链运作中利润分配不合理，处于弱势地位。

（8）水产品物流运作中还未建立成规模的配送中心或物流园区，未建立信息化管理、电子商务交易平台，水产品质量可追溯监控制度远未形成。

## 四、南水北调水源地水产品绿色供应链管理模式研究

### （一）水产品绿色供应链运作模型

绿色供应链是一种在整个供应链中综合考虑环境影响和资源效率的现代管理模式。南水北调水源地水产品绿色供应链由水产品养殖农户及合作社、加工企业、物流服务商、冷链物流配送中心、经销商、消费者等构成，通过供应链各节点成员的相互合作，开展绿色化运作，以达到消耗资源最少、对环境影响最小。水产品绿色供应链运作中，在水产品生产环节，主要生态养殖方式有不投肥野生放养、人工增殖放流、网箱养殖、库湾养殖等形式，在水产品绿色供应链源头减少水污染，保证水源地水环境安全。绿色水产品主要有两种形态进入市场：鲜活水产品、再加工水产品，并都通过绿色食品认证。鲜活水产品通过加冰低温贮藏运输、加工产品通过冷链物流运输方式运送至水产品冷链物流配送中心，经过包装、分装后，配送至零售商及消费者。随着水环境问题的日益突出，废弃物物

流越来越多受到重视。水产品绿色供应链运作模型中设计有完善的水产品废弃物回收再处理系统对水产品生产、加工、销售过程产生的变质物和废弃物进行回收、再利用及处理。参照供应链运作参考模型(SCOR)理论的基本框架,结合南水北调水源地水产品供应链运作特点以及绿色供应链思想,构建南水北调水源地水产品绿色供应链运作模型,如图10:

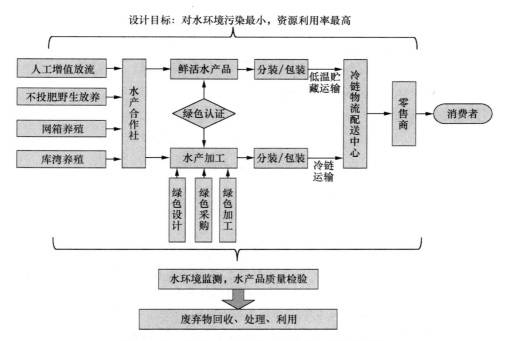

**图10　南水北调水源地水产品绿色供应链运作模型**

### (二)基于质量安全的绿色水产品供应商管理库存(VMI)运作机制

　　水产品作为一类易腐化变质产品,在采购、存储、运输过程中必须建立高效的冷链物流系统及其库存管理机制。为保证水产品采购及配送过程中的质量安全,减少损耗率,基于对南水北调水源区水产品绿色供应链运作模型与流程的分析,通过与大型零售企业合作进行绿色水产品农超对接,建立基于质量安全的绿色水产品供应商管理库存运作机制,形成"农户＋水产品合作社＋冷链物流配送中心＋超市"的绿色供应链采购与VMI库存管理模式,以保证水产品质量安全和低成本高效运作。图11为基于质量安全的水产品冷链配送中心供应商管理库存运作流程图。

　　基于冷链配送中心的水产品供应商管理库存模式中,零售商将每天的销售、库存以及进退货情况报告给冷链配送中心,冷链配送中心负责监控本中心库存和零售商的库存,并将库存情况、相关统计报告传送给水产品生产商及农户,实施订单养殖、捕捞与加工。"农户＋水产品合作社＋冷链物流配送中心＋超市"的绿色供应链采购与VMI库存管理模式主要运作特点:

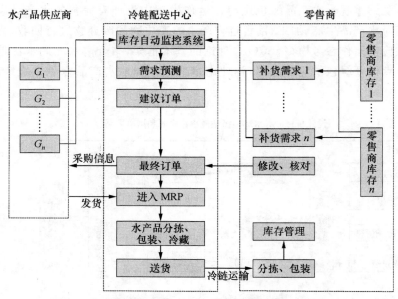

**图 11　水产品冷链物流配送中心供应商管理库存运作模式**

（1）优化绿色水产品供应源。

组织南水北调水源区水产品养殖分散农户，形成水产品合作社，实现大型连锁超市与南水北调水源区水产品养殖农户或合作社的产销对接。超市确定产品生产质量与标准、数量、品种。水产品养殖农户或合作社在超市的技术指导下，按要求生产出合格的绿色水产品，这些产品直接进入超市冷链物流配送中心。在这个模式中，超市利用自身在市场信息、管理等方面的优势参与绿色水产品的生产、加工、流通的全过程，为水源区水产品生产提供市场信息咨询、物流配送、生产技术、产品销售等服务，促进农民增收。

（2）延伸采购链，实现订单驱动模式。

市场行情随时都在变化，为避免水源区水产品缺货或积压，超市将采购链前伸至水产品生产基地，通过订单驱动模式发挥超市市场需求导向作用。采购订单中水产品数量和品种的制定来源于超市的市场需求以及各个门店每天的销售统计数据，并以此为依据向农户开出订单。水产品养殖农户或加工企业按照订单进行捕捞和生产，在一定程度上降低了生产风险，提高了水产品养殖收益。

（3）建立水产品冷链物流配送中心。

水产品对新鲜度和安全性的要求高，因此大都需要在冷链条件下流通，才能保值增值，而一般农户缺乏冷链运输和保鲜能力，因此必须建立冷链物流配送中心保证水产品运输和配送，也可以与拥有完善冷链物流配送中心的零售企业合作，共享冷链物流资源。目前，许多大型零售企业都建立有农产品冷链配送中心。以湖北中百集团为例，中百集团为保证农产品质量安全，加强农产品冷链物流建设，建立有农产品绿色生态物流配送中心。该中心的建立能保证农产品以最快的速度从农户或采购基地配送至市区各门店，使居民能每天购买到当天的新鲜农产品。

（4）提高品牌战略意识,建立水产品质量安全检查机制。

建立水产品绿色供应链运作中的质量标准和质量检验机制对于保证水产品食品安全,提升绿色品牌具有十分重要的意义。水产品绿色供应链运作要求建立完善的水产品质量标准体系和不定期质量突击检查机制,以保证水产品的绿色环保与质量安全。而且,建立信息化条件下的水产品溯源制度,以满足消费者对食品安全方面的需求。

## 五、南水北调水源区水产品绿色供应链管理的建议

### （一）建立绿色水产品生产的多元补偿机制

对于水产品的绿色供应链管理需要进一步加大水污染综合防治和生态建设力度,尽快建立南水北调水源区生态补偿机制,包括:对水源区水产业实行相应的税收优惠和减免政策;对绿色水产品养殖和加工,政府应给予一定的补贴;对库区工业及城市生活废水排放标准由此而增加的产业运行成本,由国家给予补贴;涉及水产品生态养殖设施,应建立国家南水北调专项支持或对口支持机制。

### （二）打造水产品冷链物流中心,构建水产品信息交易平台和可追溯质量监控体系

目前,水源区水产品批发市场缺乏整体布局,物流流程设计不规范,交易效率较低,还没有建立完善的冷链物流体系,难以建立食品质量安全可追溯体系。建议打造水源区绿色水产品冷链物流中心,采用低碳排放的车船物流运输工具,并构建水产品电子商务交易平台和可追溯质量监控体系,实现水产品批发市场行业的升级,实现绿色水产品市场的安全、高效、环保,形成规模经济效应。

### （三）引进大型龙头企业,通过供应链金融模式进行水产品绿色供应链中小企业融资

南水北调水源地区水产业发展虽然得到政府一定的补偿,但是要想做大做强,资金不足是一个重要问题,建议引进龙头物流企业或零售企业,通过供应链金融模式对水产品绿色供应链中资金紧张的中小企业融资。基于核心龙头企业的信誉担保,或利用绿色供应链上核心企业与中小企业间的业务活动而产生的应收账款、预付账款或交付过程的货物作为中小企业融资担保品,通过账款融资、核心企业担保融资和货权融资等方式,解决水产品绿色供应链各中小节点企业的融资问题,实现水产品绿色供应链管理模式的跨越式发展。

### （四）加强水产品合作社建设,制订科学的水产品绿色供应链定价策略与利益协调机制

南水北调水源区水产品生产与销售一直以农户分散经营为主,产品市场定价权较弱,供应链运作中利益分配不合理。应加强水源区水产合作社建设,提升水产品生产农户的定价权,并在考虑政府补贴与惩罚措施基础上,制订水产品绿色供应链集中定价策略与利益协调机制,制订科学的绿色水产品批发、零售价格,并合理分配生产农户、加工

企业、物流企业以及零售企业的利润，保证绿色供应链的可持续运作。

**（五）制订完善的绿色水产品质量认证标准，推进绿色产品质量数据信息透明化，扩大品牌效应**

随着人们环保意识的增强以及绿色消费理念认识的不断深化，国人对优质、绿色农产品的需求越来越大。但是在信息不对称条件下，优质的绿色农产品易被劣质的农产品驱逐出市场，使高质量的绿色农产品难以在市场立足。因此，水产品绿色供应链管理中应重视品牌建设，提高产品质量信息透明度。

# 丹江口库区农村面源污染现状与治理对策研究*

丁银河**

南水北调中线工程是优化我国水资源配置,解决京津冀豫等地水资源短缺,促进国民经济与社会可持续发展的一项重大基础设施。十堰市是南水北调中线工程核心水源区,境内生态环境建设及水质安全保护具有重要的现实意义和政治意义。近几年来,随着库区农村经济的快速发展,因化肥、化学农药及畜禽粪便造成的农村面源污染日益严重,农村面源污染治理成为确保十堰水源区水质安全的重点和难点。2011 年 7 月 5 日至 13 日,湖北经济学院"中华环保世纪行——保护汉江"暑期社会实践团队赴十堰市开展农村面源污染综合调研。与此同时,课题组与省农业厅、环保厅等专家针对库区农村面源污染问题进行了入户访谈和问卷调查。根据湖北省和十堰市两级有关部门提供的基本资料,结合问卷、走访以及综合调研的情况,参考查阅有关湖北省农村面源污染防治的研究成果,形成本调研报告。

## 一、丹江口库区农业面源污染现状

丹江口水库在十堰境内水域面积 450 平方公里,大坝加高至 176.6 米后,水域面积扩至 620 平方公里。汉江为丹江口水库主要水源,过境流程达 216 公里,年均入库水量为 328 亿立方米,约占全库汇入量 364 亿立方米的 90%。汇入汉江的 12 条主要支流,有 10 条在十堰境内。同时,十堰境内 1000 多条大小河流均直接汇入丹江口水库。

### (一)丹江口水库及支流水质不容乐观

南水北调中线工程要求丹江口水库库区水质要达到国家地表水Ⅰ类水质的要求,国家规定,丹江口水库水源地水质总磷不能超过 0.02 mg/L,总氮不能超过 0.04 mg/L,氨氮不能超过 0.5 mg/L。2008 年十堰市污染源普查数据显示,入库控制断面白河水质为Ⅲ类;汉

* 本文是湖北省教育厅科技处重点项目:"南水北调中线工程核心水源区水源安全体制机制研究——基于农村饮用水国家新标准执行的实证分析"(项目编号:D20121902)和湖北水事研究中心课题"南水北调中线工程核心水源区水源安全对策研究"的阶段性成果。

** 丁银河,湖北经济学院思想政治理论课部副教授、湖北水事研究中心水安全研究所所长。

库浪河口下水质为Ⅱ类；丹江口水库（坝上）、丹江口水库台子山水质为Ⅲ类；引丹干渠清泉沟、陶岔水质为Ⅱ类；出库控制断面丹江口水库坝下粪大肠菌群落超标，水质为Ⅳ类。2010年，丹江口库区控制断面的水质监测结果显示，库区水质总磷在0.01—0.03 mg/L，总氮指标在1.2—1.6 mg/L，超过或接近国家Ⅱ类水质标准（总氮不超过0.5 mg/L，总磷不超过0.025 mg/L，氨氮不能超过0.5 mg/L）。通过对超标成分的分析，主要是因为污水、农药、化肥、人畜粪便及生活垃圾等面源污染物的排放。区域内总氮、总磷浓度仍超过库区水质要求标准，严重影响南水北调水质安全。不加快、加大面源污染防治力度，确保"一江清水向北流"将是一句空话。

### （二）畜禽养殖业是农业源 COD 排放的主要来源

根据2010年3月湖北省第一次全国污染源普查农业源结果报告，丹江口库区农业源COD（化学需氧量）产生量20888吨，占全省1.6%，化学需氧量COD排放总量3844吨，占全省0.83%。其中畜禽养殖业源COD产生20624吨，排放量3627吨，占94.4%，水产养殖业源COD产生263吨，排放量218吨，占5.6%，畜禽养殖业是农业源COD排放的主要来源。

### （三）种植业是总氮总磷排放的主要来源

农业源总氮TN排放量3838吨，占全省3.02%。其中种植业流失3229吨，占84.13%，畜禽养殖业排放量435吨，占农业源比重11.34%，水产养殖业排放量174吨，占农业源比重4.53%，种植业是农业源总氮排放的主要来源。农业源总磷TP排放量371.01吨，占全省2.86%。种植业流失总量271.85吨，占73.27%，畜禽养殖业排放量65.74吨，占17.72%，水产养殖业排放量33.42吨，占9.01%，种植业是农业源总磷排放的主要来源。

库区农业面源污染主要是通过地表径流引起的。由于生态破坏和山地生态特征，十堰市水土流失范围大，面积1785.8万亩，占国土面积的50.26%，平均流失模数0.5万吨/年·平方公里，年流失土壤2亿吨以上，相当于60万亩耕地的耕层土量。尤其是丹江口市、郧县、郧西县等库区县市，石漠化、荒漠化日趋加重。石漠化面积达433.1万亩。其中，重度和极度石漠化面积38.4万亩。流失土壤中营养物质的溶出，不断增加水体中氮、磷的含量，促进氮、磷等营养元素的富集，进而造成面源污染。

### （四）丹江口库区农村面源污染有逐步恶化的趋势

监测结果显示，随着经济社会的发展，丹江口库区水质有不断下降的趋势，农村面源污染已经成为影响库区水质的主要因素。TN、TP负荷主要为化肥及农药流失、水土流失、畜禽粪便污染。在TN负荷中，三者所占比例分别为40.37%、28.05%、20.93%，占总污染负荷的89.35%；在TP负荷中，三者所占比例分别为46.47%、40.35%、7.86%，占总污染负荷的94.69%。

化肥和农药使用总量呈逐年增加的趋势。据调查，十堰市化肥、农药使用量分别以每年 5.5％、7.1％的速度递增。2008 年,全市化肥使用总量(折纯)11.69 万吨,2010 年化肥总用量(折纯)12.84 吨,亩平均用量 38.4 公斤。化肥利用率仅 30％,大量的化肥通过地表径流直接进入水库,化肥流失对库区总氮的贡献率达 40.37％,总磷的贡献率达 46.47％。2008 年农药使用量 2617 吨,2010 年用量 2999 吨,亩均 0.9 公斤以上。由于农药使用方法不当,高浓度高残留农药品种使用较多,一遇暴雨,大量农药残留物流入丹江口水库。2008 年十堰市畜禽养殖粪便排放总量为 352 万吨,24.6％未经处理直接排放。据统计,十堰市现有规模化养殖场 54 个,养殖专业户 3600 余户,且其中 65％的规模化养殖场和 95％的养殖专业户分布在丹江口库区,其养殖活动对水源区水质安全状况产生直接影响。绝大部分分散养殖行为畜禽粪随意排放,综合利用率仅能达到 30％左右。据测算,畜禽粪便对库区总氮的贡献率为 20.93％,总磷的贡献率为 7.86％。通过对十堰农村农业面源污染调查本底数据分析,十堰市每年人的粪便排放量为 62.2 万吨,其中农业人口的排放量约 44.5 万吨,生活垃圾排放量 12.25 万吨。这些生活垃圾和粪便大都未经处理就直接排入水体,加剧了库区水质污染。

## 二、外源性污染产生的原因

课题组基于对丹江口库区农村面源污染的调查分析,认为导致外源性污染的原因有如下几个方面。

### (一)农村居民对面源污染的认识不足

库区面源污染物的排放主体是农民,农民对面源污染问题的认识程度决定着面源污染的防治效果。调查发现,库区农民受教育水平普遍偏低,对环保重要性认识不足。广大农民的环保意识比较淡薄,受到宣传教育的机会较少,既缺乏环境保护与可持续发展的理念,也缺乏遏制环境污染的主观能动性和权利意识。

在回收的有效问卷中,受调查农民的平均受教育背景在“小学及以下”占 47.2％,受“初中”教育的 33.7％,两项合计占 80.9％。在“是否了解无公害农产品(含水、畜禽产品)”中完全不知道和不回答的占 54.3％,听说过的占 35.0％,很清楚的只占 10.7％。

农业生产重视增加农业生产资料投入,忽视增加重视生产资料投入对农业生态环境的潜在危害,缺乏农业环境保护及农业面源污染防治意识。在对“不使用农药化肥或使用有机化肥是否农产品盈利的看法”问题回答中,回答“收入减少”的占 67.2％,回答“收入增加”占 11.9％,回答不出来的占 20.2％,其他回答的占 0.7％。在“今后您会减少化肥、农药的使用比例吗?”的回答中,不能减少的占 58.0％,减少 20％的占 19.0％。甚至在对“您知道本地是南水北调工程水源保护地吗”问题回答中,回答“完全不知道”的占 37.1％,回答“听说过”的占 40.9％,回答“很清楚”的只占 21.8％,其他回答占 0.3％。

在对环境污染和相关政策法律的认知调查表明,听说过农村面源污染的占 43.4％,完全不知道的占 37.9％,很清楚的只占 9.5％,没有回答的占 9.2％;对“你是否相信我国环境污染中有 60％来自农村面源污染”不相信的占 68.6％,不回答的占 9.7％;在对“对

生活影响较大的农村面源污染因素排序"问题回答中,97.4%的人无法回答。

目前的新农村建设规划中,缺乏环保处置的政策、资金等扶持,大多数建设项目没有配套建设畜禽粪便无害化处理设施,导致畜禽粪便随意排放和流失,污染周围土壤、水体及大气环境。由于农村面源污染具有分散性、隐蔽性、随机性、不确定性、广泛性、不易监测性和防治难等特点,因此农民对于农业面源污染的危害在认识上还非常不到位。在他们看来,他们的生产、生活方式并没有对环境造成危害。

### (二)农村面源污染防治的政府投入不足

长期以来,城乡分割、二元经济结构是农村面源污染加重的内因。农村面源污染防治存在投入障碍:几乎完全依赖政府投入,政府对农村的投入又很少。这种状况导致农村环保工作长期被边缘化,政府在降低农村面源污染的源头控制上投入不足,农村很少从财政渠道获得污染治理和环境管理能力建设的资金。一方面受经济条件的制约,农村环保设施建设严重滞后,道路、厕所、垃圾清运、给排水管网、污水处理设施建设不配套,给农村环境卫生治理带来极大的困难。已经建好的农村环保设施没有后续管理运行经费,导致其不能正常发挥效益。另一方面,针对农村面源污染防治没有专项经费做保障,没有专门的组织机构和人员对农村面源污染进行综合治理的系统研究,广大农业生产者普遍缺乏科学生产的知识和技能,科研公共投入严重滞后。环保工作是一项公益性很强的公共服务事业,一般没有短期投资回报或回报率极低,难于吸引社会资金。即便是小城镇市场规模也很小,环保基础设施的建设和运行也难于进行市场化运作。政府的主导投资不仅是在建设期还要涵盖运行管理全程才能扭转这种局面。这些间接影响了农民的行为,导致农村面源污染日益严重。

### (三)农村面源污染防治存在技术性障碍

由于缺乏对面源污染长期的基础性监测调查和研究比较,系统的基础性数据严重缺乏,导致有效的防控技术标准无法制定。部分农村科学技术普及程度不高,导致农业环保高新技术普及率较低,农业面源污染防治技术薄弱,大部分农区仍处于继续污染而无治理的状况。农业生产资料研发跟不上生产发展的需要。高含量的复合肥产品研究和开发不够、品种类型少,特别是高含量的生物有机肥更少。已研制开发的生物有机肥产品,肥效不理想、价格偏高、生产上难以接受。基层农技机构公益性推广服务严重不足,农民得不到科学施肥、用药等方面的必要培训。化肥洒施、面施、偏施和过量施用比较普遍,导致肥料利用率低,流失、污染严重。生产上多使用禁止使用高毒高残留农药,在一些地方的病虫害防治上,"有虫打三遍,无虫三遍打"的现象还存在。仍然使用的是传统的、不可降解的、非环保型的塑料薄膜。规模化畜禽养殖缺乏配套的废弃物处理设施。由于"打工经济"成为农民增收的一个重要方面,留在农村从事农业生产的以老弱为主,导致科学施肥技术、用药技术、无公害农产品标准化生产技术等先进的农业科技难以推广。已经采取了一些"绿色农业"示范区的措施,只是目前停留在局部地区,如何总结推广这些经验,推动面源污染防治由"点"到"面",仍需要时日。

#### （四）农村面源污染防治中政府管理不善

农村面源污染防治涉及农业、环保、水利、林业、经济等领域，防治部门交叉且职责不明确。农业部门在促进产业发展和保护环境这两个目标之间，往往倾向于促进产业发展。而环保部门对于面源污染问题，又起不到直接的防治作用。其他部门也不积极配合管理部门履行职责，这就导致面源污染管理存在一种真空状态。不同部门和行业的制度和政策间缺乏协调机制，有利益就争，无利益就相互推诿，结果导致了各部门之间在面源污染的防治上职责不清，权责不明，互相推诿，面源污染防治效果有限。农业环保政策和监督监察机制不健全，缺少必要的化验设备及专项经费，制约了工作的正常开展。

#### （五）农村面源污染防治缺乏法治保障

访谈发现，农民对于已有法律法规并非完全不了解，但由于种种原因，法律执行和遵守问题较大。丹江口市蔡家渡庄子沟村一橘农的"算数逻辑"就很好地印证了这一点，"譬如，我过量施用农药化肥可以增收 10 万元，即便被相关部门抽检后罚款 2 万元，我还有 8 万元收益，更何况很多时候根本没有相关部门来实施惩罚措施。"该橘农的例子，一方面体现了我国法律执行的薄弱，另一方面也反映了农民守法意识淡薄。在丹江口市的广大农村，监管不力的局面同样存在。各级政府鲜有定期组织人员下乡检查建设社会主义新农村中要求的村容村貌是否整洁。村委会对于农民污染环境、破坏生态的各种行为也睁只眼，闭只眼，监管乏力。

在回答有关农业生产方面的法律规定问题时，知道"禁止在蔬菜、瓜果、茶叶、中药材、粮食、油料等农产品生产过程中使用剧毒、高毒、高残留农药"占 34.8％，"农民和农业生产经营组织对盛装农药的容器、包装物、过期报废农药和不可降解的农用薄膜，应当予以回收，不得随意丢弃"占 6.6％，"禁止在饮用水水源一级保护区内从事餐饮、旅游、体育、娱乐、放养畜禽、投肥（药）养殖和其他可能污染饮用"占 2.3％，"从事畜禽、水产规模养殖和农产品加工的单位和个人，应当对粪便、废水和其他废弃物进行综合利用和无害化处理，达到国家或地方标准后，方可排放"占 1.7％，不知道的占 54.6％。在"如果大家知道了这些法律，您觉得身边的其他人都会遵守吗？"的回答中，"都会遵守"的占 15.5％，"没有人会遵守"占 15.8％。在回答"不遵守法律的原因"调查中，回答"违反规定也没什么惩罚"、"别人都不遵守，我也不遵守"、"太麻烦了"占 49.2％。

## 三、农村面源污染的防治措施

通过以上分析，我们可以得出结论：库区面源污染是影响库区水质的主要原因，库区水污染防治重点是面源污染防治，而面源污染重点是农村面源污染。对丹江口库区来说，解决问题的关键在于构建政策框架和配套制度，同时有关机构应向农民宣传面源污染的危害、成因和防治方法，地方政府应当鼓励和推动农民采用有效的技术措施、积累成功的管理经验。以保护生态环境为宗旨，以加强农村面源污染监测与管理为基础，以合理增加农民收入为突破口,以推广科学技术为依托,促进库区农业可持续发展。

为促进库区农村面源污染防治工作的顺利开展,在农村生产生活中应做到"三转变"、"四提高"和"五化"。"三转变"是指耕地利用与保护从传统粗放型向现代集约型转变;化肥、农药、灌溉水等农业投入物质从经验低效型向精准高效型转变;农业环保技术指导及信息处理由模糊滞后型向数控超前型转变。"四提高"是指耕地每亩有机肥施用量提高,化肥利用率提高,低毒高效农药施用量提高,可降解农膜使用量提高。"五化"是指参与主体多元化,投资主体多元化,结构调整生态化,支撑体系科技化,治理机制法制化。其中,重点是"五化"。

### (一)参与主体多元化

库区农村面源污染的防治,需要政府、企业、群众等各个群体共同参与,同时,需要针对不同受众选择不同的宣传与教育方式、渠道及内容。

(1)政府主导。要跳出长期以来就治污论治污、抓治污、难治污的传统思维定势,创造性的从提高库区农民参与治污能力入手,追求库区生态、经济、社会三赢目标,激发库区广大农民治污的积极性、主动性和创造性,提高农业面污防治的有效性和可持续性;各级政府要特别重视面源污染防治的法规、政策、管理和教育等非技术性措施的建设,重视技术措施和非技术措施的协调和互补,通过宣传、培训、补贴等多种手段积极引导农民践行绿色生产和绿色消费;建立和完善环境与发展综合决策机制、水污染防治和水土保持工作部门联席会议制度、库区农业面源污染专项治理制度,及时研究解决工程建设和生态保护工作中的各种矛盾和问题。

(2)专家扶助。调查数据表明,农民的认知和参与对知情程度直接相关,建议组建环保、农业、水利、法律等方面的专家组,定期对库区农民进行环保知识、科学种田、法律法规、饮水安全、面源污染、水权维护、绿色食品等相关内容的培训。

(3)农民参与。面源污染与农民生产生活息息相关,农民环保意识的提高是面源污染防治取得成功的重要因素,但是提高农民的环保意识是一个相当长的过程。

(4)志愿者服务专业化、基地化。建立一批环保基地,选拔培养环保志愿者,环保组织依托环保基地开展常态化、规范化、多元化的环保志愿服务活动。

### (二)投资主体多元化

库区农村面源污染治理是一项复杂工程,治理时间长、难度大、成本高。由于国家对农业环境保护的投入相对不足、欠账多,因此必须建立资金筹措长效机制,争取多方支持,调动社会参与的积极性,为农村面源污染治理提供足够与稳定的资金支持。

(1)政府投资。设立农村环保公共基金,按照城乡公平原则,充分发挥公共财政作用,每年安排一定的资金用于加强农业环境保护和建设;建立农村面源污染防治专项资金,实施"两清"、"两减"、"两治"、"两创"工程;开展农村面源污染责任保险试点,探索农村面源污染风险评估、损失评估、责任认定、事故处理、资金赔付等各项制度;设立库区面源污染生态补偿资金。

（2）市场融资。初步建立"政府引导、社会投入、市场运作"的库区农村面源污染治理投融资机制；通过发行水环境保护专项治理债券、筹集环保产业发展专项资金、成立生态环境保护投资公司等形式广泛吸纳社会资本，设立市场化运作的生态保护基金；吸纳国际组织、非政府组织、生态保护组织以及民间各界捐赠资金。

（3）农民出资。建立村级环保专项资金募集制度，村委会定期向村民收取一定的环境治理费用用于农村环境整治与公共环境卫生设施建设，做到"账务公开、专款专用"。

### （三）结构调整生态化

加强生态农业建设，是实现库区环境优化、农民增收、扶贫开发三个长效机制的科学发展之路。发展高效生态经济，重点是建设现代生态农业，核心是开发特色生态产业，保障是生态农业项目建设。

（1）分等分区形成网络化监测。将库区划分为"生态安全红线区"、"生态安全黄线区"、"生态安全蓝线区"，分区进行有效治理，并在此基础上形成网络化监测。

（2）积极开展农业面源污染防治生态种养模式研究。利用现有资源和技术，重点研究各种生态种养模式，建设一批生态农业庄园、生态林园、有机茶园、生态旅游区等；针对山区立体分层农业特点，分层开发、分类指导，兴办高山、中山、低山、库区、城郊等五维生态农业示范区；充分发挥生态农业整体、循环、再生、协调的功能，逐步实现农业生产资源利用合理化、农村经济高效化、农业生产无害化、农民家居清洁化，推动农业可持续发展。

（3）加大水土流失生态化治理。研究生物埂覆盖固土模式；以小流域治理为重点，实施山、水、田、林、路、电综合治理，控制水土流失；加强河道治理，建设多种水利设施，有效控制干支流的泥沙转移；加快营林步伐，大力开展绿化造林，退耕还林，封山育林，推进林业生态建设，建设生态屏障。

（4）重点研究和推广库区农村面源污染控制模式。重点研究和推广库区农田面源控制（生物护坎＋农田排水渠道植草＋田间道路半硬化＋农业种植结构调整）、村落面源源头控制（村落排水沟渠系统整治＋农业固体废物资源化＋农村生活污水生态处理）、会流至沟渠的面源输移控制（地表漫流系统＋沟塘结合处理系统）和小流域出口汇流控制湿地处理模式组成的库区清洁小流域面源污染控制等模式。

（5）加快库区农村农民生态建设。积极培育"生态农户"，生产上，提倡致富项目生态化；生活上，提倡庭院绿化，推广使用沼气、太阳能、液化气、电等清洁能源；进一步实施农村生态环境建设，实施"四化"（道路硬化、村容净化、干道亮化、村貌绿化）工程；在重点流域、重点区域优先建设一批农村生活污水处理示范工程；实施生态移民，将偏远山区分散的农户、水土流失较严重、生产生活条件较差的后靠移民迁移到生产生活条件较好、人口相对集中的地区。

### （四）支撑体系科技化

治理好库区农业面源污染，关键在于坚持依靠生态科技，激活农业环保的内在动力，实现节本降耗，科技环保。

(1) 摸清水源区农业面源污染本底数据。尽快开展库区面源污染现状普查,对十堰市各乡镇村农业面源污染的基本情况进行系统分析和检测分析,形成系统、完整的本底数据,同时开展重点地区农业面源污染监测与防治示范,为农村面源污染防治提供可靠信息;建立和完善农业环境、农产品质量安全监测体系。

(2) 研发创新一批农业面源污染综合防治新技术。有关部门在库区将农药、化肥控制区划分为重点控制区、主要控制区、一般控制区,对重点地区进行重点监控,最大限度降低农药化肥等造成的农业面源污染;探索库区农业面源污染地表径流水监测方法和检测技术,确立符合库区农资使用品种和方法的检测指标;推广库区农村测土配方施肥、合理用药、免耕、绿肥种植等技术;集中做好生态养殖、农村替代能源、生物脱氮沟、生物防治病虫草害等技术集成创新,发挥整体综合防治功效,净化库区生态环境,减少农业面源污染。

(3) 加大水土保持技术研发和工程建设力度。利用 GIS、RS 和 3S 等技术对库区土壤侵蚀区划分析,采用生物工程技术,进行坡面、溪沟退化生态系统恢复技术研究与模式示范;针对库区不同类型的退化生态系统,从生态系统类型划分、乡土物种筛选、植物种群配置、快速栽植以及后期抚育管理等方面形成库区退化生态恢复技术体系;在库区水源涵养林建造分区和在造林整地、栽植及混交系列关键技术改善的基础上,确定以防蚀功能为主的高效水源涵养型林草植被空间结构配置模式。在适当的区域构筑必要的拦水截沙饮水槽、拦沙坝、山塘等工程设施,有效减少泥沙冲刷。

### (五)治理机制法制化

目前,我省在农村面源污染防治立法方面已颁布《湖北省农业生态环境保护条例》、《湖北省实施〈中华人民共和国渔业法〉办法》、《湖北省实施〈中华人民共和国水法〉办法》、《湖北省实施〈中华人民共和国农产品质量安全法〉办法》等多部地方性法规,上述法规对农药、化肥的使用,畜禽粪便、垃圾的处理,土壤、水体的保护有所涉及,但需要在具体实施上下工夫。

(1) 加强法治建设。迅速出台相关配套立法,提高立法的操作性,完善我省农村面源污染防治地方立法。要转变立法思路,研究出台以经济刺激、技术扶持为主的农村水污染防治"促进法",重点是对农业生态补偿、农业面源污染控制技术和农村水污染防治服务业的扶持,以及农业循环经济、农业清洁生产推广等。

(2) 加大农业政策扶持的力度。防治农村面源污染、控制农业投入品的使用数量和改善农村环境,必须切实加大农村的政策扶持力度,促进执法活动健康有序开展。通过建立有机食品和绿色食品生产基地,鼓励农民施用有机肥料,发展有机农业,同时通过对化肥、农药等征收氮税、磷税或环境浓度税的办法来补贴有机农业生产,对有机农业给予扶持。

# 南水北调水源地农村面源污染社会治理机制研究[*]

王　腾[**]

2014 年,南水北调中线工程即将全线通水,农村面源污染防治是当前各级政府和社会各界普遍关注的环境与资源重大问题,也是关系到水安全、食品安全等重大民生的突出问题。目前,农村面源污染已成为南水北调中线工程水源地主要的污染来源,包括水产养殖污染、农业种植污染、畜禽养殖污染等。其中,仅水产养殖污染对丹江口水库水体富营养化的贡献率即达 40% 以上。为提高饮水安全,确保"一库清水送北京",强化南水北调中线工程水源地农村面源污染防治工作,2011 年 7 月 5 日至 13 日,湖北经济学院"中华环保世纪行——保护汉江"暑期社会实践团赴湖北省丹江口市开展田野调查,对丹江口市和农村的农村面源污染现状进行了综合调研,针对丹江口市农村水资源保护现状进行了入户访谈和问卷调查。本次调查在农村地区发放问卷 821 份,回收有效问卷 800 份。课题组根据湖北省和丹江口市两级有关部门提供的基本资料,结合问卷、走访以及综合调研的情况,参考查阅到的有关湖北省农村面源污染防治的研究成果,形成了本专题调研报告。

## 一、丹江口库区农村面源污染现状及特点

### (一) 面源污染现状

南水北调工程是我国一项重大战略性基础工程。国务院 2006 年 2 月批准的《丹江口库区及上游水污染防治和水土保持规划(2004—2010)》的规划目标是丹江口水库的水质长期稳定达到国家地表水环境质量标准(GB3838—2002) Ⅱ 类要求。多年水质监测资料表明:丹江口水库总氮浓度指标在 1.2—1.6 mg·$L^{-1}$ 之间,低于地表水 Ⅱ 类标准,只达到 Ⅳ 类标准;总磷在 0.01—0.03 mg·$L^{-1}$ 之间[①],低于或接近 Ⅱ 类水质标准,严重影响南

* 本文得到 2012 年度教育部人文社会科学研究青年基金项目《农村面源污染防治法律实效研究》(12YJC820082)、湖北省教育厅重点项目(D20102203)和湖北水事研究中心课题(2011B005)的资助。

** 王腾,湖北经济学院讲师,武汉大学社会学博士。

① 赵文耀、胡家庆:《丹江口水库流域面源污染现状分析》,载《南水北调与水利科技》2007 年第 2 期。

水北调水质安全。据文献资料报道,面源污染对多数湖库的贡献率已超过50%。[1] 因此,正确认识丹江口库区水源区面源污染特征与存在的问题,对控制整个库区水污染举足轻重。基于此,课题组分批赴丹江口、张湾、郧县、郧西及周边地区开展实地调研,发现目前这些地区农村面源污染状况依然不容乐观,其主要表现在以下方面:

（1）农业生产中对农药、化肥、药物的不合理使用导致残留物污染。

其一,农业生产中大量使用农药和化肥。调查显示,丹江口市农业生产中化肥施用量呈现逐年增加的趋势(图1),南阳境内库区流域属农业主产区,种植业占主导地位,在农业生产中需要投入大量的农用生产资料。据调查推算,化肥、农药对库区总磷超标的贡献率超过75%。以化肥的施用为例,据测算,南阳市所属的丹江口水库水源地4县37个乡镇111.4万亩耕地年化肥投入量为4.35万吨(折纯),用量最大的是氮磷化肥,化肥的使用方法多为抛洒浅施且一年多次施用。化肥在使用过程中只有30%—40%的利用率,剩下的约60%—70%残留于环境中。化肥流失造成的污染十分惊人,农田径流带入地表水体的氮占人类活动排入水体氮的51%。流失的化肥多以溶解态进入水体,造成江河湖及地下水的污染,形成水体富营养化。而根据丹江口库区控制面水质监测结果,目前丹江口水库水质主要为总氮超标,在枯水期,部分断面 COD 和氨氮含量等已接近Ⅱ类水标准的临界值。

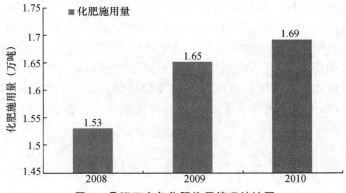

**图 1　丹江口市年化肥施用情况统计图**

其二,水产养殖中投肥养鱼、滥用药物现象严重。湖北省水产养殖的废水一般以本省的湖库和内河为受纳水体,仅集约化养殖(网箱、围栏和精养池塘)就排放了全省近30%的农村面源污染物。在丹江口库区,由于养殖管理技术落后和不合理的饲料配方,过渡投肥养鱼导致向水体排放的营养物过多,污染水体的现象大量存在。此外,丹江口市水产养殖中滥用药物的现象也不容忽视,滥用、乱用药物的现象十分严重,且药物针对性不强,治疗效果差,还会导致严重的药物残留等问题,既污染了环境,又降低了水产品的质量。

---

① K. Isermann, "Share of Agriculture in Nitrogen and Phosphorus Emissions into the Surface Waters of Western Europe against the Background of Their Eutrophication", *Fertilizer Research*, 1990, 26(1—3), pp. 253—269.

（2）畜禽粪便任意排放。

随着我国畜牧业的发展，规模化的畜禽养殖已成为农村面源污染的主要来源之一。资料显示，在我国水环境中，来自畜禽养殖粪便中的总磷、总氮比重达到53％，接近和超过了来自工业和城市生活的点源污染。

据调查统计，丹江口水库汇水区现有规模养殖场超过200个，畜禽散养情况普遍，年畜禽粪便排放量超过826万吨，养殖户对于畜禽粪便的处理率较低，仅有24％的养殖户表示对粪便进行了集中处理（见表1），大部分粪便排放随意性强，使得氮、磷等大量富营养物质直接或间接排入库区，造成环境和水体水质的直接污染。在本次调查的乡镇地区，畜禽养殖多为家庭散养，畜禽如猪、鸡、鸭等粪便排放随意，大多数处理程序只经过简单的自来水冲洗，极易进入水体，据研究推算，畜禽粪便进入水体的流失率可达25％—30％。这些含有氮、磷、等富营养化物质的粪便直接或间接地流入河流，对库区水质将造成严重后果。

表　1

| 调查内容 | 受访者回答 | 比例 |
|---|---|---|
| 丹江口养殖户粪便排放处理清理 | 无管理 | 59％ |
| | 集中处理 | 24％ |
| | 乱扔 | 13％ |
| | 无执行 | 4％ |
| 丹江口受调查用户调查处理情况 | 随便乱扔 | 61％ |
| | 集中处理 | 37％ |
| | 不记得 | 2％ |

（3）农村生活、生产垃圾处理不当。

农村的生活垃圾主要是固体垃圾和生活污水。不可降解的固体垃圾漂浮水面，造成河道堵塞，影响水的自净速度；农村生活污水随地表径流直接流入河流，或渗入地下，以地下水的形式最终影响河水水质，导致河水富营养化。丹江口库区水源地有三十多个乡镇，由于缺乏有效的生活污水、生活垃圾处理设施，生活污水和垃圾长期直接排放和丢弃，污染地表水和地下水。按照目前农村每人每天产生的生活垃圾量0.86公斤计算，一天就会产生垃圾1720000公斤。目前，在丹江口市新港开发区陈家港村有一家污水处理厂——丹江口污水处理厂，主要用于处理丹江左岸市区的城市生活污水和工业废水。而丹江口市农村地区的生活污水却缺乏一个有效的处理系统，污水处理率低，污水直接排入河流，直接影响丹江口库区的水质。

农业生产垃圾在一定范围内还没有得到妥善处理，造成河水污染。松涛库区是整个丹江口库区渔民居住较为集中的区域之一，成立有专门的丹江口市宏丰水产品专业合作社，共有入社渔民176户。在水上居住的渔民们生活垃圾的处理方式主要有三种，液体垃圾直接排入水中；固体垃圾随意丢弃在旁边的山上；垃圾集中填埋、集中焚烧。由于填埋、焚烧耗时耗力，超过50％的渔户表示通常将生活垃圾随意倾倒在库区岸边的山上。对于排入水中的液体垃圾，渔户们则认为不仅不会污染水质，相反可以喂鱼。实际上，鱼类含氮的排泄物中约80%—90%为氨氮,水体中氨氮可以通过硝化作用转化为硝态氮,或形成氮气,当氮气积累到一定程度时会导致鱼类中毒,鱼量减产。

(4)水土流失导致河流水质变差。

水土流失是导致河流水质变差的另一大原因。受地形和人为因素的影响,水土流失常常造成河道阻塞、水库淤积。同时,由于部分地区土壤中残存农药、化肥等有毒、富营养化物质进入河流之后,导致河流的水质变差。丹江口库区水土流失是自然和人为原因共同造成的。从当地的自然环境看来,库区周边地区地形破碎复杂,植被覆盖率较低,水源地土壤以黄褐土、黄粘土或红粘土为主,对降雨冲击的抵抗力较弱,经雨水冲刷后极易形成水土流失。从人为方面看来,大量砍伐山中林木,导致植被覆盖率进一步下降,水土保持功能降低,易造成山体滑坡和水土流失。在调查过程中,水土流失造成水质变差的实例集中表现在山丘众多的地区。如在丹江口市习家店镇蔡家渡地区,由于水土流失造成山体滑坡,土壤中残留的柑橘种植过程中施用的农药、化肥随土壤流入河汊中,进而影响河汊水质,影响当地渔业的发展和农民生活用水安全。

**(二)丹江口水库地区农村面源污染特点**

作为南水北调水源地,丹江口水库其周边农村在面源污染方面具有一些区别于其他地域的特点:

(1)农村面源污染源分布广,污染物复杂。

以郧西县河夹镇为例,仅在该镇内就有生活垃圾、畜禽粪便、水产投肥、农药化肥、乡镇企业等各种污染来源。其中面源污染来源的生活污染达75%之多(表2)。多数农民在自家田地上进行耕作,大多数农民在给农作物施肥时没有专业人员的指导,农民喂养畜禽的粪便随意处理,渔业养殖户向水中随意投肥等等都广泛存在。这种"多点多面"式农业面源污染的状况将会加大该地区污染治理的难度。

表2 丹江口水库地区面源污染种类调查统计

| 种类 | 生活垃圾污染 | 畜禽粪便污染 | 水产养殖投肥 | 农药化肥污染 | 乡镇企业污染 |
|---|---|---|---|---|---|
| 比例 | 31% | 24% | 8% | 12% | 25% |

(2)农业生产水平低,造成农药化肥需求量较高。

近年来,丹江口库区农村经济发展水平较落后,导致该地区大量农村青壮劳动力转移到城市(如图2对张湾村年龄分布抽样调查显示,该村25—35岁青壮劳力仅占全村人口的4%),为了提高农业的生产效率,留守的妇女和老人多会选择使用化肥、农药等农业生产用品。在他们看来施用化肥来提高土地肥力相比施用农家肥而言,是人力成本较小且效果明显的方法,使用农药来杀灭害虫保护农作物也是必要的。在调查过程中,我们计算出农民每年用于购买农药、化肥等的花费大约在3000—5000元,施用前虽会参考使用说明或向农技站技术人员请教,但在实际使用过程中往往都是大面积撒洒,存在农药、化肥使用不当的问题。

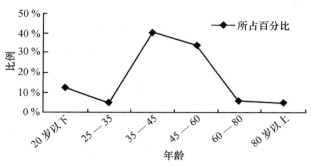

图 2　郧西县张湾村年龄分布状况图

（3）农村新建的生态环保基础设施利用率低，导致不必要的污染。

在丹江口市余家营村、习家店镇李家湾村、蔡家渡庄子沟村等村镇，生态厕所、沼气池、环保垃圾箱、完善的排污管道等基础设施已不鲜见，利用率却不高。以环保垃圾箱为例，在蔡家渡庄子沟村调研小组看到不少环保垃圾箱、垃圾集中池内或长满了杂草，或堆上了材枝，或沉积了污水。据村民介绍，村内虽然设置了专门的环保垃圾池，但并没有要求村民将生活垃圾集中放置，对乱扔乱倒垃圾的行为也没有任何处罚措施。而且环保垃圾池的清污频率很低，有些垃圾池几年也不清理一次，任由垃圾长期堆放。垃圾的无害化处理率很低，时间一长，村民对自家的生活垃圾还是随意乱倒。

（4）库区百姓受教育程度低、环保意识普遍不高导致污染。

从受教育程度上来看，丹江口水源地地区农民受教育程度较低。其中，教育背景为小学程度以下的占46％，拥有初中文化水平的农民占总调查对象的34％，而本科和大专水平的农民人数仅占5％（表3）。由于农民的受教育程度普遍偏低，缺乏专业的种植或养殖知识，因而导致在种植作物或养殖水产品时，往往不能按照科学的方法施用化肥、农药，进而造成污染。在环保意识方面，通过我们的调查发现仅有较少的调查对象了解农村面源污染的相关情况，79％的村民表示未接触到相关知识。这说明在调查地，农民不清楚农村面源污染是什么，更谈不上防治农村面源污染。

表 3

| 调查内容 | 受访者回答 | 比例 |
|---|---|---|
| 受访居民受教育程度 | 小学及以下 | 46％ |
| | 初中 | 34％ |
| | 高中 | 11％ |
| | 中专 | 4％ |
| | 大专 | 3％ |
| | 本科 | 2％ |
| | 博士（研究生） | 0％ |
| 丹江口农村面源污染了解情况 | 完全不知道 | 79％ |
| | 听说过 | 18％ |
| | 很清楚 | 3％ |

（5）农药化肥利用率低下。

以柳陂镇农业化肥的使用情况为例，柳陂镇化肥每年利用率在50％左右，而农药每年的利用率在30％左右.也就是说，每年有将近50％的化肥和70％的农药没有得到有效利用，这些农药化肥的残留严重的威胁当地水环境安全。

此外，在走访中，近80％以上农户表示，农事活动中他们都是按照长期以来的经验施用农药、化肥。据农户们介绍，一般一亩地该施用多少农药、化肥，自己心里是有数的，通常不会严格按照使用说明书上的标准来操作。在问卷调查中，农户们几乎都对过量施用农药化肥反而会对农业生产造成不利影响没有清晰的认识。这种依靠经验的做法对于农民来说是一个"理性"的选择，一方面这样做最安全，因为习惯来讲，这种种植方式可以给他们带来更大的收成，能保证他们的经济来源。另一方面，因化肥、农药的使用并未对他们的生产生活带来直观的不利影响，也没有什么利益动机促使他们转换这种生产方式。这将导致依靠经验的农业生产方式进一步得到延续与强化。

## 二、丹江口地区农村面源污染治理难点

### （一）村民自身因素

（1）农民受教育水平普遍偏低，对环保重要性认识不足。

教育水平的高低直接影响一个人的思维方式、对事物的认知程度以及行为模式。问卷统计结果显示丹江口市农民的平均受教育水平为小学。因为受教育程度低，农民对"可持续发展"、"无公害产品"、"生态农业"等概念鲜有甚至可以说没有了解，更不清楚农村点、面源污染的含义、成因、危害等环境保护知识。在果农、渔民、菜农们看来，他们的生产、生活方式并没有对环境造成危害。走访丹江口市习家店镇庄子沟、张家村两个村时，橘农普遍反映苦于在柑橘种植中逐年加大化肥农药的使用量，造成种植成本太高，收入太低，却没有认识到正是逐年增加化肥农药的使用量，造成了汉江水质的急剧恶化。相反不少农民还片面地认为自家的化肥农药没有直接排入汉江当然对水质没有污染。而住在江边的渔民则认为往自家的网箱里投肥料和含有添加剂的鱼饲料并不会造成汉江水质的变坏，反而自家养的鱼还会净化水质。

（2）短期利益与长远利益博弈，造成短视行为。

在丹江口市周边村镇内，常能看到"走可持续发展之路"、"构建资源节约型、环境友好型社会"的宣传标语，但实际情况是这些宣传条幅所包含的理念没有落实在村民的行动中。当短期的经济利益与长期的生态利益发生冲突时，村民常常不惜为了眼前的经济利益而牺牲环境，而生态恶化带来的"苦果"他们自己也慢慢品尝到了。在走访习家店联合砖瓦厂周边的渔民时，有渔民指着打鱼库区对岸的山坡痛心地说："近年来，库区对岸小山坡上的树木遭到砍伐被改造成农田后，山区植被覆盖遭到破坏，地表变得裸露，涵养水源的能力下降，下雨后雨水携带大量泥沙流入河中，严重影响了库区的水质，对水产养殖也极为不利。"

（3）农村保护生态环境的舆论氛围尚未形成。

同居住在钢筋水泥搭建的框架式建筑中的城市居民相比，农村居民的房屋布局则显得更加易于人际交流和沟通。从这个角度来说，农村建立起生态环保的舆论氛围将比城市更加具有约束力和监督力，也相对更容易。但现阶段这只是一种美好愿景：一方面由于村民没有意识到环保的重要性；另一方面缺乏必要的组织领导机构，所以农村保护生态环境的舆论氛围亟待引导。

### （二）政府因素

（1）政府对农村环境保护的投入不足、配置的资源短缺。

长期以来，我国存在着对农民环保科普教育重视不够，工作滞后等问题，城市与农村在环保科普教育资源的享有上差距极大，农村的环保科普教育几乎接近空白，难以适应社会主义新农村建设的需要。自 2008 年金融危机以来，各国政府开始实施一些刺激经济的计划。在这些计划中，环保产业作为新兴产业得到了各国政府大量的资金投入。目前，我国中央政府的 4 万亿元人民币经济刺激计划中，有 2100 亿元将投入到环保产业中，地方政府和民间的绿色投资也很可观。但广大农村的环保绿色投入，却没有引起政府的重视。

（2）相关部门对农民日常的不利于生态环境的生产、生活方式缺乏监管。

长期以来，我国广大农村就不是国家环保监管的重点地区。正因为如此，"我国环境污染中有 60％以上来自农村面源污染"的研究成果让很多城镇居民，农村居民瞠目结舌。在丹江口市的广大农村，监管不力的局面同样存在。各级政府鲜有定期组织人员下乡检查建设社会主义新农村中要求的村容村貌是否整洁，村委会对于农民污染环境、破坏生态的各种行为也睁只眼、闭只眼，监管乏力。蔡家嘴庄子沟村的一户种植柑橘的农户说："我们很少看见有政府人员进行走访，在我们这一片，政府对于环境的监管不够。"

（3）政府环保宣传方式单一且没有针对性，效果有限。

一个地区人们环保意识的强弱，和当地政府的宣传是紧密相关的。由于大多数农户受教育有限，没有条件或能力去接受相对专业的环保知识，因此地方政府定期对农户进行环保科普宣传是很有必要的。调研期间，调研小组发现几乎每个村庄的房屋墙面上都印有环保宣传标语，这种宣传教育虽然具有宣传范围广、警示性强的优势，但也存在着诸多弊端，例如：宣传内容较少，涉及的专业知识不足；流于形式，导致村民对其重视程度不够；由于一些村民不识字，导致宣传无效；宣传更新得比较慢，宣传的标语往往在墙上存在多年，村民对环保知识缺乏必要的更新。

### （三）社会条件因素

十堰地区农村自然条件差。根据《十堰市社会主义新农村建设总体规划（2006—2010）》，全市农村人均占有耕地低于全国、全省平均水平，60％以上的耕地为瘠薄的坡耕地。兴修丹江口、黄龙水库淹没耕地 29 万亩、山林 18 万亩。南水北调中线工程建设又将淹没耕地 25 万亩，人多地少的矛盾将会更加突出。旱灾、洪灾、阴雨低温和风暴冰雹等自然灾害频繁发生,滑坡、塌方、泥石流等地质灾害危害严重。农业综合生产能力弱,农业基础设施薄弱,抗灾能力和科技服务水平较低。农业装备落后,农业服务体系不够完善,农业生产经营规模偏小,农产品加工转化率低,农村市场发育不够,农业资源配置效率不高,农村经济的组织化和市场化程度低下,尚未步入高产出、高效益的良性发展轨道。

此外,十堰地区县域经济发展水平较低。2005年六县市人均生产总值仅为4090元,远低于全国、全省平均水平。县城工业实力比较薄弱,2005年县域工业增加值占GDP比重仅为29.2%,低于全省县域平均水平6个百分点,城镇化发展缓慢,对农村剩余劳动力的吸纳能力较低,以城带乡、以工促农的机制尚未形成。农村社会公共事业发展滞后,山大人稀,居住分散,基础设施建设投入大,社会事业发展成本高,农村公共服务水平低,上学难、就医难、行路难、购销商品难等问题没有得到根本解决。这些因素共同导致了当地农村面源污染治理的困难,为国家南水北调水源地水质安全带来隐患。

# 三、社会治理机制设计

农村面源污染治理是一个系统工程。从目前实施的效果看,单纯依靠国家强制管理的一元模式存在很多问题,这种传统管理模式在现阶段丹江口地区农村的实施存在着以下五个方面的难点:第一,农民文化水平不高,他们没有足够的知识储备理解环保的重要性,也没有切身感受到环保与他们的日常生活有何种相关性,他们的认识大多还只停留在以生存为目的较为短视的农业耕作上,没有考虑到社会公众利益以及长远利益。第二,丹江口是一个有众多国家级贫困县的经济落后地区,当地的经济发展主要还是靠农业,当地老百姓的收入也主要依靠农业。在这种条件下,农民无心也无力去发展低污染的绿色农业,因为这样势必将会使其农业生产成本上升、作物减产,导致收入下降。第三,丹江口水库周边地区地方财力不足,导致农村环保基础设施建设相对滞后。第四,政府舆论宣传影响力较低,无法对农民长期延续下来的生产生活习惯给予实质性的干预。而且,长期的这种无说服力的宣传手段,将会给老百姓一种"做做样子"的假象,导致政府公信度的下降。第五,农村很多家庭青壮年人口常年外出打工,村内民主自治积极性不高,老人们更关注的是自家的农田与生活,很少参与村里的事务。因此,要提高该地区面源污染治理的效果,真正让政府的政策能最终落实到库区广大农民的行动上,就必须采取多元综合的治理手段。我们从该地区治理的难点出发,以政府、社会组织两个方面来设计具有现实执行力的社会治理机制。

## (一)政府社会治理观念转变与管理创新

(1)在社会治理理念上变"管理"为"服务"。

社会治理理念从"管理"到"服务"的转变,是社会治理机制从传统向现代转变的重要标志。首先,这种转变代表了现代社会治理机制范式的转型。"把提供服务作为政府的一项重要职责,这是传统行政所没有规定而为现代行政所必须,体现了行政模式和行政观念的彻底转型。"①其次,这种转变是现代社会治理机制的发展趋势。这种转变要求社会治理主体在社会公平的基础上更加强调社会责任和民主价值,并将社会公众的需求作为治理主体存在和发展的前提及其改革、组织设计方案应遵循的目标。管理的科学高效与否,在很大程度上取决于管理对象的满意度。丹江口库区的农村面源污染问题,说到底是政府的管理在一定程度上偏离了农民的需求,管理与服务没有有效的统一。通过调查,我们发现只要政府加以适当的引导,库区农民将会配合政府参与到环保事业中来,农民环保的意愿也会很高(如图3)。只是政府没有提供这样的平台,且宣传效果不明显,宣传太空洞,无实质内容,缺乏操作性,大多为一些政策性语言,老百姓无法理解到这些宣传的价值是什么。因此,政府应多为库区农民做一些"知识性输入",要积聚人、财、物,把环保知识下乡作为落实农村环保宣传工作的重要手段。只有如此,农村环境保护宣传工作才会做到有的放矢,而不是农民面对宣传无所适从。

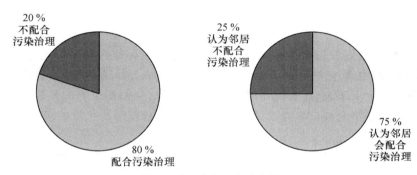

**图 3   农民参与环保积极性**

（2）在社会治理主体上实现从单方向多元的转化。

传统社会治理机制最典型的特征就是单方性,这种单方的治理机制有一个优势就是刚性强,只要治理到位效率也较高。然而,农村治理的一个关键难题就是这种缺乏弹性的治理方式在传统生活习惯根深蒂固的农村社会运作起来困难重重,特别是丹江口水库周边农村这样一个较为贫穷落后的地区,要想让农民改变过去那种生产生活方式,对他们来说是一个不小的负担。因此,农村面源污染需要走多元化的治理之路。

实现社会治理主体从单方向多元的转化,其实就是在保留原有行政机关社会治理主体地位的同时,承认并积极支持民间组织的发展,尊重社会公众的社会主体地位。因此,丹江口地区政府在对农村面源污染进行治理的过程中应尊重并发挥群众的治理能力:首先,环保投入村民要有监督权,政府对于农村环保的投入要透明公正,村民可以对政府资金的到位与使用情况进行监督,这是保障政府资金投入效率的基础环节。村民是资金使用的直接受益者,他们最了解资金的使用情况,农民的参与为政府提高管理效率,提高资金使用效率提供重要的支持。其次,环保投入来源要多样化。丹江口市及其郧县、郧西县等都属于国家级贫困地区,政府环保资金的投入与环保需求相比还存在一定差距。应

---

①  崔运武、高建华:《服务行政:理念及其基本内涵》,载《学术探索(昆明)》2004 年第 8 期。

加大资金筹措力度,要吸引社会资金参与环保事业,形成政府、社会、个人等多元化投资机制,研究发行环保债券、环保彩票的可行性。再次,推进农村水污染防治运营市场化和服务专业化。借鉴城市公共环保设施建设和运行市场化的成功经验,从财政、税收、信贷、价格等渠道制定优惠政策,为农村水污染防治运营的市场化提供条件。培育专业农村水污染治理服务机构,实现投资主体多元化,运营主体企业化,运行管理现代化。最后,还要积极争取国家南水北调工程政策资金,加大国家对当地环保基础设施建设的投入,并通过生态补偿的手段,进一步提升农民环保参与的自觉性与积极性,使政府与农民在农村环保方面利益一致。

（3）社会治理方式上要从单纯依靠行政手段向行政手段与经济手段并重方向转化。

我国农村面源污染过去的治理是以行政方式为主要手段,国家以及地方制订了许多环保法律、法规来对农村居民的污染行为进行规范,但施行的结果却没有真正做到"执法必严,违法必究"。其原因是农民违法成本低,法律法规没有多大的约束力。另外,通过我们的调查（表4）,发现大部分农村居民在实际生产生活过程中都不会遵守法律法规,其原因是如果遵守,他们的农业收益就会大大降低,这表明即使国家严格执行法律规定,对于广大村民来说,也会违法违规,其结果是法律权威的荡然无存。因此,政府一方面要在加强法律执行力上下工夫,让农民知道国家法律是具有强制约束力的规范;另一方面,要寻求更加多样的经济机制以填补农民在遵守这些环保规范时所付出的代价。

表 4

| 问题 | 选项 | 百分比（%） |
|---|---|---|
| 周围人会否遵守环保相关规定 | 都不会 | 17 |
| | 大部分人不会 | 56 |
| | 少部分人不会 | 22 |
| | 都会 | 5 |
| 周围人违法投放肥、药养殖的原因。 | 不投肥、药养殖,赚钱太少 | 49 |
| | 缺少不投肥、药养殖的相关技术 | 27 |
| | 违反规定也很难被抓住 | 14 |
| | 就算是被罚款也比不投肥、药赚钱 | 10 |

要在丹江口库区周边农村这样一个经济发展滞后地区实现农村面源污染的有效治理,经济刺激机制显得尤为重要。美国的密西西比河流域一直为面源污染所困扰,位于该河流下游的路易斯安那州作为美国传统的农业区更是深受含氮污染物富集之害。密西西比河河口已经成为世界上最大的"死亡地带"之一,生物多样性和渔业受到了严重影响。从20世纪80年代末开始,该州环境质量厅开始加大面源污染治理力度,1987年州环境质量厅根据《清洁水法修正案》设立了州清洁水循环基金（CWSRF）,向社区提供低息贷款,以帮助社区兴建或升级污水处理设施,以及开展面源污染治理与河口环境改善项目。迄今已有4亿美元贷款被发放给社区。其中,任何人都有资格申请面源污染治理与河口环境改善贷款。到了1993年,更设立了面源污染管理项目（NPS Program）,治理农林生产、城市暴雨冲刷、道路建设、独栋房屋污水系统、水电建设或改造以及沙石开采

等带来的面源污染。此后，又将州水源地保护项目(SWPP)和州面源污染治理项目(NPS Program)协同运作，对运转不灵的污水系统进行替换、升级或拆除，以及教育公众维护好这些设施。2008年1月，州环境质量厅正式启动路易斯安那州清洁水域规划(Louisiana Clean Water's Plan)，计划到2012年使受损水域(环境不达标水域)减少25%。路易斯安那州的面源污染治理措施中比较有代表性的有流域实施计划(WIPs)、水源地保护项目和地下水环境质量监测，同时针对城市暴雨冲刷、道路建设、居民污水处理、水电建设或改造、沙石开采以及海岸环境退化等面源污染问题，都设立了专门的治理项目。[①] 美国政府的做法是以环保基础设施建设项目为依托，利用政府信用吸引金融手段为项目投融资，最终实现对面源污染的有效治理，这对于丹江口地区农村面源环保事业的开展具有重要借鉴意义。

**（二）发挥社会组织沟通协调功能，进一步提高政策执行的效率**

（1）发展农村社会组织，赋予其充分的权利。

在广阔的农村地区建立类似于城市、完全由财政负担的环保监管体制并不现实，需要依靠国家和社会的共同力量建立农村环境保护网络。首先，推动国家环境保护行政主管机构向农村的延伸。现阶段宜在经济较发达、工业企业较集中、环境污染较严重的重点乡镇设立环保派出机构。其次，大力推动农村环保自治，成立农村环保自治组织。环境保护是一项重要的农村公共事务，完全可以充分发挥村民的主体作用，进行以制订环保村规民约、成立环保自治组织、举办环保自治听证等公众参与为主要形式的环保自治。实际上，湖北已有一些关于农村环保自治的有益实践。如漳河水库提出了"依靠村民组织、提高自律意识、推动公众参与、共建和谐库区"的工作方针，先后在库区8个村组开展构建水政监察社会监管网络试点工作，与村民委员会签订协管协议，聘请村民为义务协管员，依靠基层村民组织和沿库群众共同参与管理，取得良好效果。在将这些经验进行总结和提升的基础上，可以将成熟的经验通过立法的形式加以规范和推广。

（2）发挥经济合作组织作用，大力发展绿色农业。

农村经济合作组织是通过农业生产者自发组织形成的一种互助的非法人组织，这种组织的优点是可以实现农村各生产单位之间信息以及资源共享、风险共担，有助于农业生产的规模化、降低生产成本、提高生产效率。在当前农村集体经济尚不发达的丹江口库区，经济合作组织极不发达，其引导农业生产、发挥地域农业企业集团优势的作用没有得到实现。据统计，丹江口全市无集体经济收入的空壳村2008年有107个，占行政村总数的46.5%。从空壳村的分布来看，大都处于交通相对封闭，自然资源开发利用率不高的地区，如官山镇、白杨坪林区、牛河林区、大沟林区，所辖村基本上没有集体经济收入。这样的情况导致当地经济发展缓慢，农民生产积极性降低，对于以散户为主的农业生产无法考虑发展成本较高的绿色农业。因此，要想实现农村绿色农业经济的发展以从源头实现面源污染的防治，需要发挥农村经济合作组织的作用。在现阶段，要想实现丹江口

---

① 刘新字：《路易斯安那州面源污染治理的启示》，载《环境经济》2011年第5期。

全市农村集体经济以及经济合作组织的发展与壮大尚不现实,但农村基层管理者,如村委会要充分发挥其组织协调的优势,提高政府资金的使用效率,要在引导村民发展集体农业的基础上,积极吸引外资,全力支持村级经济合作组织建设,扩大集体经济规模,提高农业产品竞争力。同时,经济合作组织也要加强农业技术引进,加大市场信息供给等方式鼓励集体农户发展绿色农业,使当地农业发展走上快速健康之路。2010 年,通过产业结构调整,郧县柳陂镇就扩大蔬菜基地面积 1350 亩,产量 2.9 万吨,产值 3300 万元,农村蔬菜专业合作组织、专业协会和龙头企业初步建立,到目前为止,发展"柳绿"、"洪绿"、"川绿"等蔬菜专业合作组织、专业协会 10 多家。培植市级蔬菜加工型产业化龙头企业 1 家。[①] 可以说,郧县独特的地理环境和大规模的蔬菜种植基地以及郧县政府对无公害蔬菜产业化的重视使得郧县无公害蔬菜的产业化发展呈现一种良好的态势。

(3) 提升村民环保意识,建立多元的村民环保参与机制。

农民环保参与并发挥其应有的作用,必须仔细研究设计机制,并在合适的地方稳步推行。农民的环保参与可以分为直接参与间接参与,故建立农民参与机制就可以分为直接参与机制与间接参与机制,而设立直接参与机制又分为正式参与和非正式参与两种情况。

首先,对于直接参与机制而言,要从两个方面展开设计:一方面要依托村民自治组织,建立环保公众参与机制,这一机制的设立可以为农民正式参与环保提供渠道、创造机会。统计显示,农民个人收入水平较高、经济发展水平较高以及教育设施与环境良好的地方更适合推广这种机制。另一方面,对于农民的非正式参与,更多的是需要基层组织的宣传与引导,县级机构可以对农村环境管理进行考核,并为其提供技术上的指导。对于非正式参与机制的设立,从我们的调查来看,教育背景因素及务农的项目与其有显著关系。具体来讲,对于受教育水平高的农民,或是从事水产养殖的农民,其自觉从事环保行为的习惯较好。因此,要提高农民的非正式参与意识,需要从提高广大村民的受教育水平方面着手解决。另外,从事水产养殖的农民因其工作需要可能在日常更容易养成一种环保的习惯,所以可以积极引导他们参与到正式性的环保组织中来,发挥其作为农民的宣传与示范作用。其次,对于间接参与机制而言,就是要建立村级环保专项资金募集制度,用农民自己的钱治理身边的环境污染,尤其是农村的面源污染,这种做法一方面可以为环境治理提供足够与稳定的资金支持,另一方面可以在村民中强化一种污染者付费的责任意识,进而可以间接提升环保意识。

---

① 数据来源:郧县农业局蔬菜办公室资料。

# 政策评估

## 水库移民后扶政策的实施

　　国家对"舍小家，保大家"的移民出台了一系列后期扶持政策，为把中国改革开放的成果惠及广大人民而积极努力。湖北是全国第二的移民大省，近两百万的移民，他们是否享受到了政策、感受到了温暖、获得了利益，我们在关心，国家也在关心。国家要求，必须由第三方对移民后扶政策的实施情况进行监测评估，以保证人民得实惠，政府得民心。由湖北省移民局和湖北经济学院共同成立的"湖北省大中型水库移民后扶政策监测评估中心"就是这样的第三方，请看他们的监测评估报告。

# 湖北省"十一五"期间大中型水库移民后期扶持政策实施情况监测评估报告<sup>*</sup>

湖北省大中型水库移民后期扶持政策监测评估中心

湖北是全国移民大省,移民工作是湖北"天大的事"。多年来,湖北省委、省政府高度重视移民工作,并将大中型水库移民后期扶持作为湖北的一项重大民生工程常抓不懈。2006 年 5 月,国务院《关于完善大中型水库移民后期扶持政策的意见》(国发[2006]17 号)颁布以后,湖北省委、省政府迅速召集相关部门认真研究政策精神,组建调研专班,对全省移民人口分布、移民生产生活状况、移民群众愿望、库区和移民安置区经济社会发展状况等进行大规模摸底调查,在此基础上,相继颁布实施了《湖北省大中型水库移民后期扶持政策实施方案的通知》(鄂政发[2006]53 号)、《湖北省大中型水库农村移民后期扶持人口核定登记办法》(鄂移[2006]175 号)、《关于印发湖北省大中型水库移民后期扶持基金使用管理暂行办法的通知》(鄂财社发[2006]108 号)、《湖北省大中型水库移民后期扶持项目管理办法(试行)》(鄂政办发[2007]118 号)、《关于印发湖北省小型水库移民后期扶持资金征收使用管理暂行办法的通知》(鄂财社发[2008]93 号)、《湖北省大中型水库库区基金征收使用管理实施细则》(鄂财综发[2008]31 号)等一系列配套文件。这些政策文件既全面把握了中央移民后扶政策,又紧密结合湖北的省情实际、创造性地把中央移民后扶政策具体化,充分体现了以人为本、实事求是的原则。

五年来,在湖北省委、省政府的正确领导下,湖北省大中型水库移民后期扶持政策实施情况总体良好,后扶工作成效明显。通过建立"政府领导、分级负责、县为基础"的移民管理体制,创新"原迁移民资金直补和增长人口项目扶持相结合"的移民后扶方式,强化"政策兑现、资金安全、移民满意、社会稳定"的目标要求,高度关注民生和发展问题,突出改善库区和安置区的基础设施及移民的住房条件和生活环境,加快产业发展步伐,完善公共服务体系,使全省库区和移民安置区面貌发生了显著的变化,移民的生产生活水平

　* 本报告是《湖北省大中型水库移民后期扶持政策实施情况监测评估报告(2006—2010 年)》的节选,由湖北经济学院成立的湖北省大中型水库移民后期扶持政策监测评估中心组织完成。项目负责人:吕忠梅(湖北经济学院教授、院长,湖北水事研究中心主任)、张奋勤(湖北经济学院教授、党委副书记);报告执笔人:曹礼和(湖北经济学院教授、湖北省大中型水库移民后期扶持政策监测评估中心主任)、詹峰(湖北经济学院副教授、湖北省大中型水库移民后期扶持政策监测评估中心副主任)、薛吉宝(湖北经济学院信息管理学院党委书记)。

有了很大提高。同时,在政策实施过程中,不断加强资金和项目的监管,尊重移民的知情权、参与权和监督权,千方百计筹措资金,着力解决移民的行路难、用电难、饮水难、上学难、就医难,以及非农业户口移民、淹地不淹房人口、小型水库移民等矛盾突出的连带影响问题,缓解了不稳定因素,保障了库区和移民安置区社会基本稳定,移民后期扶持政策深入人心,移民群众对后扶政策的实施比较满意。

为了全面了解和掌握湖北省大中型水库移民后期扶持政策实施情况,跟踪监测、评估后扶资金使用情况和后扶项目实施效果,在湖北省政府和省移民局的支持下,湖北经济学院成立了湖北省大中型水库移民后期扶持政策监测评估中心(以下简称"监测评估中心")。根据湖北省移民局和湖北经济学院的双方合作协议,监测评估中心从 2009 年起以第三方身份独立开展了湖北省大中型水库移民后期扶持政策实施情况的监测评估工作。三年来,监测评估工作覆盖了全省 48 个县(市、区),定点监测了 200 个移民村,走访移民 2 万余人次,发放问卷 11000 份,涉及不同时期、不同类型水库的各类移民 30 万人,获取了大量的第一手资料,建立了基础数据库。通过定点跟踪、动态监控、随机抽样等多种方式,初步摸清了"十一五"期间湖北省大中型水库移民后期扶持政策实施情况。湖北省的监测评估工作受到了水利部移民开发局领导的充分肯定,2009 年 12 月的广西北海会议、2011 年 7 月的辽宁大连会议都应邀作了典型发言。

根据《关于开展大中型水库移民后期扶持政策实施情况监测评估工作的通知》(发改农经[2011]1033 号)精神,监测评估中心依据三年来连续定点监测、随机抽查和专题调研所掌握的情况及积累的数据和资料,按《大中型水库移民后期扶持政策实施情况监测评估工作纲要》的基本要求,对湖北省"十一五"时期大中型水库移民后期扶持政策实施情况进行了全面评估,形成了《湖北省大中型水库移民后期扶持政策实施情况监测评估报告(2006—2010 年)》。我们力求较为全面地反映湖北移民后扶工作取得的巨大成绩、较为客观地评价湖北移民后扶政策实施效果及需要加强、改进的方面,现将部分内容节选如下:

## 一、湖北省大中型水库移民基本情况

湖北省水资源丰富,长江、汉江横贯全省,加上受亚热带湿润气候影响,境内水网密布,素有"千湖之省"的美誉。从 20 世纪 50、60 年代至今,国家在湖北投建了大批水利枢纽工程,如黄龙滩水库、丹江口水库、葛洲坝水库、三峡水库,仅"十一五"时期就新建水库 13 座。截至 2010 年末,全省经国家核准有安置移民的已建及在建大中型水库共有 359 座,总库容 1017.36 亿立方米,总装机容量 3006.96 万千瓦,设计年发电量 1875.4 亿千瓦时,年供水量 210.7 亿立方米,灌溉面积 1633 万亩。这些水库在防洪、发电、灌溉、供水、生态等方面发挥了较好的作用,为湖北省乃至全国的经济社会发展作出了较大贡献。特别是南水北调中线工程,通过丹江口水库加坝调水,年调水量达 95 亿立方米,让沿线近两亿人口受益,正成为支撑京津和华北经济板块的水源大动脉。

水利水电工程大省也使湖北成为全国的移民大省。2006 年国家核定湖北省大中型水库移民 186.23 万人,到 2010 年末,湖北省大中型水库登记移民现状人口为 198.52 万人,其中原迁移民 85.97 万人、增长人口 112.55 万人,湖北移民人口总数居全国第二。

湖北省水库移民分布具有大分散、小集中的特点,全省 103 个县(市、区)中,安置移民的有 97 个,涉及 1064 个乡镇和 15365 个行政村(组)。约 82% 的移民集中安置在襄阳、十堰、黄冈、荆门、宜昌、咸宁和随州等 7 个地市,其中襄阳安置移民人数约 32 万人,为全省安置移民最多的地区。安置移民人数超过 5 万人的县(市、区)共计 11 个,分别是郧县、丹江口市、钟祥市、通山县、枣阳市、宜城市、随县、广水市、襄州区、黄陂区、麻城市。移民分布相对集中在库区、山区和革命老区,约 43% 的移民安置在大别山区、武陵山区、秦巴山区和幕阜山区等国家和省级扶贫开发重点区域,其中秦巴山区安置移民 31 万人,占全省移民总数的 15% 以上。在多次大批移民动迁的过程中,移民群众舍小家、顾大局,牺牲自己的生存与发展利益,为国家经济社会发展作出了巨大贡献。国家和湖北省及地方各级政府科学筹划、精心组织,千方百计地保障移民群众基本生存条件,千方百计地做好移民群众的思想工作,力保社会稳定,投入了大量的人力、物力、财力。然而,尽管实施国家移民后扶政策使湖北移民群众的生活水平、库区和移民安置区的基础设施建设及经济社会发展状况有了很大改观,但与全省平均水平相比,库区和移民安置区还存在基础设施相对薄弱、产业发展相对不足、社会事业发展相对滞后、资源环境形势严峻、社会安全稳定隐患依然存在、移民群众生产生活条件落后、增产增收难度较大等问题。

## 二、湖北省移民后期扶持政策实施总体情况

湖北省委、省政府历来高度重视移民工作,2006 年 5 月国务院《关于完善大中型水库移民后期扶持政策的意见》(国发[2006]17 号,以下简称国务院 17 号文件)颁布以后,湖北省委省政府立即组建由省长挂帅、副省长和政府相关部门主要领导组成的全省移民后扶工作领导小组。在经过大量调查研究移民群众意愿、认真分析库区和移民安置区经济社会发展实际的基础上,湖北省政府出台了《湖北省大中型水库移民后期扶持政策实施方案的通知》(鄂政发[2006]53 号,以下简称湖北省 53 号文件)。要求坚持以人为本,建立政府领导、分级负责、县为基础的移民管理体制,全面启动实施湖北省大中型水库移民后期扶持工作。2010 年,省政府又将大中型水库移民后期扶持工作纳入全省"十二五"经济社会发展规划,作为湖北的一项重大民生工程进行统筹部署。

五年来,湖北省各级政府和移民管理部门紧紧围绕"政策兑现、资金安全、移民满意、社会稳定"的目标要求,做了大量艰苦细致、卓有成效的工作,保证了全省大中型水库移民后期扶持政策得到较好的贯彻落实,主要表现在:一是根据核实的原迁移民人数,严格按照"直补到人、一人一卡(折)"的要求,足额发放了原迁移民直补资金,直接拨付到人的直补资金总额 22.02 亿元,直补资金发放到位率平均达到 97% 以上(未发放人员主要为自然减员、部分外出打工未归移民和少量错登人口等)。二是增长人口项目扶持有序推进,收效良好。2006—2010 年,扶持再搬迁安置、基本口粮田及农田水利设施配套、基础设施、生产开发等项目 39825 个、危房改造 5849 户,落实移民增长人口项目扶持资金

25.40 亿元。三是库区和移民安置区基础设施和经济发展规划顺利实施,抓住基础设施、农田水利、生产开发三个主要方面,实施了"六改五通"工程和移民培训计划,扶持各类项目 4128 个、危房改造 6269 户、培训移民 80821 人/次,投入资金 10.11 亿元。通过移民后扶政策的有效实施,移民收入增加,基础设施和生活环境明显改善,项目扶持方式得到新增移民、基层干部和原住村民的理解和支持,库区和移民安置区社会稳定,移民群众比较满意。

## 三、湖北省移民后期扶持政策实施效果

### (一)移民收入水平稳步提高

"十一五"期间,湖北省下拨到两区的移民基金和水库基金共计 57.53 亿元,其中用于原迁移民直补后扶资金 22.02 亿元,用于增长人口项目建设的后扶资金 25.40 亿元,用于两区基础设施和经济社会发展项目建设的库区基金 10.11 亿元。五年累计安排各类基础设施和经济社会发展项目 43953 个。通过资金直补和项目扶持,移民收入水平稳步提高,与当地农村居民收入水平差距大幅缩小,相当部分贫困移民脱贫。截至 2010 年末,全省移民人均纯收入达到 4905 元,五年间年均增长 14.1%,快于全省农村居民收入平均增速,近二十万贫困移民基本脱贫。

### (二)生产生活条件得到改善

"十一五"时期,两区的基础设施建设步伐明显加快,移民的生产生活条件得到较大改善。耕地后备资源开发完成 47.03 万亩,土地整理 73.98 万亩,土地利用效率明显提高。新增灌溉面积 45.82 万亩,改善灌溉面积 163.48 万亩,农业灌溉用水有效利用系数达到 0.45。完成集中供水工程建设 1767 处,分散式供水工程 9319 处,64.01 万移民的饮水安全问题得到解决。"一建三改"为主的沼气工程建设有序推进,完成小型沼气工程 208 处,完成大中型沼气工程 17 处,新增农村沼气用户 15.45 万户,移民沼气普及率达到 28%。修通各类村组道路 8.88 万公里,重点移民村已实现户户通路,道路条件优于非移民村,制约移民村经济社会发展的交通瓶颈问题得到较大缓解。通过农村"户户通电"工程和移民村配电网络工程的实施,两区无电户用电难问题得到有效解决,移民生产生活用电保障能力得到较大提高。"村村通电话、乡乡能上网"步伐明显加快,两区新增有线接入电话 9.72 万户,无线电话用户 16.48 万户,宽带网接入用户 6.34 万户。完成 15228 个 20 户以上自然村(盲区)的广播电视村村通任务,两区广播电视覆盖率进一步提高。完成移民危房搬迁(改造)2.84 万户,部分移民住房条件明显改善。

### (三)产业发展步伐不断加快

"十一五"时期,两区产业发展步伐明显加快,为两区经济发展和移民增收打下良好基础。农业生产得到较快发展,农业板块基地建设成效明显,建设优质稻、"双低"油菜、

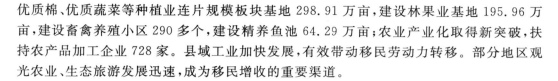

优质棉、优质蔬菜等种植业连片规模板块基地 298.91 万亩,建设林果业基地 195.96 万亩,建设畜禽养殖小区 290 多个,建设精养鱼池 64.29 万亩;农业产业化取得新突破,扶持农产品加工企业 728 家。县域工业加快发展,有效带动移民劳动力转移。部分地区观光农业、生态旅游发展迅速,成为移民增收的重要渠道。

### (四)生态环境状态明显好转

"十一五"时期,两区生态环境不断改善。生态建设取得积极成效,天然林保护、退耕还林、长江中下游防护林体系建设、林业血防等重点林业生态工程加快推进,两区森林生态状况进一步改善。水土流失综合治理步伐不断加快,完成水土流失治理 700 多平方公里,保土能力不断增大,退耕还林成果得到巩固。水环境治理逐步深入,大中型水库水质总体达到功能要求,丹江口水库、漳河水库水质保持在 II 类水质以上。地质灾害治理顺利推进,三峡库区、鄂西南山区的部分地质灾害集中发育地段积极开展地质灾害治理,塌岸、滑坡、泥石流等问题得到有效缓解,避免了多起因地质灾害可能造成的居民伤亡事故和财产损失。农村环境整治初见成效,完成一批污水处理设施和垃圾处理设施建设,实施一批绿化、亮化工程项目,农村面源污染得到积极控制,一些移民示范村建设取得先进经验。

### (五)公共服务体系进一步完善

"十一五"时期,两区社会事业投入不断加大,基本公共服务体系进一步完善。农村义务教育投入力度不断加大,完成寄宿制中小学学校改扩建 931 所,新建、改扩建校舍 427 万平方米;广泛开展移民职业教育和劳动力技能培训,完成职业技能培训 71.51 万人,转移农业劳动力 80.76 万人;推进文化信息资源共享、农村电影放映、农家书屋等重点文化惠民工程建设,新建乡镇综合文化站 641 个,村文化室 3497 个。农村公共卫生投入力度加大,以县级医院、乡镇卫生所和村卫生室为主的三级医疗服务体系不断完善,完成村卫生室改扩建 4330 个,行政村卫生室覆盖率达到 87% 以上;农村新型合作医疗参合率达到 93%。社会保障水平进一步提高,农村养老保险新增参保人数 37.09 万人,新型农村养老保险参保人数达到 58.55 万人。

### (六)库区和移民安置区社会稳定

"十一五"时期,严格落实国务院 17 号文件,移民管理工作步入正轨,移民管理机制、工作机制不断完善。五年累计完成移民干部培训 3.78 万人次,移民干部政策水平和业务素质不断提高。广泛利用工作简报、杂志、网络、电视电台等媒体,进一步加大政策宣传力度,移民积极配合扶持政策和项目的意愿进一步加强。后期扶持管理机制不断完善,推广应用"移民后扶管理系统",切实落实"转户管理"、"县级报账"、"资金直达"等管理制度,严格落实后扶项目实施"四制"(合同管理制、招投标制、监理制、验收制),移民人口、后扶项目及资金管理水平不断提高。成立湖北省大中型水库移民后期扶持政策监测评估中心,移民后扶跟踪监测、定点监测、动态反馈机制基本建立。移民稳定工作长效机制基本建立。移民群众来信来访人(次)数逐年下降,矛盾化解力度进一步加大;移民稳定工作机制基本建立,市、县、乡、村四级移民信息反馈网络基本完善,县级移民稳定工作预案均已制定,重大矛盾纠纷挂牌督办和领导包案制有效实行,两区社会管理水平不断提高,社会大局保持和谐稳定。

# 四、评价与建议

## (一)总体评价

党和国家实施大中型水库移民后期扶持政策,是一项惠及千百万水库移民的重要民生工程,湖北省委、省政府高度重视,成立省长牵头、政府各主管部门主要负责人为组成人员的移民工作领导小组,坚决贯彻落实党中央国务院水库移民后期扶持政策,把移民后扶作为一项重大民生工程纳入"十二五"全省经济社会发展规划进行统筹规划,不断加强对地方各级政府在水库移民后扶工作的领导和管理,为湖北做好移民后扶工作提供了坚强政治保证。湖北省移民局作为移民后扶工作的政府主管部门,坚决贯彻党中央国务院和省委省政府移民后扶政策精神,主动与有关政府部门和地方各级政府协作,在充分调查研究的基础上制定实施了一系列符合湖北省情的移民后扶工作政策措施,不断完善管理体制机制、政策制度体系,不断完善移民后扶政策实施情况的管理、监督、评估机制,积极探索推进移民后扶工作的有效举措,为湖北做好移民后扶工作发挥了关键作用。湖北省各级政府和移民部门按照党和国家水库移民后扶工作"政策兑现、资金安全、移民满意、社会稳定"的目标要求做了大量工作,保证了全省大中型水库移民后期扶持政策实施状况逐年向好发展。五年来,通过后期扶持,全省大中型水库库区和移民安置区基础设施条件明显改善,移民群众收入逐年增长,生产发展后劲提升,生活环境日益好转,社会秩序总体平稳,库区和移民安置区所在地方政府和移民群众对后扶工作满意度较高。

(1)政府重视,责任主体明确。

2006年以来,湖北省委、省政府多次召开移民后扶工作专题会议,研究贯彻落实国务院17号文件精神,责成省移民局会同相关部门进行了全面深入的实地调研,在此基础上作出了一系列重要决策,规定从2007年起省级财政预算每年安排1000万元作为移民后扶工作经费,确定了"县为基础"的移民后扶工作管理机制,明确了移民后扶工作的责任主体,按照移民工作属地管理原则,县(市、区)主要领导为移民后扶工作第一责任人、分管领导为具体责任人,发改委、财政、移民、水利等部门各司其职,分别履行规划、资金监管、流程管理、技术支持等职能。

(2)制度完备,政策符合实际。

五年来,省政府和政府主管部门把制度建设作为做好移民后扶工作的基础,根据湖北省大中型水库库区和移民安置区的实际情况,制定实施一整套规章制度,规范移民后期扶持资金使用和项目管理。省政府下发了《关于印发湖北省大中型水库移民后期扶持政策实施方案的通知》(鄂政发[2006]53号)、《关于印发湖北省大中型水库移民后期扶持项目管理办法(试行)的通知》(鄂政办发〔2007〕118号);省移民局、省财政厅下发了《关于印发湖北省大中型水库移民后期扶持基金使用管理暂行办法的通知》(鄂财社发〔2006〕108号);省监察厅下发了《关于严格执行大中型水库移民后期扶持政策严明工作纪律的通知》(鄂监察发〔2007〕2号);省移民局出台了《湖北省大中型水库农村移民后期扶持人口核定登记办法》、《湖北省大中型水库农村移民后期扶持试点工作方案》、《湖北省大中型水库移民后期扶持规划编制工作大纲》、《湖北省移民群体性事件应急预案》、《关于贯彻落实大中型水库移民后期扶持政策中几个问题的意见》等配套性文件,这些政策较为科学严密,有效地保证了全省移民后扶工作的稳步推进。

(3) 尊重民意,后扶方式合理。

在充分听取基层政府、移民干部和移民群众意见的基础上,按照国务院17号文件"一个尽量、两个可以"的基本原则,湖北省政府确定了"原迁移民现金直补到人、新增人口实行项目扶持"的指导性意见,并通过广泛、深入、反复地宣传,得到了大多数移民群众的理解和认可。各县(市、区)在后扶方式的确定过程中,坚持协商讨论、科学选择、上下结合,由移民和移民村群众充分讨论协商或由村委会召开民主听证会和一事一议等办法民主确定。一是后扶项目选择充分尊重移民意愿。湖北省移民局要求各地在移民项目的选择上必须征求移民群众意见,并有具体的文字记载,要求各村移民代表会议"会前通知到人,会中讨论充分,会后齐心协力",测评数据显示后扶项目申报的移民代表签字率达到80%以上。二是项目实施过程必须让移民群众参与管理、监督。各县(市、区)建立了移民代表参与项目管理的机制,在项目实施的各个环节都有移民代表全程参与项目管理,较为充分地体现了移民群众的"知情权、参与权和监督权"。三是对移民增长人口实施项目扶持的方式,实现了集中财力为群众办实事的效应。对于新增人口分散,资金较少的移民村,多数县市在采取"推磨转圈、整村推进"办法的同时,捆绑整合交通、水利、农业综合开发等强农惠农资金,很好地解决了移民资金少、项目难选择的问题,办了许多过去想办而办不了的事情,建成了一些有长效性、受益面宽的项目,增强了移民后扶工作的力度和效果。

(4) 资金安全,项目管理规范。

对于移民后期扶持资金和项目管理,各地按照省政府确定的"县级负责,部门主管,乡镇组织,村组实施"的原则,建立了比较完备的管理制度和工作机制。一是省政府和省移民局、省财政厅实施严格的移民后扶资金管理办法,把资金安全作为落实后扶政策的头等大事抓住不放,收到了良好效果。各县(市、区)能够严格执行《湖北省大中型水库移民后期扶持基金使用管理暂行办法》(鄂财社发〔2006〕108号)的规定,各县(市、区)财政局都设立了"移民资金专户",由专人负责管理,定期接受审计。二是项目资金管理严格执行"县级报账"制度,按照年度计划和项目实施情况,先验收后报账,资金直达建设单位,有效防范了移民后扶资金被挤占、挪用等情况,违纪违规现象较少。三是在项目管理上严格执行"移民村作为项目实施主体"的原则,全省各县(市、区)均明确规定:移民村为后期扶持项目的实施法人,移民项目由村民委员会负责实施,村民委员会主任是甲方代表人,按照法人负责制、合同管理制、招投标制、监理制、验收制、公示制等有关规定,对后扶项目实施全程、全面的民主管理。严格项目实施有效地保证了后扶项目施工规范、资金安全、质量可靠,保证了完工项目能够对移民生产生活发挥实际作用。

(5)统筹兼顾,力求后扶实效。

湖北省移民局积极引导各地统筹兼顾移民的生存和发展问题,在通过后扶工作帮助移民解决温饱问题的同时,积极筹划推进库区和移民安置区经济社会发展。一是针对全省不同库区和移民安置区存在的突出问题,因地制宜、突出重点,按轻重缓急分步解决问题。在老移民安置区,重点解决特困移民的危房改造等突出问题,项目规划中投入6971.87万元,改造特困移民危房6269户;在地质灾害频发库区,重点解决滑坡体区域移民安全问题,如长阳县多方筹集资金及时搬迁了隔河岩库区居住在滑坡体上的30多户移民,确保了移民的生命财产安全;在基础设施薄弱的库区和安置区,重点解决交通不便、出行难等问题。二是积极筹划、编制库区和移民安置区基础设施建设和经济发展项目计划,全省按照核定移民人均140元标准确定投资规模,主要安排库区和移民安置区基础设施项目,5年共安排经济发展项目4128个、投资10.11亿元;同时,积极筹措资金,支持经济发展项目,到2010年底已征收库区基金6.24亿元,为推动实施库区和移民安置区经济发展项目提供了可能。

(6)化解矛盾,维护社会稳定。

五年来,湖北省各级党委、政府以解决移民生产生活困难、化解各种矛盾为抓手,努力维护移民的合法权益,对维护库区和移民安置区的社会稳定起到了决定性作用。一是认真对待移民信访工作。省移民局专门成立了信访处,专门督办各县(市、区)的移民信访工作,在全省开展了移民重信重访问题和矛盾纠纷大排查大调处专项活动,开通"行风热线"接访,派出专门工作组,解决重点移民信访问题,排除矛盾纠纷。对排查出来的问题和潜在的不稳定因素,实行挂牌督办和领导包案制,按照"一个问题,一名领导,一个专班,一套方案,一抓到底"的要求落实信访工作。二是抓好事前防范和预警工作。各县(市、区)基本完善了市、县、乡、村四级移民信息反馈网络,及时发现和掌握移民的思想状况,把矛盾纠纷解决在基层、化解在萌芽状态。三是督促各县(市、区)制订移民稳定工作预案,有针对性地强化维稳工作措施,建立起了移民稳定工作长效机制。四是落实维稳工作责任。市、县、乡、村均落实了移民稳定工作责任单位和责任人员。这些办法和措施既维护了移民群众的利益,又从机制体制上为库区和移民安置区的社会稳定提供了保障。

### (二)问题与建议

(1)政府牵头、多部门联动的移民后扶工作管理体制和机制在执行中存在许多实际困难。

尽管中央注意到了这一问题,国家发改委等14个部委联合发文的《关于促进库区河移民安置区经济和社会发展的通知》(发改农经〔2010〕2978号)也有很强的针对性,但是越往基层执行起来越困难。移民后扶工作牵涉的部门太多,县乡基层政府部门人员又有限,特别是扶持发展性项目类型多、需求大、移民群众期望值高,在立项、资金筹措与管理、施工过程管理等诸多方面,需要多方集中磋商、集中履行必要的管理程序,缺一个部门、少一个环节都会拖延项目进展,影响实施效果。

建议加快移民后扶工作法制化进程,通过立法保护移民群众根本利益,由立法规定各级政府、部门和水库受益区域的权力、责任和义务,立法规定移民后扶资金的财政筹资渠道和投入规模、投资方向,立法保护民间资本参与移民扶持项目工程建设,依法从根本上解决管理体制机制不顺的问题。

(2)中央财政投入与湖北省库区和移民安置区经济社会发展的实际需要相比缺口很大。

湖北省移民人口规模大、分布广,而湖北的财政实力有限,对中央财政有极强的依赖性。"十一五"期间,中央下拨到湖北省各类移民后期扶持资金 56.97 亿元,湖北省累计下拨到各县(市、区)各类移民后扶资金 57.53 亿元,其中两区项目规划资金仅 10.11 亿元。资金少、项目分散,解决不了库区和移民安置区发展的根本问题,扶持力度与移民群众的期望值还有很大差距。

建议中央财政增加移民资金规模,以加大对移民重点省份库区和移民安置区的资金投入。同时,考虑对管辖库区和移民安置区的县(市、区)政府作出刚性规定,在制定实施五年经济社会发展规划和年度项目规划时,必须将库区和移民安置区扶持项目纳入规划并实施。只有这样,才能保证移民专项资金在用途不变的情况下与其他资金统筹衔接,以扩大扶持项目专项资金使用效益。在资金投向上,要加强统筹规划,加大对有利于库区和移民安置区可持续发展项目的支持力度,建设一批强基础、管长远的项目。要充分考虑库区和移民安置区的不同特点,对库区移民村加大环境、卫生、教育、文化、交通、旅游等项目投入,兼顾水源区生态保护和后迁移民群众的幸福指数;对移民安置区加大基础设施、产业园区、口粮田建设整理、教育、卫生、文化等项目投入,从根本上保护远迁移民群众的发展利益。

(3)对扶持项目的监督管理难度大。

尽管过去五年湖北在落实移民后扶政策方面做了许多开创性的工作,制定实施了一系列制度措施,直补资金管理体制机制基本成熟,但在扶持项目管理方面还有许多需要加强和改进的环节,各市县乡村实施项目管理的精力投入、政策水平、管理效益还不平衡。需要在实践中不断总结经验教训,建立起更加规范、更易操作的管理流程,提高后扶工作效率效果。

建议移民后扶工作管理部门进一步加强调查研究,加快完善扶持项目和两区规划项目实施管理制度体系和操作流程,加强分类指导、现场监督等具体工作。

(4)懂政策、熟悉移民后扶工作业务的人才资源不足。

移民后扶工作政策性强、工作量大,对从业人员的政策水平、业务素质要求较高,从湖北全省的移民管理部门的人员编制、结构看,人手不足、人才有限仍然是制约移民后扶工作效率的瓶颈。

建议省级移民管理部门适当补充专业人才、加强后扶业务培训,在改善队伍结构的同时,加强基层调研,加强对不同类型扶持项目的全程跟踪和现场指导,针对不同类型的项目建立完善扶持项目管理细则和易于操作的项目实施流程,提高对发展性扶持项目的管理水平,确保各类工程质量。

# 制度实施

　　"徒法不足以自行",在"良法"与"守法"之间,执法的重要性不言而喻。执法既是一种行为、一个过程,同时也是一种结果。依法治水,离不开规范的水资源执法。我们将水库执法作为一只有待解剖的"麻雀",把关注的目光投向基层水政"执法难"。

# 湖北省水库执法调研报告[*]

高利红　孟　琦[**]

## 一、湖北省水库分布概况介绍

截至 2008 年,湖北省已建成水库 5769 座,其中大型水库 61 座(不含三峡、葛洲坝),总库容 579.69 亿立方米,中型水库 251 座,总库容 70.4 亿立方米,小型水库 5457 座,总库容 44.92 亿立方米。[①] 其中小(一)型 1077 座、小(二)型 4380 座。湖北省水库的数量在全国占有重要的位置,水库总量名列第五位,其中大型水库数量名列第一,中型水库数量与湖南省并列第一,小(一)型水库数量名列第六。全省大中型水库全部完成确权划界的共 157 座(占总数 55.5%),其中大型 29 座(占相应总数的 58%),中型 128 座(占相应总数的 54.9%)。由省、市、县三级水行政主管部门直接负责管理的国有工程包括 50 座大型水库,219 座中型水库,24 处大型灌区,138 处中型灌区,其总固定资产原值(2002年)为 6223 亿元,水管单位共 276 个。不属水行政主管部门直接管理的中型水库共有 14座,其中属电力部门管理 7 座(郧县梅铺、房县六里峡、宜都熊渡和香客岩、罗田天堂二级、薪春红石桥、来凤新峡),属乡镇管理 7 座(大冶九眼桥、樊城肖家爬、宜城朝阳寺、红安火连贩、团风龙潭河、烯水梅子山、罗田双河口)。

### (一) 大型水库

湖北省 17 个省级行政单位中,大型水库分布的市、州有 12 个。神农架林区、鄂州市、仙桃市、天门市、潜江市没有大型水库分布。湖北省在册的 63 座大型水库中,按水库所在管理单位的州市分,黄冈市最多,占了 12 座。其次是襄阳 8 座,随州 6 座。

---

\* 本报告为湖北省水利厅水政监察总队和湖北水事研究中心"湖北省水库执法理论与实务研究"课题的阶段性成果。报告执笔人:孟琦,定稿:高利红,课题负责人:高利红,调研参加人:高利红,孟琦,程芳(中南财经政法大学讲师、博士研究生)、刘先辉(中南财经政法大学环境资源法博士研究生)、宁伟(中南财经政法大学环境资源法博士研究生)。

\*\* 高利红,中南财经政法大学法学院教授、湖北水事研究中心副主任;孟琦,中南财经政法大学环境与资源保护法学专业博士研究生。

① 数据来源:《2008 年湖北省农村统计年鉴》。

**（二）中型水库**

全省共有中型水库251座，其中，襄阳市最多，有57座。黄冈次之，有37座，天门和鄂州最少，分别只有2座和1座，潜江和神农架没有中型水库分布。

**（三）小型水库**

全省共有5457座小型水库，各州市在数量上差别很大，其中黄冈市最多，有955座，襄阳和随州排第二和第三，分别有780座和650座。鄂州只有34座，神农架最少，只有3座。

## 二、湖北省水库执法现状

**（一）湖北省水库执法的法律现状**

《中华人民共和国水法》是新中国第一部管理水事活动的基本法，该法于2002年修订。它的颁布实施、修订，为水库监督管理与执法工作提供了坚实的法律基础与依据，标志着水库监督管理工作进入了有法可依的新时期。《中华人民共和国水法》颁布后，《水库大坝安全管理条例》等相继出台，为湖北省水库监督管理工作提供了更多的法律支持。湖北省以《水法》宣传教育为主，《水库大坝安全管理条例》为辅，建立起了以水法规体系、水库大坝安全管理工作和水行政执法为重点的管理体系，并加强水利法制建设，全面推进《水法》、《水库大坝安全管理条例》等法律法规的贯彻实施，出台了《湖北省实施〈中华人民共和国水法〉办法》、《湖北省水库管理办法》、《湖北省水文管理办法》等一批地方性法规、规章。

**（二）湖北省水库执法机构现状**

湖北省水库监督管理和执法工作机构随着《中华人民共和国水法》、《水库大坝安全管理条例》、《湖北省实施〈中华人民共和国水法〉办法》等法律法规的颁布而逐步建立健全。水库监督管理主管部门包括：

（1）湖北省水利厅。负责湖北省内所有库区《中华人民共和国水法》、《中华人民共和国水土保持法》、《中华人民共和国防洪法》等法律法规的贯彻实施和监督检查，推进全省水库依法行政工作，拟订有关法规及规章指导。并组织全省水库设施的管理与保护，主管全省库区监督工作，指导省内水库的治理和开发，指导、组织水库工程的建设与运行管理，组织实施具有控制性的或跨市（州）及跨流域的重要水库工程建设与运行管理，负责全省库区安全的统一管理和监督检查工作。

（2）湖北省水库管理局。包括五个直属水库管理局，即湖北省高关水库管理局、富水水库管理局、王英水库管理局、吴岭水库管理局与漳河水库管理局，湖北省水库管理局为准公益性事业单位,是省水利厅直属的正处级事业单位,编制为全额拨款事业编。

（3）其他相关管理部门。例如:农业局、林业局、渔业局、环保局等相关部门,各部门在法律授权管理的各自范围内对水库周边地区进行监督管理,与省水利部门同属监管机构。

（4）地方水库行政执法机构。统一接受省水利厅的监督、指导,主要负责除省直水库管理局以外的具有地方管辖权的水库周边地区的工作管理,负责维护、监督、管理水库的安全运行与防止库区对水库有危害的行为发生。

**（三）水库行政执法的相关制度现状**

1. 水政监察巡查制度

各级水政监察队伍在工程管理单位、乡镇水利服务中心日常管理巡查的基础上,依法对水资源水域保护、未经批准擅自建设取水设施、未经许可擅自取水、未经批准擅自建设排污口等水事违法行为开展检查活动。水政监察巡查制度是各级水政监察队伍的一项最基本的制度,通过本制度,能实现各级水政监察队伍的具体监督管理职能。本制度的执法机关以水行政主管部门为宜。

巡查人员对在巡查过程中发现的问题,应分不同情况予以处理:(1)对有可能发生水事纠纷和水事违法行为的,应有针对性地开展水法规宣传教育;(2)对正在发生的水事违法行为,应书面责令其立即停止水事违法行为;(3)对正在发生和已经发生的水事违法行为,如违法事实清楚,情节轻微,依法可按简易程序处理的,应按简易程序当场作出处理决定;对不适用简易程序处理的,按一般程序处理,开展必要的调查取证;对情况紧急,案情重大的,应立即报告。受委托的水库管理单位在巡查中发现水事违法行为,应立即制止,及时向有管辖权的水行政主管部门报告,并协助调查处理;法规授权的水工程管理单位发现水事违法行为,按执法程序直接处理。

2. 水行政处罚制度

我国《行政处罚法》确立了行政处罚种类,为规范行政权力,维护相对人权利提供了最基本的法律保障。针对公民、法人或者其他组织不同的违法情形,依据《行政处罚法》、《水行政处罚实施办法》,可以对相对人适用的水行政处罚的种类有:警告、罚款、吊销许可证、没收非法所得以及法律、法规规定的其他水行政处罚。水行政处罚管辖是指水行政处罚机关体系中不同层级、不同区域的水行政处罚机关之间的行政执法权限和职责范围的划分。我国的行政系统是由若干层级和不同区域行政机构组成的,水行政处罚管辖权在不同层级水行政机关之间需要划分;而在同一层级的不同区域的水行政机关之间也需要划分。一般而言,我们可以把水行政处罚的管辖划分为级别管辖和地域管辖两大类。

# 三、水库行政执法存在的法律问题

## （一）水库定义的执法范围界定不清

根据《湖北省水库管理办法》中第 2 条第 1 款[①]对水库法律的定义我们可知，水行政管理部门对水库的概念认识还处于一种工程体系上的概括性认识，没有针对水库安全进行类型化区别执法，根据不同的地形特点与实际情况对水库进行明确的定义。这样的局面极易导致对水库安全管理方面造成"一刀切"的局面，湖北省水库众多，地形复杂，水库的周边地形不仅包括丘陵、山区，还包括平原地形。因此，如果想对水库有一个明确的定义，那么我们应先从湖北省水库的功能上和地理地形上对水库有一个清晰的认识，把水库的概念进行类型化分析，进而达到针对不同类型的水库作出相应的概念界定，同时确定水库与一般河道之间的区别，明确水库执法的具体范围，避免执法机关之间的执法重叠。

## （二）库区执法管辖权存在争议

湖北省跨市（州）的 31 个工程水管单位中，建有省水利厅直属水库管理局的仅有 5 个；跨县（市、区）的 23 个工程水管单位中，有 14 个为县级管理。存在着"多龙管水"的现象。除水行政主管部门外，电力部门和一些乡镇也行使着部分水库管辖权，同时，存在一些单位事企不分，权责不明的情形。20 世纪 90 年代初，湖北省将绝大多数的水库（包括水库灌区）工程国有管理单位，定性为自收自支的事业单位。事实上，绝大多数单位不具备自收自支条件。大型跨区域水库管理涉及部门多，管理事务多。尽管目前的管理体制对各部门分工有所规定，但库区管理实践中职能交叉、责权不统一、"趋利避责"等问题仍然比较突出，形成有利益争管、无利益不管、出问题推诿，导致多头管理、交叉管理和管理真空并存的局面。

## （三）行政责令停止等整改措施难以落实

据调研所知，湖北省大部分水库执法部门在库区执法过程中，针对许多库区违法行为（如私设网箱、乱停靠船只等行为）一般以行政机关的责令整改措施为主要执法手段，但是由于目前行政责令整改措施缺乏一定约束性手段且安定性不足，许多当事人在收到执法部门发出的整改通知书后，由于缺乏相关的专业知识及人员指导，根本就不知道如何去整改，尤其是被要求整改的事项专业性、技术性比较强的，整改资金数目比较大的，当事人往往不整改或不按要求整改，并且在调研中发现存在众多执法人员对行政处罚方式与行政责令停改的关系及区别的认识不十分清晰，也导致在作出行政行为时相对人的利益难以得到保障进而使整改事项成为难以落实的现实难题。

---

① 本办法所称水库，是指由挡水、泄水、输水、发电建筑物，运行管理配套建筑物，水文测报和通信设施设备，以及库区岛屿、库区水体和设计洪水位以下土地等组成的工程体系。

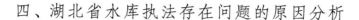

## 四、湖北省水库执法存在问题的原因分析

### （一）水库的概念范围不清，导致与河道毗连区执法范围重叠

目前，我国对水库（reservoirs）的定义虽然很多，但大多集中在工程技术和大坝管理方面，例如在袁运开、顾明远主编的《科学技术社会辞典·地理》（浙江教育出版社 1992年版）第 213—214 页有在水利工程方面的详细定义，书中认为水库是用坝闸堤堰等筑成，用以蓄水并起径流调节作用的水体。水库常建在河流、山溪谷地及天然湖泊出水口处。按照蓄水量（库容）将水库分为大、中、小三种类型：大型水库，库容超过 1 亿立方米；中型水库，库容 0.1—1 亿立方米；小型水库，库容 0.1 亿立方米以下。在方如康主编的《环境学词典》（科学出版社 2003 年版）中对水库的定义是能拦蓄一定水量，起径流调节作用的蓄水区域。一般是指在河流上用人工建筑拦河坝（闸）后形成的水域。水库是人类改造自然的重要工程措施，它改变了径流天然分配过程，消减洪峰，调节径流，以达到防洪、发电、便利航运、发展灌溉、提供饮水及工业用水、发展养殖业等方面的要求。但是，台湾学者则认为水库的定义不应千篇一律，应遵照当地的地形特点去定义水库的概念，例如他们把水库类型化后进行分别定义，水库分为三种基本类型：（1）河川型水库，即库狭长，水的交换率大，全库区都有显著的水流，流速从上游向下游渐减。（2）湖泊型水库，即平原地带围坝而成，一般没有河流式水流。（3）河湖型，水库库区包括较狭长的河床段和膨大的湖状区，河床段水流显著，生境近于河流，湖状区水流微弱，生境近于湖泊。由于法律法规文件缺少针对不同地理因素建设的水库类型进行法律概念界定，从而造成了在库区执法范围重叠，体现在执法过程中的执法部门权限不清，具体措施难以界定，尤其存在于河道管理局与水库管理局之间，这是也是库区执法管辖权争议的主要原因。

### （二）多部门执法利益争夺，缺乏合理性信息协调机制

由于水库管理主体的多元化和管理事务的复杂性使得水库管理协调任务量大，协调难度大。在大型跨区域水库管理中，协调任务重、难度大的问题表现得更为突出。究其原因，一方面是因为地方政府受利益驱使往往过多地关注其本区域范围内的库区资源开发利用，而忽略对整个水库乃至流域可持续发展的影响；另一方面是因为库区管理缺乏有效的协商机制。虽然目前大部分水库的管理都是由流域机构负责协调工作，但由于流域机构作为水利部的派出机构，本身不具有完全的管理和处理大型水库相关事务的权能，定位于具有行政职能的事业单位，在权力级别和组织层级上低于省级行政区，面对效力高于部门规章的地方水法规时，仅依据部门规章处理大型水库相关事务的力度明显不够，其协调效力明显不足。

### （三）执法机关缺乏对行政处罚与行政责令整改关系与区别认识

在水库的各类法律、法规、规章的法律责任章节，对于当事人的违法行为，除规定了

相应的行政处罚条款外,也明确规定了如停止违法行为、限期采取补救措施、责令恢复原状等责令改正措施。如《中华人民共和国水法》第72条"有下列行为之一,构成犯罪的,依照刑法的有关规定追究刑事责任;尚不够刑事处罚,且防洪法未作规定的,由县级以上地方人民政府水行政主管部门或者流域管理机构依据职权,责令停止违法行为,采取补救措施,处1万元以上5万元以下的罚款。"然而,据实地调研反映,库区执法机关对责令违法行为人停止违法行为、限期采取补救措施、责令恢复原状等责令措施运用严重不足,且很难达到预期目标。这主要是因为水库行政执法机关对行政处罚方式界定不清造成的,没有科学区分责令停止执法行为与行政处罚行为之间的区别。

## 五、完善湖北省水库执法的建议

### (一)根据地理因素明确不同类型的水库执法范围

由于湖北省内由湖泊、河道、峡谷改进设计建设而成的水库众多,因此为了突出在不同类型水库周边地区的执法方式,笔者认为应按水库的地理环境标准进行概念界定,然后再具体确定库区执法手段与方式的具体范围。湖北省水库由于遍布各类型的地理单元,建库前不同区域的地形地貌特征有很大的差别,所以导致水库在库盆形态、水流运动及泥沙淤积规律等方面有明显的差异。据此,将全省的水库分为平原湖泊型水库、岗地丘陵型水库和山谷河道型水库。(1)平原湖泊型水库,主要是在平原或低洼地区修建的水库,这类水库库盆呈宽浅槽形,库底平坦,少库汊,岸线较平直,库湾少,库岸系数多在3—4之间,水深一般不会超过10米,水面比降小,流速小,水面开阔,形状浑圆,水流、形态、泥沙运动和水文特征具有和天然湖泊相似的地方。这类水库主要分布于江汉平原和鄂东沿江平原地区,如石门水库、沙港水库、石龙水库、太湖港水库、高关水库、郑家河水库等。(2)岗地丘陵型水库,这类水库分布于相对海拔高度在100米到200米的丘陵区,或丘陵与岗地的结合部位,承雨面积较大,水源较丰富,库盆呈不规则的盆谷状,多库湾和岛屿,库岸线较曲折,库岸系数多在7—13之间。这类水库如温峡口水库、漳河水库、大洪山水库、徐家河水库、夏家寺水库、浮桥河水库、明山水库、王英水库、陆水水库等,占湖北省水库的绝大多数。(3)山谷河道型水库,这类水库的库盆所在的区域地形为山地,主要建造在山谷河流上,通过建筑拦河大坝截断河谷,拦截径流,库形狭长,库水深度大,承雨面积大,但水面展宽不大,宽窄基本和河床大致相等,水库仍保留着河流的某些形态和水文特征。这类水库有隔河岩水库、葛洲坝水库、黄龙滩水库、三峡水库、丹江口水库、富水水库等。

### (二)梳理执法体制,建立协商联合执法机制

库区发生管辖争议后,必须及时处理,这首先需要强化解决争议的机制。在一级政府内不同的部门之间发生的管辖争议,称为职能管辖争议。这种争议发生后,可以由政府出面决定由争议的一方或另外指定一个部门管辖。这就是所谓的指定管辖。但一般

来说,并不是发生管辖争议都须由政府出面才能平息。在湖北省库区执法实践中,可以根据不同的情况分别予以解决。通常的做法是,库区管辖权争议双方应当本着有利于法律的实施,有利于及时准确地执法为原则协商解决;在协商过程中也可请求政府法制部门提供咨询意见。如不能通过协商达成一致,则可报请政府法制部门协调解决。在多数情况下,经过政府法制机构协调后都能将矛盾化解。如经过这一步仍不能解决管辖权的归属,则应经过政府法制部门报请本级政府裁决;政府可以指定管辖的方式最终解决争议。库区管辖权争议各方在报请协调或申请裁定管辖时,应将各自主张的法律依据和争议的事实提供给政府法制部门。一般的常规问题,由法制办具体协调处理,或在主管政府首长的主持下协调处理。如系涉及全局、交叉部门多,关系重大的行政执法争议,则应由政府常务会议讨论。在达成一致或作出裁决之后,为保证协调方案或裁决能够落实,还要制作协调会议纪要或决定之类的文书,作为检查督促、贯彻落实的依据。

库区执法权根据水利部《水行政处罚实施办法》第 18 条第 4 款[①]的规定,在具体做法上是比较灵活的,一般以有利于库区行政执法任务的完成为依据。这种情况发生以后,库区管辖权争议双方或多方就本着互利互让,合法合理,有利于法律法规的统一执行为原则协商解决。如直接协商不成,可报请上级政府或相关管理部门协调或裁决。跨市(州)、县(区)、乡镇的库区管辖争议,如果直接协商不成,可由各自的上级主管政府部门出面协调。如经过这道程序还不能解决问题,则须报共同的上一级政府或相关部门出面协调裁定;最终的裁决机关是省级人民政府或省级主管部门(湖北省水利厅)。上级在协调或裁决争议之前,必须在查明争议各方所持法律依据和客观事实的基础上提出协调方案或作出公正的裁决,以最后确定管辖权的归属。在湖北省水库执法管辖权争议方面,首先应理顺水库执法权限,实现严格的分级执法是理顺水库监督管理权限的最终目标。我国政府历来高度重视水库大坝安全管理工作,从中央部委,到省区、流域水行政管理部门,再到地市级的水利主管部门,有明确的职能级别;在水库现场设立的现场管理机构又具体负责水库大坝日常管理。国内自上而下的分级行政管理体制更利于推动国家层面大坝安全计划的执行,制定统一的法律法规和执行标准,并实行逐级监督,使计划得以高效地执行。其次,随着国家对主要江河管理体制的进一步理顺,省内各级财力的增强,为统筹兼顾各方利益,实现水资源的优化配置和统一调度,可逐步理顺现行管理体制,实行流域管理与行政区域管理相结合的管理体制。跨市、县行政区划水库工程管理体制调整要具有渐进性。湖北省现阶段还不宜将跨市(州)行政区域的水库全部收归省直接管辖。理由有二:一是湖北省跨省、市(州)行政区划大中型水库水管单位达 31 个,加上长江及汉江堤防和分蓄洪区管理单位 17 个和跨流域性排涝泵站 28 个,共 76 个水管单位,业务涉及面广,如全部由省负责管理,管理任务过重,难以实现科学合理执法。二是理顺管理体制与省级财政支出的承受能力密切相关,省财政负担过重,水管单位需财政支出的各

---

① 水利部《水行政处罚实施办法》第 18 条第 4 款规定:对管辖发生争议的,应当协商解决或者报请共同的上一级水行政主管部门指定管辖。

项费用难以落实。

### （三）明确库区责令停止行为与行政处罚行为的区别与联系

探讨责令改正与行政处罚的关系，首先要明确概念。《中华人民共和国行政处罚法》（下简称《行政处罚法》）未明确行政处罚的概念，按我国较为通行的观点，行政处罚是指特定的行政主体依法对违反行政管理秩序而尚未构成犯罪的行政相对人（即公民、法人或其他组织）所给予的行政制裁。[①] 而《行政处罚法》中的第23条[②]有对责令改正详细的规定，不过对行政责令停止的规定同时也仅见于此处，《行政处罚法》也未明确其概念。经查阅相关资料，责令改正为行政强制措施的一种[③]，指国家机关或法律、法规授权的组织，为了预防或制止正在发生或可能发生的违法行为、危险状态以及不利后果，而作出的要求违法行为人履行法定义务、停止违法行为、消除不良后果或恢复原状的具有强制性的决定。但在理论界的探讨中，关于责令改正是否算是行政处罚措施的一种存在较多争议。有的观点认为：《行政处罚法》）第8条第（1）至（7）项确定了警告、罚款、没收违法所得、没收非法财物、责令停产停业、暂扣或者吊销执照、行政拘留、法律、行政法规规定的其他行政处罚等七种行政处罚的种类，并没有把责令改正直接作为行政处罚的种类加以设定。而另一种观点认为责令改正就是警告的一种具体体现。

其次，明确水库执法责令改正与行政处罚的区别。笔者认为责令改正并不是行政处罚，因为责令改正与行政处罚存在较大区别。行政处罚目的在于对违法行为给予法律制裁，以达到对违法者惩戒，促使其不敢（再）犯；而责令改正目的在于制止和纠正违法行为，维持法定管理秩序或者状态。以在库区从事爆破、打井、采石、挖沙、取土等活动为例，根据《中华人民共和国水法》第72条[④]规定可知，这一条款中体现出对库区违法开采行为的惩戒目的和纠正目的，惩戒体现在非法开采行为的加倍处罚，促使违法者以后不敢再犯，也使潜在的可能违法者要细算违法成本和违法收益之间的巨大差异，使其不敢犯；纠正体现在责令停止违法行为以及其他相应的改正措施上，如恢复工程原状、赔偿损失、采取补救措施等等，这些都要根据实际情况提出具体改正要求。二是性质不同。行政处罚是法律制裁，是对违法行为人惩戒；而责令改正不是制裁，只是要求违法行为人停止违法行为，履行法定义务的措施。可以认为，行政处罚是违法行为人履行法定义务之外受到的惩戒性制裁。三是形式不同。行政处罚有警告、罚款、没收、责令停产停业、暂扣或者吊销许可证及执照和拘留等。而责令改正因各种具体违法行为不同而分别表现为停止违法行为、限期拆除、采取补救措施、恢复原状、限期补办手续等。四是实施程序

---

① 胡建森著：《行政法学》，法律出版社1998年版，第289页。
② 即"行政机关实施行政处罚时，应当责令当事人改正或者限期改正违法行为"。
③ 胡建森著：《行政法学》，法律出版社1998年版，第331页。
④ 《中华人民共和国水法》第72条规定：有下列行为之一，构成犯罪的，依照刑法的有关规定追究刑事责任；尚不够刑事处罚，且防洪法未作规定的，由县级以上地方人民政府水行政主管部门或者流域管理机构依据职权，责令停止违法行为，采取补救措施，处1万元以上5万元以下的罚款；违反治安管理处罚条例的，由公安机关依法给予治安管理处罚；给他人造成损失的，依法承担赔偿责任。

不同。根据《行政处罚法》的规定,行政机关在作出行政处罚决定之前,应当告知当事人作出行政处罚决定的事实、理由及依据,并告知当事人依法享有权利。而责令改正在执法实践中,行政机关往往通过直接下达"责令改正通知(决定)书"的形式对当事人提出改正(整改)的具体要求,并不进行事先的告知。由此可见,行政处罚重在"惩",而责令改正重在"纠":行政处罚是对违反了法定义务的处罚,责令改正是对违反了法定义务的纠正。二者是完全不同的行政行为,不能混淆。

正确把握了行政处罚与责令改正的区别和联系,才能正确有效地开展具体行政执法工作。笔者主要想谈两方面的体会,一是责令改正需要注意的若干事项。二是责令改正下达的方式。责令改正需要注意以下事项:

(1)对于违法行为,不能一罚了之,而应责令改正违法行为。前文所述,行政处罚与责令改正作为行政管理手段二者的目的性质都有所不同。因此,在实施行政处罚过程中,不能一罚了之、以罚代改。而且,对有些具体违法行为,责令改正的重要性和必要性甚至超过行政处罚。违法成本相比较违法收益过小,甚至小到忽略不计,违法者会对法律规定视而不见,恣意违法,将会极大地影响正常的水务管理秩序,给人民财产和生命安全带来隐患。责令改正要依法实施。责令改正应按法律具体规定来实施,而不应下达法无规定或与法违背的改正要求,同时给予一定的技术指导,促使行政相对人顺利落实责令改正所指向的任务与目标。

(2)采取责令改正措施,意思表示应明确。行政执法是严谨的工作,对当事人提出的改正要求应意思表示明确,不能含糊不清或引起歧义,尤其要把握好改正内容和时间节点要求。例如,对擅自在水库管理范围内施工的违法行为,应当在责令改正通知书上明确写明停止施工或向有关具体部门办理施工许可手续等改正具体内容,而不能简单地在责令改正通知书上写上"责令改正",导致当事人无所适从,难以实施。同时,对于改正的时间节点要明确,不应在责令改正通知书上出现"限期补办手续"之类的文字。

(3)采取责令改正措施,要结合管理现状。行政执法工作不是单纯的执法,执法是管理的手段,要为管理服务。作为执法人员,不但要熟悉法律法规,也要了解有关管理的阶段性要求,要结合管理现状下达责令改正要求。如对于无证取用地下水的违法行为,除了要求违法行为人停止取水外,还应责令其限期拆除取水设施、填实深井,而不应要求当事人去补办相关取水许可手续。因为即使责令补办,相关部门也不会批准。

(4)采取责令改正措施,可事先告知。前文所述,责令改正与行政处罚是完全不同的行政措施。既不同,则在程序上的要求也不相同。根据《行政处罚法》的规定,实施行政处罚必须要经过处罚事先告知或听证告知的程序,要给予当事人陈述申辩或者听证的机会。而责令改正则无这方面的程序要求。因此,执法机构可以直接下达责令改正通知,无须事先告知。但无须告知并不代表不能告知。从以人为本、构建和谐社会的精神实质出发,对于实施改正措施可能对当事人或利害相关人影响较大的案件,执法机构可以采取主动告知的方式,给予当事人或者利害相关人陈述申辩甚至听证的机会,以保护其合法权益,同时也给予该执法机构避免错误的机会。

(5)责令改正要有始有终。责令改正措施一旦采取,办案人员要做好跟踪、落实督促工作，了解当事人是否按要求、按时间节点落实了责令改正要求，只有当事人依法履行完毕责令改正的要求，才能按规定结案。如果当事人拒不执行，应按法律规定，由执法机构组织强制执行或者申请人民法院强制执行。

# 立法调研

## 水资源保护与水土保持

　　立法是一个系统工程，调研是发现社会生活中的法律需求唯一途径，因此，它既是立法的必要程序，又是制定法律的实质依据。水事立法存在于人水关系的各个环节，不仅涉及水资源、经济、环境三者的平衡与协调发展，还关乎各地区、各部门、集体和个人用水利益的分配与调整。湖北水事研究中心承担了水利部、湖北省水利厅的立法调研任务，通过深入基层的立法调研，帮助决策者深层次思考水事立法问题，协助立法者厘清纷繁复杂的水事利益关系，合理设计法律框架和制度。

# 《水资源保护条例》立法调研报告[*]

袁建伟[**]

**摘要**：水资源的保护关乎国家安全。面对我国水资源保护的严峻形势，现实的立法状况并不能满足需要，主要问题在于水资源保护的专门立法缺失，资源立法和污染防治立法的二元立法模式割裂了水资源保护与水污染防治，带来诸多弊端；相关法律法规之间缺乏体系性与协调性，重叠、交叉乃至冲突现象仍然存在；水资源保护立法的规定较为原则，不够具体细致，欠缺可操作性。法规规章配套实施细则不完善，现有立法质量不高。为了满足水资源保护的需要，应当制定一部水资源保护的专门法规，协调各项法律法规之间的矛盾与冲突，明确部门之间的权限和职责，细化上位法之中原则性与抽象性的规定，有效推动水资源保护工作的开展。

**关键词**：水资源保护；立法调研；报告；完善

## 一、水资源保护条例立法的价值分析

水资源是基础性自然资源，是人类生存环境的重要组成部分。同时，水资源又是重要的战略性经济资源，是一个国家综合国力的有机组成部分。2011年，中央一号文件把水资源提到"关系经济安全、生态安全、国家安全"的战略地位，并提出要继续"推进依法治水。建立健全水法规体系，抓紧完善水资源配置、节约保护、防汛抗旱、农村水利、水土保持、流域管理等领域的法律法规"。

目前，我国已经建立了一个初具规模的水资源保护的法律体系，在《宪法》的总体引领下，以《水法》、《水污染防治法》等法律为主干，以《建设项目环境保护管理方法》、《征收排污费暂行办法》、《取水许可制度实施办法》等行政法规以及各省、自治区、直辖市制定的有关水资源保护的地方性法规和规章为配套措施，为水资源保护提供了基本的法律依据。但是，由于立法背景、立法技术等多方面因素的制约，水资源保护立法的不足和缺陷

---

　*　本文得到长江水利委员会水资源保护立法研究课题、湖北水事研究中心课题（2011C013）的资助。

　**　袁建伟，男，1979年月出生，安徽省涡阳县人，湖北经济学院法学院讲师，法学博士。

非常明显,主要表现在以下几个方面:

首先,水资源保护的专门立法缺失,仍采用资源立法和污染防治立法的二元立法模式。在此二元立法模式之下,水资源立法的宗旨基本上是以水资源的开发利用为核心,水污染防治立法的宗旨则是以水污染防治为核心。实际上,水污染防治是水资源保护的重要内容,由于把水污染防治和水资源保护人为的割裂,导致在立法和实际工作都存在很多的弊端:第一,忽视了水资源保护的应有内容,缺乏对水质水量统一管理、水资源开发利用与水环境保护协调发展的综合考虑。第二,没有摆正水污染防治在水资源保护中的地位,导致实际工作中部门之间的分工不协调、利益冲突等。典型的表现就是在水域纳污能力的评价中,水行政管理部门提出的限制排污总量意见对环保部门的约束力在法律上不明确,各地做法不一,极大影响“纳污总量红线”的执行。[①] 第三,由于二元立法模式所带来的职责分工不明问题,导致实践中水行政管理部门与环保部门在水质监测、信息收集与共享、执法配合等方面存在诸多问题,譬如监测设施重复建设,信息不能共享等。这些问题的存在极大地妨碍了水资源保护工作的开展。

其次,部门立法特征明显,相关法律法规之间缺乏体系性与协调性,重叠、交叉、矛盾乃至冲突现象仍然存在。我国目前有关水资源保护的法律主要有四部,它们是《环境保护法》、《水法》、《水污染防治法》与《水土保持法》,其他有关水资源保护的法规规章基本上都是以这四部法律为依据制定的。从表面上看,这四部法律对我国的水资源保护问题已作出了全面的规定,但实际上在立法理论与实践中,这四部法律本身及其相互之间都存在着问题:其一,四部法律的关系不清。四部法律均为全国人大常委会制定,具有同等法律效力;但从理论与实践上看,水资源管理与水土保持、环境保护与水污染防治显然都不是同一层次的问题,在立法上也应有不同的法律效力等级,才有利于对不同的行为形成规范体系,目前这种立法模式显然不能满足水资源管理与保护的需要。其二,几部法律之间的关系不协调。四部法律都对管理体制作出了规定,确立了水资源管理与保护的主管部门和协管部门,但四部法律实际上是由两个主管部门分别起草然后报全国人大常委会通过的,立法时缺乏综合平衡,立法时间有先有后,也缺乏通盘考虑。其三,各管理部门之间的职权范围不明。一些管理机构的法律地位不明、职权不定,难以实现法律规定的管理目标。[②]

再次,现有水资源保护立法的规定较为原则,不够具体细致,欠缺可操作性。水法规配套实施细则不完善、现有立法质量不高、水行政执法不完善等问题还不同程度地存在。

## 二、我国水资源保护的现状与不足

针对我国水资源保护立法的不足,课题组对我国具有典型水资源特征的地区进行了

---

① 2011年1月国务院发布的《关于实行最严格水资源管理制度的意见》确立了水资源开发利用控制、用水效率控制和水功能区限制纳污“三条红线”,这三条“红线”是2011年中央1号文件和中央水利工作会议明确要求实行最严格水资源管理制度的具体要求,也是对我国《水法》与《水污染防治法》的细化。

② 参见吕忠梅:《长江流域水资源保护立法研究》,武汉大学出版社2006年版,第68—69页。

调研,主要包括黄河流域、太湖流域、上海市、湖北省、河北省等地,调研内容涵盖了我国水资源保护的基本制度。

### (一)水功能区管理

现阶段,我国各流域机构均组织开展了流域内各省、市、自治区水功能区的划定工作,并编制了水功能区分级管理方案,提出了水功能区水质管理目标,组织核算了水功能区水域纳污能力,提出了水域的限制排污总量意见,如《黄河纳污能力及限制排污总量意见》,为流域水资源保护工作的深入开展奠定了基础。各省级行政区在流域机构的指导下,均已编制完成了水功能区划,并经省级人民政府批复。水功能区划批复后,各地都积极组织开展了水功能区水域纳污能力核算和提出限排总量意见的工作。

从水功能区管理工作的开展来看,无论是流域管理机构还是各级地方水行政主管部门都做了大量的工作,反映出在水资源保护的过程中,水功能区的管理以及水功能区划的制定与实施在水资源保护过程中应当起到主导性的作用。这既是目前水资源保护的实际,也是《水法》的基本精神。但是,在水功能区监督管理方面仍然存在一些问题,主要有以下几点:(1)根据《水法》规定,水域纳污能力和限排意见是实施入河排污口管理、控制水污染的基础。其中,限排意见必须通过法定程序予以确认。但由于《水法》与《水污染防治法》的协调问题,权责不明,约束力不足,迟迟得不到落实。第一,纳污总量是中央一号文件确定的"三条红线"之一,应当提高纳污总量意见在水资源保护过程中的地位。纳污总量意见是由水行政管理部门制定,同时通报给环保部门。但是,由于立法上没有明确纳污意见对环保部门的约束力,导致实践中对环保部门审批入河排污口的设置时约束力不够,甚至有一些基层环保部门绕过水行政管理部门独自作出环境评价,审批入河排污口的设置。① 第二,在纳污总量控制方面,相关规定也不明确。譬如,主要污染物排放实际超过纳污总量的如何减少,由哪个机关具体监督实施等权责法律上都没有明确。(2)环保部门根据其职责内容会制定相应的水环境功能区划作为水污染防治工作的基础,很多指标与水功能区划相同,但是在地位上如何协调。在这方面,环保部门建议应当从国家层次上进行协调,在相同水域适用统一标准。(3)应加强水功能区的监测、监督工作,核定不同水域的纳污能力。(4)水功能区的管理不能仅限于水质方面,还应当重视水资源的开发管理、水生态的修复。

### (二)入河排污口管理

入河排污口的管理是防治水污染的有效手段。加强对入河排污口的管理,有效保护水资源,各流域机构会同环保、水利等部门开展了专项执法检查,对排污企业入河排污口

---

① 关于这一点,《武汉市水资源保护条例》作出了有益的尝试,其第28条规定:"水务主管部门应当按照水功能区对水质的要求和水体的自然净化能力,核定该水域的纳污能力,并向同级环境保护主管部门提出限制排污总量意见。环境保护主管部门应当根据限制排污总量意见,制定排污量削减计划下达到排污单位,并负责检查计划落实情况,监督排污单位达标排放。……"这一规定基于一元的立法模式,把水污染管理纳入到水资源保护规划中去,既明确了权责,又具有可操作性。

水质监测资料、水污染事件应急预案、污水处理设施等提出了管理要求。

入河排污口监督管理方面存在的问题是:(1)各流域机构入河排污口统计制度尚未建立,不能全面及时地掌握入河排污口动态信息。譬如,对于新、改、扩建的入河排污口,各地都已经做了登记,但是由于缺乏完善的监测设施与系统,无法实时监控,仍然不能完全掌握排污口的动态信息。对于早期的排污口,尤其是在 2005 年水利部《入河排污口监督管理办法》出台之前设置的排污口,很多地方很难调查清楚,更谈不上应有的监督。目前各地都在开展入河排污口普查工作。但这项工作的任务量加大,内容也非常繁琐复杂,为了更加有效地进行普查工作,节省人、财、物,建议可以考虑和水利普查工作进行衔接。(2)排污许可与环境评价的关系问题,法律上没有明确。这一点直接涉及水行政主管部门和环保部门在入河排污口设置审批的权限划分,由于法律上没有作出具体、明确的规定,导致各地做法不一,实践中完全依靠部门之间进行协调。在一些地区,虽然水行政管理部门与环保部门在实践中已经形成共识,没有水行政管理部门设置入河排污口的审批同意,环保部门不会进行入河排污口的设置审批工作,甚至不会受理设置申请,譬如湖北省环保厅。但是,这些做法并没有形成固定的机制,法律法规上也没有明确,使这一正确做法的执行力大打折扣。(3)虽然入河排污口的监督管理是水利部门的责任,但污染源的监督管理部门是各级环境保护行政主管部门,目前两部门联合审查的机制仍未建立。尤其是在一些需要两部门相互协调、共同参与的污染事件处置过程中,这一缺陷更为明显。(4)目前在新、改、扩建项目的入河排污口审批进行了规范,但对已建项目的监管中尚落实不到位。(5)排污口的设置审批规程应当予以完善,譬如排污口地址的限定、测量的内容与规则、与其他排污口的关联等都要在规程中予以明确,即排污口的设置标准应当更加具体,标准应更高。

### (三)饮用水源地保护

饮用水源地保护的责任主要在地方政府,流域机构主要从饮用水安全保障规划、水源地应急预案编制和水源地监测等方面开展饮用水源地保护工作,黄河流域水资源保护局开展了引黄入津水质监控和流域枯水期排污总量控制工作。地方政府基于水法以及水污染防治法的要求,也做了大量的工作。譬如,河北省人民政府专门出台了水源地保护文件(省政府会议纪要),明确了水源地保护的职能部门、保护制度、法律责任等。同时,在城市建立了水源地联席会议制度,各地就水源地保护情况建立了通报、公报制度,对于重点水库、重要水源地进行实时监控,并建立了水质状况旬报制度;加强水源地的安全检查,取缔了二级水源地的排污口等。关于这一点,《太湖流域管理条例》的做法更进一步,对于饮用水源地的保护作了更为细致而严格的规定,把饮用水安全摆到了突出的地位。要求县级人民政府建立饮用水水源保护区日常巡查制度,并在一级保护区内设置水质、水量自动监测设施。在水源地保护区周边设立生态防护林等防护系统。在所有的饮用水水源地保护区禁止设置排污口、有毒有害物品仓库以及垃圾场;已经设置的,应当责令拆除或者关闭。

但是,饮用水源地保护管理方面也存在一些问题,主要为:(1)我国供水水源实行的是区域负责制,对供水水源地的保护缺乏流域总体规划与跨区域协调(尤其是在一些重大水源地的行政区划分属不同的省份),过于注重行政区域利益。(2)在供水水源地保护上还没有形成区域供水水源地保护制约与补偿机制。为了保障下游安全供水,上游不仅放弃了优先开发本地资源的利益,也为区域生态环境保护作出了相应贡献,而下游受益省市却没有支付相应的经济补偿。一些跨行政区域的供水工程没有补偿机制,譬如河北省承担了北京市和天津市的部分供水任务,但河北省并不能从供水水源地保护中得到相应的补偿。

### (四)水资源保护信息收集及发布

各地非常重视水资源保护信息的收集和发布工作,每年进行水质资料整编工作,收集了大量监测数据。在此基础上,定期编制水资源质量通报、重点水功能区水质通报等,如河北省水利厅对地表水、地下水、重要水源地等水质、水量都进行了监测,环保部门也设置了120个固定监测站进行水质监测。并且,水行政管理部门在内部建立了旬报制度,同时也向环保部门进行了通报。

但是,在水资源保护信息的收集与发布公开方面,现行制度仍然存在一些不足:(1)信息收集的职责不明确,造成信息发布的交叉、重复甚至矛盾。例如,环保部门按照《环境保护法》对当地水环境质量进行监测,并负责向社会定期发布环境质量公报。水利部门按照《水法》对水质进行监测,定期发布的水资源公报中也有水环境质量的内容。环保、水利部门各有一套监测机构和数据,由于监测点位、时段、频次、技术等方面的差异,发布的数据无法取得一致,给公众的认知带来了混乱,也对政府部门的形象造成了很大的负面影响。(2)缺乏信息共享和交流的明确规定。环保、水利部门之间的沟通机制尚不健全,信息共享尚未实现,相互责任区分也尚不清楚。另外,流域机构与地方之间虽有信息传送机制,但信息共享问题也还未解决。在水污染防治和水资源保护规划的制定方面,现行法律既没有将邀请相关部门的参与作为主管部门的一种法定义务来规定,也没有规定各政府部门之间共享和交流水环境信息的程序。(3)在水质监测站网的建设方面,水行政管理部门与环保部门甚至国土部门存在监测重叠、重复建设的问题,主要原因在于部门之间的协调机制没有形成,法律上也没有明确。(4)水资源监测信息的法律地位没有明确,在水利执法中的作用没有完全显现。信息监测搜集之后,应当如何使用,发挥什么样的效果,需要在条例上予以补充。这直接影响水资源保护的进行及其效果。

### (五)与水利工程相关的水资源保护

在水利工程的管理方面,由于《水法》并未赋予行政机关更多的具体职能。水利工程的建设在防洪减灾、调蓄水量、灌溉、发电等方面产生非常大的经济和社会效益的同时,也会对流域生态环境带来一系列负面影响。

因此,在对水利工程进行规划设计时,应考虑生态目标,譬如在确定防洪库容、兴利库容时,应当留出生态库容。同时,注意利用已有的水利工程,挽救和修复濒临崩溃的生态系统,开展水利工程生态环境效益量化指标体系研究。在水利工程造福人类的同时,也要对自然给予一定的"回扣",以实现人与自然的和谐共处。

### (六) 取水许可

对水资源依法实行取水许可制度和有偿使用制度,能有效控制各项用水需求,缓解一些地区严重缺水的局面,将水资源开发利用逐步纳入法制轨道,促进水资源的保护、节约和优化配置,加强水资源的统一管理。由于对水资源采取有偿使用的制度,取水许可还能缓解浪费、污染水资源的情形。中央一号文件中明确提出,效率控制是水资源管理三条红线之一,用水许可制度是实现这一红线的重要手段。

我国《水法》将实施取水许可和收取水资源费两项制度紧密相连,明确规定直接从江河、湖泊或者地下取用水资源的单位和个人,应当按照国家取水许可制度和水资源有偿使用制度的规定,向水行政主管部门或者流域管理机构申请领取取水许可证,并缴纳水资源费,取得取水权。《取水许可和水资源费征收管理条例》进一步详细规定了取水的水资源费征收标准和使用管理。

### (七) 地下水保护

目前,在南方丰水地区地下水超采现象较少,而北方缺水地区地下水是主要的供水水源,地下水的利用与保护都面临许多问题,主要包括:(1)地下水保护意识不够,职能保护部门不明确。在丰水区,因为地下水超采问题不明显,无论是政府还是公众对于地下水的保护都没有引起足够的重视,很多地方对于地下水缺乏监测,即使在一些超采区检测也不到位。在缺水区,由于地下水是主要的供水来源,地方政府迫于经济民生的压力,对于超采地下水的危害认识不够,保护力度也不够。在管理方面,针对不同层级的地下水,国土、水利以及城建部门都存在一定的权限,相互之间的衔接、配合不够,管理效果不好。(2)地下水超采严重,这一点在缺水区表现尤为明显。主要原因有:第一,地下水监测缺失,超采的严重危害性缺乏评估。第二,地下水的管理存在空白,法律制约手段缺乏,无法予以有效的管理。譬如,河北省水利厅提出的关于打井队的管理问题,因为缺乏相应的管理职权,无法对打井队的资质、行为标准、水井取水量等进行管理,导致这方面的管理几乎处于一片空白,地下水开采问题严重。(3)地下水生态修复存在一系列的问题。主要表现为地下水超采区的类型认知不够,相应的管理与修复措施无法形成;地下水污染在个别地区比较明显,地下水的回灌缺乏相应的监督。

### (八) 流域管理与区域管理相结合的体制及机制

《水法》规定我国水资源管理体制为国家对水资源实行流域管理与行政区域管理相结合。国务院水行政主管部门负责全国水资源的统一管理和监督工作。流域管理机构在所管辖的范围内行使法律、行政法规规定的和国务院水行政主管部门授予的水资源管理和监督职责。县级以上地方人民政府水行政主管部门按照规定的权限,负责本行政区内水资源的统一管理和监督工作。

流域与区域相结合的水资源保护管理体制在黄河流域与河北省均落实得较好,主要

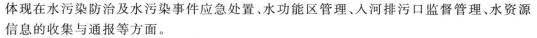

体现在水污染防治及水污染事件应急处置、水功能区管理、入河排污口监督管理、水资源信息的收集与通报等方面。

在水功能区管理方面,黄河水利委员组织开展了流域水功能区的划定工作,编制了水功能区分级管理方案,并指导和协调流域各省(市、自治区)水功能区划工作。在入河排污口监督管理方面,黄河水利委员会按照流域管理与区域管理相结合的原则,与流域内各省(市、自治区)相关部门积极协商,落实排污口分级管理的责任,编制入河排污口的分级监督管理方案。河北省水利厅与海河水利委员会也就排污口的管理建立了监督管理机制,并且实施了排污口的普查与监测。

但是,《水法》有关流域管理与区域管理相结合的规定,仍然存在许多需要进一步细化与明确的方面:(1)流域管理与区域管理相结合的机制不落实,不够具体。(2)流域机构和地方水行政主管部门的职责划分不明晰。(3)水法规定的流域管理与区域管理相结合的体制和水污染防治法规定的以区域管理为主的体制存在不协调。

### (九) 水生态修复

水资源保护的一个重要方面就是水生态的修复问题。随着水资源在国计民生中重要地位的凸显,很多地方已经认识到并且加强了水生态修复的工作,通过严格执行中央一号文件的纳污总量控制红线、建设水生态修复工程、开展职能部门的业务培训等一系列方式推进水生态修复工作。

在取得一定成绩的同时,水生态修复方面也存在诸多问题:(1)水生态修复保护规划不完善,很多地方缺乏明确的规划,缺乏综合性的考虑。(2)人力、物力投入不够。在很多基层地区,缺乏专门的水文监测机构与监测人员。(3)水生态修复保护的观念不够,认识存在偏差。水生态修复不单是防污治污的问题,还包括水量保持、区域生态系统修复等,这是一个综合性的工作,应当由水利、环保、农业等部门互相配合才能完成。在这方面,尤其还要注意的就是水生态修复与防洪蓄水工程的协调,防止水工程设施的建设对水生态修复带来不利影响。

# 三、水资源保护立法的完善

### (一) 立法建议

在调研过程中,流域管理机构和省级水行政主管部门都针对各自工作实际,提出了对水资源进行立法保护的建议。依据我国水资源保护的现实情况和各方意见,我们建议:

(1)尽快制定有关水资源保护的专门法规。《水法》和《水污染防治法》虽然都已对水资源保护作了相关规定,水利部也颁布实施了《水功能区管理办法》、《入河排污口监督管理办法》等配套法规,但水资源保护有关具体制度仅通过水利部规章和规范性文件进行设立难以保障工作的顺利开展,导致地方水行政主管部门未能按《水法》要求切实履行职责,大大地削弱了该项制度对保护水资源的作用。在调研中,各地方都强调迫切需要制定一部与《水法》相配套的专门行政法规,用来指导地方进行水资源的保护。

(2)提高立法的层次。《水资源保护条例》的关键内容之一在于明确水利部门和环保、国土、农业等部门在水资源保护中的职责,改变"多龙治水"的局面。按照新的水利部"三定"方案,水利部对水资源保护负责,环保部门对水环境质量和水污染防治负责。而水资源的统一管理必然要包括水量水质,其与水环境质量相互交叉,这也是水利与环保部门争议的焦点。因此,必须通过国务院立法,以明确各部门的职责,使实际工作中更有可操作性。

(3)解决和协调好水资源保护与水污染防治的关系。对于《水法》规定的流域管理与区域管理相结合的体制与《水污染防治法》中规定的区域管理体制的衔接问题,我们认为首先要充分考虑水的自然属性,并依据水的流域特点,建议通过制定条例,明确水行政主管部门与环保主管部门的职责分工,使实际工作中更有可操作性。

(4)建立起高效、权威的流域管理机构和行之有效的流域管理体制。水污染和水资源的配置都具有流域性的特点,都需要从流域层面进行总体协调。建议《水资源保护条例》突出流域管理机构的法律地位,对其进行必要的授权,使其发挥更大的作用。

第一,将流域管理机构的各项具体职责予以具体化和明确化,界定流域水资源管理的具体内容,明确流域机构在水资源保护方面的管理职能、监督职能和监测职能。

第二,明确区域管理的责任。由于区域管理机构是水资源保护的具体管理部门,其管理行为决定了水资源保护任务是否能够真正实现和落实。因此,必须使其承担应有的责任,做好水资源保护工作。

第三,建立流域管理机构与行政区域管理机构之间、各水行政管理部门之间的协作机制。流域管理机构与行政区域管理机构都应从全局角度出发,在各自职能范围内做好水资源保护工作。《水资源保护条例》应当对流域管理与区域管理、各水行政管理部门之间的协调机制作出规定,加强流域水资源保护,推进建立在各地方、各部门等利益相关方参与情况下的流域综合管理机制。[①]

### (二)制度设置

在《水资源保护条例》中,为了细化《水法》和《水污染防治法》的相关原则与基本制度,协调《水法》和《水污染防治法》之间模糊甚至矛盾的规定,使水资源保护的立法更加明确、更具有操作性,抓住水资源保护的重点,应当注重以下几个制度的设计。

(1)水功能区管理制度。强化水功能区划的法律地位,按照《水法》要求,在完成水功能区划、核定纳污能力、提出限排意见后,如何进一步以功能区管理为载体,开展水资源保护工作,缺乏具体有效的制度,应针对不同水功能区,根据功能要求,提出和明确相应的管理要求;明确水功能区划对涉及水资源开发、利用、保护规划的约束力。

(2)入河排污口监督管理制度。入河排污口管理是水污染防治的重要抓手。实际工

---

① 王树义:《流域管理体制研究》,载《长江流域资源与环境》2004年第4期。

作证明,加强入河排污口的监督管理是开展水污染防治工作的有效手段。加强入河排污口设置审批管理,考虑结合取水许可、用水定额等措施,控制用水、减少排污;通过入河排污口的监控以及水功能区水质的检测,能够随时了解各水域的水质情况,制定针对性的防治措施。

(3)生态补偿制度。对于上游地区过度开发利用,出境水质超过管理目标的,要按照超标程度给予下游相应补偿;对于上游地区限制开放利用、影响经济发展,使得出境水质好于管理目标的,下游地区也应给予上游相应补偿。

(4)饮用水源地保护制度。水利部门应发挥水量和水质并重、流域和区域兼顾、城乡统筹的工作优势,加强监测,强化监督管理,采取综合措施,保护水源地,保障饮水安全;明确、细化水源地保护区的等级设置以及保护措施。

(5)建立水生态修复与生态用水制度。区别对待缺水地区与丰水地区水资源保护情况,充分利用水资源综合规划成果,合理配置生产、生活及生态用水,保障河流生态基流、湖泊和地下水合理水位,维护水生态系统安全;增加水生态修复的资金投入。

(6)建立水资源保护激励制度。不能以罚代管,仅靠处罚手段实现水资源保护工作目标,还应建立激励制度,对水资源保护有贡献的企业或个人有所奖励。

(7)长效发展制度。水资源保护的力量应当有具体明确的规定,对水资源保护的经费应当有固定的渠道。

# 湖北省水土保持立法调研报告[*]

高利红　刘先辉[**]

受湖北省水利厅水土保持处委托,湖北水事研究中心成立了《湖北省实施水土保持条例》(代拟稿)课题组,组织专门调研湖北省水土保持情况并起草《实施条例》。2011 年 11 月,课题组分赴恩施州、黄冈市、荆州市、宣恩县、红安县、洪湖市等地进行了综合调研。根据调研地提供的基本资料,在走访、座谈以及课题组收集到的资料的基础上,形成本调研报告。

## 一、湖北省水土流失概况

湖北是全国水土流失最严重的省份之一。由于特殊的地形、地貌和社会经济条件使水土流失已成为农村主要的生态环境问题。全省 18.59 万平方公里的国土面积中,山地占 56%,丘陵占 24%,根据 2002 年全国水土流失遥感普查结果,湖北省有水土流失面积 6.08 万平方公里,占全省面积的 32.7%,是全国水土流失严重的省份之一。长江自西向东横贯全省,流程 1061 公里;汉江自西向东南斜插我省,流程 878 公里,于武汉汇入长江,全省 5 公里以上中小河流 4228 条。湖北属亚热带季风气候区,雨量丰沛,年均降雨量 1170 毫米,河流年过境流量 6338 亿立方米,大部分河流纵坡比大于 0.4,一遇降雨,特别是暴雨,从高山、丘陵到平原水势迅猛,极易造成水土流失和洪涝灾害。从水土流失危害分布来看,全省按流域地貌特征划分为大别山、桐柏山、丹江库区、汉江中游区、三峡库区、清江流域、幕阜山区、江汉平原浅丘等"八大区域"。除江汉平源浅丘外,其余可划为水土流失重点治理区和监督区。大别山南麓、三峡库区、丹江库区是湖北省水土流失最严重的地区;鄂西南的武陵山区植被破坏严重,土壤侵蚀严重;鄂东南的幕阜山区土壤侵蚀主要分布在陆水、富水上游地区;鄂城、大冶矿区人为水土流失严重;三峡库区的巴东、兴山、秭归重力侵蚀严重,容易发生滑坡和泥石流。全省多年平均土壤侵蚀总量达 2.1

---

　*　本报告为作者承担的湖北水事研究中心 2011 年度重点课题资助项目(2011C015)的研究成果。
　**　报告执笔人:高利红,湖北水事研究中心常务副主任、教授、博士生导师;刘先辉,中南财经政法大学法学院 2011 级环境与资源保护法学专业博士研究生。

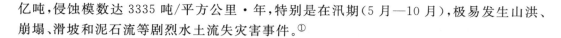

亿吨,侵蚀模数达 3335 吨/平方公里·年,特别是在汛期(5 月—10 月),极易发生山洪、崩塌、滑坡和泥石流等剧烈水土流失灾害事件。①

**(一)恩施**

恩施自治州地处湖北省西南部,全州 2.4 万平方公里的国土面积呈高山、二高山、低山阶梯形分布,形成了"八山半水分半田"的土地格局。由于特殊的地理、气候条件以及人为因素的影响,水土流失十分严重,水土保持监督管理工作任务异常艰巨。据湖北省水土保持遥感资料显示,全州现有水土流失面积 8064 平方公里,占全州国土总面积的 34%,且随着基础设施和大中型开发建设项目的增多,新的水土流失面积正逐年加大,给当地及下游的生态环境已造成了一定的影响。

**(二)黄冈**

本次课题组调查的范围主要涉及黄冈市及其所辖的 10 个县(市),此地区位于大别山南麓区(还包括武汉新洲区),是我省水土流失严重的地区之一,总人口 810 万人,版图面积 1.89 万平方公里,水土流失面积为 7700 平方公里。其中,中度以上水土流失面积为 5000 平方公里,水土流失量每年约达 3300 万吨。②

黄冈市是一个水土流失严重的山区农业市。全市水土流失面积达到 7603 平方公里,占总面积的 43.6%。黄冈市每年流失的土壤量约在 3000 万吨左右,按土层厚 20 厘米计算,相当于流失 24 万亩耕作层的土壤。由于水土大量流失,造成山地土壤贫瘠,农田水冲沙压,河床抬高,落河田增多,导致不少小水库和塘堰淤废,洪涝旱灾害加剧。同时由于本地区人口稠密,人口密度超过 400 人/平方公里,人均水土资源量少,后备资源相对匮乏,人口环境容量增长空间小,使得环境、人口和水土流失交叉影响。如果不采取有力的措施,切实做好水土保持工作,会形成恶性循环。

**(三)荆州**

荆州市地处长江中游,是一个平原湖区为主的市。荆州市所辖区域包括荆州、沙市 2 个区,公安、监利、江陵 3 个县,代管松滋、石首、洪湖 3 个县级市。8 个县市区下辖 103 个乡镇、12 个街道办事处,总人口 667 万人。全市国土面积 14067 平方公里,占湖北省国土面积的 7.6%。其中平原湖区占 78.8%,丘陵低山区占 21.2%。荆州市境内有大小河流近百条,均属长江水系,流域面积在 100 平方公里以上的河流有 40 多条,流经的主要河流有长江、"荆南四河"、东荆河、沮漳河。市内湖泊众多,沟渠交织。千亩以上的湖泊 30多个,总面积 8 万公顷。长江以北是著名的四湖流域,"四湖"即长湖、白鹭湖、三湖、洪湖;目前,白鹭湖、三湖已基本垦殖为农田。洪湖承雨面积 5980 平方公里,控制蓄水面积402 平方公里,是湖北省最大湖泊;长湖承雨面积 2265 平方公里,现有湖面 157.5 平方

---

① 湖北省水利志编纂委员会:《湖北水利志》,中国水利水电出版社 2000 年版,第 957 页。
② 叶怀锦:《黄冈水利志》,中国水利水电出版社 1997 年版,第 9 页。

公里。

据湖北省政府《关于划分水土流失重点防治区的通告（鄂政发〔2000〕47号文件）》的要求，荆州市的荆州、松滋、公安、石首、洪湖等5个县市区的综合治理面积为2687平方公里，其中基本农田2345公顷，营造经济林7769公顷，水土保持林23830公顷，封禁治理32989公顷；新建小型水利水土保持工程2327处，骨干工程65处，沟渠防护工程372公里，防洪工程77公里。荆州各级人民政府应制定本辖区内的水土保持规划，广泛筹集资金，以小流域为单位，以重点流失区为重点，按照轻重缓急，分年度开展水土保持工程治理。水土保持工程治理要严格按照基本建设程序和水行政主管部门制定的建设管理、资金管理、验收管理办法，切实加强管理，确保建设资金的有效使用。

## 二、湖北省水土保持认知现状

2011年11月1日—3日，我们到恩施州、黄冈市、荆州市、宣恩县、红安县、洪湖市等地展开调研，通过和水土保持机构工作人员、水土保持监测机构事业单位人员座谈、走访生产建设项目单位、当地农民等人，整理出能够形成有价值的建议42条：涉及全局性的建议4条（占总数的9.5%）、涉及总则的10条（占总数的23.8%）、涉及规划的6条（占总数的14.2%）、涉及预防的8条（占总数的19%）、涉及治理的10条（占总数的23.8%）、涉及监测的4条（占总数的9.5%）。通过梳理，我们对湖北省水土保持的认知现状有了一定了解：

### （一）水土保持的投入严重不足

第一，财政投入不足。湖北水土流失防治的财政投入，过去主要集中落在地方财政，中央财政投入相对较少，而水土流失严重的地区地方财政一般都比较困难，多是贫困市县。第二，水土保持融资渠道单一。湖北已进行和正在进行的水土流失防治项目或试点，几乎完全依赖政府财政投入。第三，出于经济因素的考虑，水土保持工作会遇到较强的行政干预，导致水土保持的监督执法工作难以落到实处，社会公众对水土保持工作的认识程度很低，基本没有形成科学的水土保持理念。第四，社会资本的引进尚待启动。由于缺乏财政、税收、信贷等优惠政策，湖北完全没有专业的水土流失治理公司，也没有开展引入市场机制、吸引社会资金投入水土流失防治的系统研究和实施措施。

### （二）对水土保持规划重要性的认识在提高

规划是水土保持法新增内容。通过规划，可以确定水土保持发展方向，划定水土保持重点区域，增加水土保持方案实施范围。基层水土保持工作机构人员已经认识到了规划的重要作用。尤其是对《水土保持法》第15条，提出要把水土保持规划作为生产建设项目规划的前置程序，例如红安县水土保持局提出将水土保持方案作为建设项目的前置方案，建立联动的水土保持方案。但是大家并没有对"纳入国民经济和社会发展规划"、"与土地利用总体规划、水资源规划、城乡规划和环境保护规划等相协调"提出有实质性的建议。

基层水土保持机构对于规划重要性的认识提高,一方面是因为现行水土保持法中"规划"单独成章,对水土保持工作起着举足轻重的作用,其扮演的角色在现实社会中正在逐步加重;另一方面也不排除水行政主管部门想借助水土保持法实施办法的出台,设置新的行政许可,扩大自己的职权。例如黄冈市交通局的同志认为交通部门建设项目很多都必须考虑水土保持方案的编制,必然影响公路建设进而影响经济的发展,针对该条规定,能否在此条款中考虑地方的经济现状,提出替代方案。

### (三)综合治理重视程度不同

实施集中、连续和规模治理措施,可以预防和治理水土流失,保护和利用水土资源,维护生态安全,保障社会的可持续发展。在调研过程中,我们发现:第一,有的地方重视水土流失治理,有的不够重视;分管的领导重视,不分管的领导不过问;业务主管部门重视,下力抓,其他部门配合不力,支持不够;有的地方上热下不热。这些都表明治理水土流失这项功在当代、利在千秋的"德政工程"、"民心工程",没有真正引起广泛的重视,还没有真正深入人心。第二,全省有水土流失治理任务的达 86 个县(市),其中安排"长治"项目的有 16 个县,国债项目的有 25 个县,未安排重点治理的县(市)还有 48 个。据调查,治理每平方公里需要资金 40—50 万元。"长治"工程国家每平方公里补助 6 万元,地方配套 6 万元,共 12 万元。有的县财政极为困难,配套资金是空的,治理面积难以保证。全省年计划治理水土流失面积 1900 平方公里,按每 12 万元的标准计算,需要资金 2.28 亿元,而实际我省包括中央、地方、集体、群众等多方筹措的也只不过 9000 万元,还有 1.38 亿元的巨大缺口。投入不足已成为制约我省水土保持发展的重要因素[①]。

我们实地考察某地水土保持科技示范园:该园占地 800 亩,其中:种植大白桃 200 亩,山东大枣 100 亩,枇杷 200 亩;建鱼池 50 亩;建苗木节水喷灌基地 50 亩;封禁治理 200 亩;在果梯坡面采取百喜草、春兰、香根草护坡;建设沼气池 10 口,省柴灶 15 个,太阳能 4 个,畜棚 300 m²;改造塘堰 4 座,蓄水池 20 口,沉沙池 50 个,排灌沟渠 6.5 km,机耕道 4 公里,作业道 6 公里,配套完善了基础设施建设,形成了道路、排灌系统网络化。据该地水土保持局工作人员介绍,"该科技示范园在防治水土流失增强农业发展后劲,改善生态环境的同时,经济效益、社会效益十分明显,果林全部进入盛产果期后,每年可创产值 200 多万元"。知道这些情况时,我们十分兴奋,希望能够介绍一些成熟的经验和治理措施并把它用法律的形式固定下来时,可他们笑着说:"不可能。如果都采取这种方式的话,红安县非得破产不可。这不具有推广价值。"当我们想进一步深究原因时,他却挥手表示不愿再谈。

### (四)水土保持监测薄弱,监督执法力度急需加强

监测与监督是开展水土保持工作的重要基础和手段。通过水土保持监测,不但可以

---

① 李传刚、余建华:《关于湖北省水土流失治理的问题与对策》,载《中国水土保持》2003 年第 1 期。

准确掌握水土流失预防和治理情况，分析和评价水土保持效果，为水土流失防治总体部署、规划布局、防治措施科学配置等提供科学依据，而且可以掌握生产建设项目造成水土流失情况、防治成效，为各级水行政主管部门有针对性地开展监督检查、案件查处等提供重要依据。在调研期间，我们发现：第一，市级监测机构取得的数据可以和全省水利监测网络联网，但是县级水土保持监测机构并不能做到这一点。我们到红安县水土保持监测站实地考察后得到了印证。第二，监督执法难度很大，由于缺乏足够的认识，在实施水土保持监督执法过程中，地方保护、行政干预，阻力很大，致使水土保持监督执法难以正常开展。一些生产建设项目没有按水土保持法的规定编报水土保持方案，水土保持的"三同时"制度得不到落实。第三，水土保持监督执法机构不健全，人员不足，技术装备落后，也影响了监督执法工作正常开展。

# 三、立法建议

## （一）立法体例选择

《中华人民共和国水土保持法》由第十一届全国人民代表大会常务委员会第十八次会议于 2010 年 12 月 25 日修订通过，并在 2011 年 3 月 1 日正式施行。截至目前，由于时间较短，其他省（市、自治区）都处于草案的拟定阶段，没有出台。综合各方面因素考虑，我们认为：根据《中华人民共和国立法法》相关规定，针对湖北水土保持的立法现状，参照其他省（市、自治区）拟定草案，仍按照《中华人民共和国水土保持法》的章节设置拟定总则、规划、预防、治理、监督和监测、法律责任、附则等七章。

## （二）立法原则

水土保持法的立法目的在于预防和治理水土流失，保护和合理利用水土资源，改善生态环境，促进人与自然和谐，保障经济社会可持续发展。根据调研中发现的问题和水土保持的基本规律，我们建议在立法中应当坚持以下原则：

（1）预防为主、保护优先原则。

土壤资源是生态系统的基础，是人类赖以生存的基础，水土保持是可持续发展的重要内容，也是促进人与自然和谐的重要途径。一旦形成水土流失，需要花费巨大的人力、财力、物力才能解决。确立"预防为主、保护优先原则"，对预防水土流失、保护水土资源起着关键性作用。建议设置专门条款、专门篇章，保证该原则的贯彻落实。

（2）全面规划、综合治理原则。

水土资源是典型的公共产品，使用上的非排他性和不可分割性是造成水土流失的重要原因。必须由公共利益的代表者——国家机关，对水土流失防治工作进行全面规划，区分区域，统筹安排预防与治理，履行监管、公共服务职责，才能做好水土保持。建议专门设置"规划"和"综合治理"章。

（3）谁造成水土流失、谁负责治理原则。

"谁造成水土流失、谁负责治理"原则虽然属于末端治理,但鉴于在现实中水土流失确实客观存在,实施该原则水土流失可以得到缓解、状况能够好转,法律仍有必要将其明确。对于造成水土流失的生产建设单位和个人,建议除了规定编制水土保持规划、审批等预防性的措施之外,还应当加强废土石渣管理、采取有效治理措施、定期检查等制度予以保障。

（4）公众参与原则。

公众参与原则是做好水土保持工作的有效途径,也是通过立法建立国家与一般民众利益沟通与协调的有效机制。确立该原则,不但使一般民众通过合法合理渠道表达其诉求,减少因水土流失引发的社会矛盾,也是行政管理民主化的重要内容,防止水土保持机构违法或者不当行为导致的水土流失。例如规定公民享有监督举报权、编制水土保持应当征求公众意见、鼓励参与水土流失治理、聘请水土保持监督员等制度。

### （三）主要制度的构建

地方性法规承担着细化法律、体现地方特色的任务。在原则的确立、制度的设计、条文的拟定等方面,草案应当尽量结合湖北省省情,使其更具操作性、实用性和一定的超前性,建议确立如下制度:

（1）水土保持政府目标责任制度。

政府应当加强对水土保持工作的统一领导,将水土保持工作纳入本级国民经济与社会发展规划,对水土保持规划确定的任务,纳入年度建设计划,安排专项资金并组织实施。在水土流失重点预防区和重点治理区,政府应将水土保持工作纳入对下一级政府及本级有关部门年度目标考核评价体系,实行行政首长负责制。县级以上人民政府应当每年定期向同级人民代表大会及其常务委员会报告水土保持工作。

（2）水土保持规划制度。

水土保持规划是对水土保持工作的总体部署,规划的编制、落实直接关系水土保持工作的综合、长远成效。作为"资源性物"、典型的"公共产品",法律应当打破市（州）和市（县）的区域界限,由省级水行政主管部门进行统一的规划和部署,做好水土保持工作。具体而言,应当从以下三个方面予以规范:

第一,细化水土流失调查、公告和备案制度。省人民政府水行政主管部门应当每五年组织一次全省水土流失调查,公告前报国务院水行政主管部门备案。市（州）、县（市、区）人民政府水行政主管部门定期组织开展本级行政区域内水土流失调查,及时公告调查结果,公告前将调查结果报上一级水行政主管部门备案;县（市、区）调查结果同步报省人民政府水行政主管部门。

第二,明确基础设施建设等规划中的水土流失防治对策、措施要求。基础设施建设、矿产资源开发、城镇建设、公共服务设施建设等方面的规划,在实施过程中可能造成水土流失的,应当在规划中单独设置水土保持篇章,提出水土流失预防和治理措施,并在报请审批前征求同级人民政府水行政主管部门意见。经本级人民政府水行政主管部门同意后,审批机关方可批准该规划。

(3)水土保持预防制度。

针对上位法水土流失预防措施较为凌乱的情况,我们建议:应当采用归纳组合的方法,通过梳理预防措施,重新设置有关条款。

第一,明确水土保持预防的禁止行为、限制行为。在本省行政区域内,严禁实施毁林开垦,开垦、开发植物保护带,在禁止开垦坡度以上陡坡地开垦种植农作物等行为;在采取水行政主管部门同意的水土保持措施后,可以实施依法采伐林木、五度以上的坡地植树造林等行为。

第二,细化水土保持方案编制和审批。凡在我省区域内,征占地在一定面积之上的生产建设项目,应当编制水土保持方案报告书;其他生产建设项目,应当编制水土保持方案报告表。

(4)水土保持治理制度。

第一,确立水土保持生态效益补偿和水土保持补偿费制度。县级以上人民政府应当加强江河源头区、饮用水水源保护区和水源涵养区水土流失的预防和治理工作,多渠道筹措资金,建立并实施水土保持生态效益补偿机制。在山区、丘陵区、其他水土流失易发区等区域从事生产建设项目或者其他活动,损坏水土保持设施及地貌植被的,应当缴纳水土保持补偿费。

第二,特殊地域的专门治理措施。在水力侵蚀地区,政府及其有关部门应当组织单位和个人,以天然沟壑及其两侧山坡地形成的小流域为单元,因地制宜地采取工程措施、植物措施和保护性耕作等措施,进行坡耕地和沟道水土流失综合治理。在重力侵蚀地区,政府及其有关部门应当组织单位和个人,采取监测、径流排导、削坡减载、支挡固坡、修建拦挡工程等措施,建立监测、预报、预警体系。在上述特殊地域,采用技术手段予以治理。

(5)水土保持监测与监督制度。

第一,建立监测网络制度和投入保障机制。政府应当加强水土保持监测工作,发挥水土保持监测工作在政府决策、经济社会发展和社会公众服务中的作用,保障水土保持监测经费。政府水行政主管部门应当完善水土保持监测网络,设立水土保持监测机构,对水土流失进行动态监测。

第二,水土保持监督员制度。乡(镇)水利(水保)站可以根据实际情况聘请水土保持社会监督员,监督水土保持情况。

第三,水土流失危害事实鉴定制度。依法取得资质的监测机构经委托鉴定水土流失危害事实,并对鉴定结论的真实性负责。

# 政策建议

## 领导决策参考

　　做好湖北水文章，愿景十分美好。水文章如何做，可以有万千答案，在多元化的今天，针对水问题，我们可以有不同的主题、不同的视角、不同的利益诉求、不同的专业领域、不同的话语系统。这些不同，对于决策者并非坏事，恰可以从中发现利益冲突所在、寻找平衡利益之道、把握利益协调之机、实现利益共享之策。我们的建议，也是诸多不同中的一种，可能多了一点专业的、理性的思考。

# 关于理顺梁子湖流域管理体制的建议<sup>*</sup>

邱　秋<sup>**</sup>

梁子湖流域跨武汉、鄂州、黄石、咸宁四个行政区域,建立合理的梁子湖流域管理体制,已列入湖北省"十二五规划"。为了解决梁子湖目前面临的"四地分管"难题,中共湖北省委委托湖北水事研究中心,就梁子湖流域管理体制与机制问题展开了调查研究。课题组走访了湖北省及鄂州市农业、环保、水利、发展与改革等相关政府部门,到湖北省梁子湖管理局召开专题座谈会,并在政府有关部门提供资料的基础上进行了入户调查和半结构性访谈。调查结束后,运用经济社会学方法对获得的 396 份有效问卷,结合有关部门提供的数据,建立了"多元回归模型"、"总量控制下的四方博弈模型"、"排污权初始分配定量计算模型"、"排污权交易均衡价格计算模型",对调研获得的数据进行了定量分析。经过反复论证,课题组认为:建立和完善以事权为中心的公共治理机制是解决梁子湖流域管理难题的有效途径。

## 一、梁子湖现行管理体制以及存在的问题

针对梁子湖存在的"四地分管"问题,湖北省人民政府以鄂政函[2007]280 号文的形式,批准设立湖北省梁子湖管理局(以下简称梁子湖管理局),试图通过赋予其相对集中处罚权的方式行使流域管理职能。但是,我们的调查却发现,现有的梁子湖管理局自设立之日起就先天不足,根本不可能完成流域统一管理的任务。

### (一)现有的梁子湖管理局存在合法性危机

梁子湖管理局是由湖北省农业厅水产局的下属单位——梁子湖水产经营公司"变脸"而来。它升格为湖北省梁子湖管理局以后,既没有与农业厅水产局脱钩,其渔业经营功能也未被剥离,形成了集行政处罚权与经营权于一身,既是裁判员又是运动员的格局,

---

　* 本文得到教育部人文社会科学研究青年基金项目(12YJC820082)《农村面源污染防治法律实效研究》、湖北省教育厅重点项目(D20102203)的资助。

　** 执笔人:邱秋,湖北经济学院教授、湖北水事研究中心常务副主任。

其管理难以为梁子湖流域的四个地级市的地方政府所接受。从性质上看，梁子湖管理局既非行政机关，又不是省政府的独立部门，实践中其作出的具体行政行为至今没有明确的上级复议机关。国务院《关于进一步推进相对集中行政处罚权工作的决定》明确指出：要"规范集中行使行政处罚权的行政机关的设置，不得将集中行使行政处罚权的行政机关作为政府一个部门的内设机构或者下设机构，也不得将某个部门的上级业务主管部门确定为集中行使行政处罚权的行政机关的上级主管部门。集中行使行政处罚权的行政机关应作为本级政府直接领导的一个独立的行政执法部门，依法独立履行规定的职权，并承担相应的法律责任"。由此可见，梁子湖流域管理局的权力来源缺乏法律依据，行为的合法性也存在疑问。

**（二）梁子湖管理局无法全面有效履行职能**

鄂政函[2007]280号文授予湖北省梁子湖管理局相对集中的行政处罚权十分宽泛，涉及八大专业领域，需要执行的相关法律、法规多达几百项。但授权范围却十分模糊，具体事项没有明确，导致湖北省梁子湖管理局与地方政府的原行政机关之间的权力移交无法实现，不仅导致了大量的职责交叉、多头管理、重复管理，而且在实践中，梁子湖管理局成为了与沿湖四市进行权力博弈的第五个主体，使得权力竞争更加激烈，流域公共利益受到更多威胁。

由于梁子湖管理局是由水产经营公司变更而来，缺乏行政执法的基本条件和能力，其人员构成和基本素质也根本无法满足巨大的相对集中行政处罚权行使的需要，虽然近年来在这方面也采取了一些措施，从总体上看离流域管理的目标还有巨大的差距。实际运行中，由于执法能力严重不足，部分相对集中的行政处罚权有名无实。

**（三）梁子湖管理局不是真正的流域管理机构**

按照鄂政函[2007]280号文，梁子湖管理局的管辖范围仅限于梁子湖水域和岸线，而不是整个流域；其职权范围也只有与梁子湖保护相关的一部分相对集中的行政处罚权，不可能从整个流域开发、利用、保护的高度，进行真正的流域综合管理。

在实际运行中，梁子湖管理局既不是沿湖四市的上级机构，又无法与沿湖四市建立起有效的平等协调机制，也不能为流域发展提供强有力的智力支持，其影响力根本无法覆盖整个流域。

# 二、对建立"梁子湖生态特区"方案的质疑

针对梁子湖流域管理的现状，一些专家认为：要真正实现流域管理，应该将梁子湖流域行政单列，打造"梁子湖生态特区"，并为此发出了强烈的呼吁，要划定一个区域、设立一个机构、建立一支队伍、出台一部法律，签订一个协议。但课题组经过深入调研和论证，认为：建立"梁子湖特区"不是实现梁子湖流域管理的最佳方案，并且可能带来严重的不良影响。

（1）成本巨大，还可能得不偿失。

梁子湖流域的行政区划是一种历史、地理和文化的存在，仅仅以出现了跨界污染来否定行政区划的合理性有失片面。如果成立"梁子湖生态特区"，就需要对现有的行政区划作出重新调整，这种刚性的"行政性"调整机制，必将带来广泛的体制调整和社会秩序的不稳定，成本巨大。除经济投入以外，更重要的还有社会秩序重建、社会结构稳定、人民安居乐业、政府威信建立等，这些都是必须加以综合考虑的因素，这其中有些因素比生态保护本身更加重要，需要十分慎重。如果仅仅因生态保护的考虑，贸然调整行政区划，可能引发多种问题，不仅达不到保护生态环境的目的，而且造成社会秩序混乱，得不偿失。因此，在通常情况下，调整行政区划是除非万不得已才会采取的措施，它对一个地方经济社会发展的巨大负面影响必须引起高度重视。

（2）思维误区，并不能解决流域问题。

建立"梁子湖生态特区"，是计划经济体制下的传统思路，实质是将流域一体化与行政一体化划等号。其实，一个完整的流域被多个行政区域所分割，是极为普遍和正常的现象。行政区域一体化并不是流域一体化的前提，只要在整个流域层面，对水资源的开发、利用、保护和调配进行全面规划、综合管理，无论行政区域是否统一，都能够实现流域管理。

目前，区域协调已成为当代流域管理的发展趋势。要在短期内以最小制度成本取得最优管理效果的选择，最重要的是行政区域之间基于现有基础的合作和协同努力。在发达国家行之有效的五种主要的流域综合管理模式中，有四种属于区域协调型，高度集中的美国田纳西河流域管理体制在特定条件下形成，即使是在美国其他地区也难以模仿，在世界范围内更是特例。在国内，通过行政区划调整来适应流域管理的需求，也只是发生在洱海等调整成本很低的极个别地区，并不具有普遍意义。目前，我国正处于从"行政区经济"向"经济区经济"转型的过程之中，"长三角一体化"、"珠三角一体化"、"武汉城市圈一体化"等跨行政区域管理的实践蓬勃发展也顺应了这一趋势，为梁子湖流域管理方式提供了良好的范例。

值得我们高度重视的是，建立"梁子湖生态特区"并不能真正解决梁子湖的面源污染问题，无法实现保护梁子湖生态环境的目标。梁子湖流域以农业区为主，主要污染物来源于行政区域内部的农村面源和工业点源，沿湖四市的利益冲突也主要缘于各自内部的农业生产规模和结构升级、产业结构调整和经济增长压力，成立"梁子湖生态特区"对解决这种区内利益冲突意义不大。现实的情形是，行政区域内部固有的利益冲突远远超过跨界问题。但由于跨界湖泊中，对跨界问题更多议论，转移了对行政区域内部固有的利益冲突关注的视线，一些冲突甚至是剧烈的冲突被跨界问题所掩盖。

（3）前车之鉴，滇池教训值得汲取。

跨界冲突的背后是各种具体利益之争，调整行政区划，成立"生态特区"并不能一劳永逸地解决已存在的跨界利益冲突，反而更易形成新的跨界利益冲突，近十年来滇池治理所走过的道路在告诫我们：必须慎重选择。

滇池是我国污染最严重的湖泊之一，也是我国最早尝试行政一体化的地区。滇池全流域均在昆明市内，2004 年进行了有利于滇池保护的区县行政区划调整；成立滇池管理综合行政执法局，在滇池水体、湖滨带和主要入湖河道的管辖范围内，相对集中地行使部分行政处罚权。然而，滇池污染并没有因行政一体化而得到治理，各种利益冲突也未因管理体制的变化而得到化解。各部门、各区县仍旧"各吹各的号，各唱各的调"，反而与其他政府部门之间产生的权力冲突不断。到 2009 年，滇池被宣告为"死亡之湖"，五年的"生态特区"之路亦告终结。目前，云南省正在酝酿再次修订《滇池保护条例》，创新滇池流域管理模式。

## 三、关于实现梁子湖流域管理的几点建议

课题组认为：在流域管理的实现方式上，无论是设想中的"梁子湖生态特区"，还是现实中具有集中性行政处罚权的湖北省梁子湖管理局，其核心理念，仍然是属地主义的行政一体化思维模式，理论与实践都已经证明其不是解决梁子湖流域管理问题的有效方案。为有效解决梁子湖流域管理问题，特提出如下建议：

（1）撤销现有的梁子湖管理局，按照流域管理职能要求建立新的流域机构。

鉴于现有的梁子湖管理局存在的合法性不足、管理职能不足、执法能力不足，且已成为与梁子湖流域沿湖四市进行博弈的第五方主体，使得流域利益协调更为复杂的困境，课题组建议省委省政府正视梁子湖管理局存在的问题，对鄂政函〔2007〕280 号文的实施效果组织评估，撤销现有的梁子湖管理局。

（2）打造以事权为中心的流域管理公共平台。

湖北省在 2010 年 9 月 9 日颁布了《梁子湖生态环境保护规划（2010—2014）》，这个规划按照流域事权为中心的思路，改变了过去的行政一体化思维，在详细分解甚至量化评估各方关键利益基础上，以流域事权为中心，进一步明确了梁子湖流域各地区、各部门的相关职能。这种借鉴国外先进国家成功经验的新模式，完全可以应用于梁子湖流域管理的其他领域，更应该通过政策和制度得到落实。

《梁子湖生态环境保护规划（2010—2014）》明确规定，省政府成立梁子湖生态环境保护领导小组，建议在该机构之下组建梁子湖流域委员会，将其打造为确定、协调和分配流域事权的公共平台，建立梁子湖流域科学决策、民主管理机制。具体设想为：

第一，设立梁子湖流域委员会办公室作为梁子湖流域管理的常设机构，执行梁子湖流域决策委员会决议，进行日常管理。

第二，设立梁子湖流域咨询委员会作为梁子湖流域信息共享平台，推动公众参与机制；指导、推动梁子湖流域政府间行政协议，提供行政协调机制；推动梁子湖流域发展跨学科智库建设，建立决策咨询机制，以打造"保护优先"定位下的梁子湖流域经济为突破口，在重大项目等具体事务上提供建议和可行性方案。

第三，设立梁子湖流域决策委员会，建立科学决策机制和纠纷解决机制，提供地方利益、部门利益的表达平台，对重大利益冲突事项进行决策，研究纠纷解决方案。以行政首长联席会议制度为核心，制定稳定的组织性制度框架，如《梁子湖流域委员会行政首长联

席会议制度》、《梁子湖流域委员会行政首长联席会议秘书处工作制度》、《梁子湖流域部门衔接落实制度》等,并制定具体的合作制度,特别是这些制度的启动机制和责任机制,建立共同遵守的合作规则。

(3)打造以科学管理为基础的监管体系。

课题组通过建立沿湖四市的四方博弈模型,演算结果表明:在没有省政府协调、监督的情况下,沿湖四市政府的自主协调会形成非合作博弈,越是注重环保的地区损失越多。而有省政府参与协调、监督的五方演化博弈模型则证明,如果省政府对梁子湖流域的排污权进行了有效分配,并通过年度考核机制、执法监督机制等对四地政府施加影响,非合作博弈就可以转化为合作博弈。模型对比表明,以流域事权为中心,开展区域协调,离不开省政府的参与。为此,建议由省政府授权湖北省环保厅对梁子湖生态保护进行监管,并为此建立相应的监管信息系统,为合理监管提供科技支撑,提高监管水平。

第一,建立梁子湖污染总量控制与排污权交易系统,确定排污权分配与交易规则,合理确定沿湖四市的排污量,制定排污权交易价格。

第二,建立梁子湖污染在线监测与预警信息系统,切实保证总量控制目标的实现;及时发现流域控制中出现的各种问题,采取措施防治污染和破坏后果的扩大。

第三,建立梁子湖信息公开与公众参与信息系统,鼓励公众积极参与流域治理。

第四,建立和完善梁子湖流域管理考核指标体系,加强对流域生态保护执法监督,将流域合作与生态保护成效纳入地方政府考核与问责范围。

# 关于湖北水产养殖污染综合治理的建议

李 博[*]

2011年,受中共湖北省委重大调研基金课题的委托,湖北经济学院成立了《湖北水产养殖污染综合治理研究》课题组,组织了专门调研,课题组走访了省农业厅(水产局)、环保厅、水利厅,赴潜江、仙桃、石首、监利、丹江口库区、梁子湖等地进行了综合调研;并在鄂州、仙桃、潜江、荆门、襄樊、石首、荆州等地对养殖户和养殖企业的养殖行为进行了问卷调查,在武汉、襄樊、鄂州、荆州、宜昌、潜江、仙桃、咸宁等地对水产养殖污染治理的公众参与情况进行了问卷调查,共发出调查问卷2500份,回收有效问卷1976份。课题组在调研基础上,形成建议如下。

## 一、湖北水产养殖污染及其治理现状

湖北有千湖之省的美誉,发展水产养殖业得天独厚。2010年,全省养殖总面积985万亩,其中湖泊养殖面积占30%,水库养殖面积占17%,精养鱼池和塘堰面积占51%;全省淡水养殖产量327万吨,居全国第一,其中湖泊养殖的产量约占全省总产量的11%,水库养殖约占7%,精养鱼池和塘堰养殖约占81%。

湖北省的水产养殖主要有湖泊养殖、水库养殖、精养鱼池和堰塘养殖三种形式。伴随着水产品产量的稳步增长,养殖水体的污染情况也日趋严重。各种养殖水体的污染源有所不同,但污染情况均不容乐观。

据对各种养殖水体的调查,我们将湖泊污染分为内源性污染和外源性污染两类。其中,外源性污染主要来自于种植和畜牧业;内源性污染主要来自于养殖户的养殖行为,在精养鱼池和塘堰养殖过程中为了增加产量而投肥、投药。

针对水产养殖业内源性污染防治,湖北省实施了精养鱼池标准化改造工程、推进健康养殖工程、推进渔业资源养护工程,发布了《关于禁养限养珍珠和规范水产养殖的意见》。这些政策和措施对湖北水产养殖污染防治取得了较为明显的成效。但从总体上看,湖北省水产养殖业污染控制现状与湖北省的水产养殖业发展总体思路的局限有关:

---

* 执笔人:李博,湖北经济学院经济学系副教授、湖北水事研究中心涉水产业可持续发展研究所所长。

一是发展理念没有跳出"就农业抓农业、就水产抓水产"的思维定式;二是还没有完全改变"以拼资源拼汗水求发展、以扩面积增产量求效益"的传统思路;三是管理方式上仍然主要依赖政府;四是有法不依、执法不严等问题,大大削弱了法律实施效果。

## 二、湖北水产养殖污染的原因分析

据分析,外源性污染和内源性污染产生的原因并不相同。

### (一)外源性污染产生的原因

(1)农村居民对面源污染的认识不足。

调查发现,农民受教育水平普遍偏低,对农业生产行为可能造成的面源污染认识不足,环保意识淡薄,受到宣传教育的机会较少,既缺乏环境保护的理念,也缺乏遏制环境污染的能动性和权利意识。

(2)农村面源污染防治的政府投入不足。

农村面源污染防治几乎完全依赖政府投入,而政府的相关投入又很少:一方面,农村环保设施建设严重滞后,已建好的农村环保设施也由于缺乏后续管理及运行经费而不能正常发挥作用;另一方面,相关科研投入严重滞后,缺乏对面源污染综合治理的系统研究。

(3)农村面源污染防治存在技术性障碍。

由于缺乏对面源污染的长期监测,缺乏系统的基础性数据,无法制定有效的防控技术标准。农业环保高新技术普及率较低,农业生产资料研发跟不上生产发展的需要。基层农技机构公益性推广服务严重不足,农民得不到科学施肥、用药等方面的必要培训。

(4)农村面源污染防治中政府管理不善。

农业面源污染防治涉及农业、环保、水利、林业、经济等领域,相关管理部门交叉且权责不明确。不同部门和行业的制度和政策间缺乏协调机制。农业环保政策和监督监察机制不健全,缺少必要的化验设备及专项经费。

(5)农村面源污染防治缺乏法治保障。

农民对于已有法律法规并非完全不了解,但是法律的执行和遵守问题较大。各级政府的新农村建设规划并未将环保要求纳入,村委会对于农民污染环境、破坏生态的各种行为也睁只眼、闭只眼,监管乏力。

### (二)内源性污染产生的原因

(1)高密度超负荷的养殖模式。

我省水产养殖业生产方式粗放、科技含量不高。养殖户片面地追求高密度、高产量,放养密度远远超过环境承受能力,不仅使养殖环境负荷加大、养殖水资源利用不合理、病害频发、产品质量下降,同时也造成了养殖水域环境污染。

(2)饵料肥料的不合理投放。

水产养殖过程中饵料肥料的投放主要存在两方面问题:一是"投放方式"不合理,绝大部分养殖户缺乏科学投放饵料肥料的知识,凭借自身的经验来进行养殖;二是"投放量"不合理,高密度养殖方式下,既没有对饵料肥料投放的监管,也没有对水产品质量和水体环境的检测,必然导致饵料肥料的过量投放。

(3)养殖设施改造更新的动力不足。

我省水产健康养殖项目资金十分有限,引导民间资本投入水产的力度也远远不够,又缺乏对养殖户投入设施改造更新的资金激励政策,使得养殖设施更新改造的动力严重不足。

(4)水产品的绿色供应链尚未形成。

我省水产品绿色供应链尚未真正形成,水产品供应链运作中没有建立完善的冷链物流体系;水产品养殖与加工废弃物再处理系统不够完善;缺乏对绿色水产品生产、加工与可持续发展的鼓励性补偿和约束性惩罚机制;水产品绿色品牌建设力度不够;等等。

## 三、湖北省水产养殖污染综合治理的政策建议

由于我省养殖水体的污染源包括外源性污染和内源性污染两个方面,如果仅对水产养殖业内源性污染进行治理,成本很高而实际社会收益却比较小,加之内源性污染和外源性污染同属面源污染且同处一地,仅治理内源性污染而不碰触外源性污染,不仅经济上不合算,也十分难见效。因此,我们认为:应以有效治理外源性污染为前提,同时对内源性污染展开有针对性的治理。

### (一)农村面源污染综合治理的建议

为促进农村面源污染治理工作的顺利开展,在农村生产生活中应该实现耕地利用与保护从传统粗放型向现代集约型转变;化肥、农药、灌溉水等农业投入物质从经验低效型向精准高效型转变;农业环保技术指导及信息处理由模糊滞后型向数控超前型转变。同时,提高耕地每亩有机肥施用量,提高化肥利用率,提高低毒高效农药施用量,提高可降解农膜使用量。要实现这些转变和提高,必须转变农村面源污染治理观念,构建农村环境保护新机制。

(1)参与主体立体化。

农村面源污染的防治,需要政府、企业、群众等各个阶层的共同参与,建立政府主导、专家扶助、农民参与、自愿者支持的农村面源污染综合治理机制。

一是政府必须创新农村环境保护工作理念,重视法规、政策、管理和教育等非技术性措施的建设,建立和完善环境与发展综合决策机制、农村面源污染控制联席会议制度;设立农业面源污染专项治理制度,建立有奖举报制度;及时解决相关纠纷。

二是建立环保、农业、水利、法律等方面专家库,组建专家组,定期对农民进行环保知识、科学种田、法律法规、饮水安全、面源污染、水权维护、绿色食品等相关内容的培训。

三是依托村民自治组织和民间环保组织,建立多层次环保公众参与制度。

四是建立一批环保基地,选拔培养环保志愿者,开展常态化、规范化、多元化的环保志愿服务活动。

(2)投资主体多元化。

建立资金筹措长效机制,争取多方支持,调动多方参与积极性,为农村面源污染治理提供足够与稳定的资金支持。

一是加强政府投资。设立农村环保公共基金、农村面源污染防治专项资金;开展农村面源污染责任保险试点,探索农村面源污染风险评估、损失评估、责任认定、事故处理、资金赔付等各项制度;设立水源区面源污染生态补偿资金。

二是开展市场融资。逐步建立"政府引导、社会投入、市场运作"的农村面源污染治理投融资机制;建立农村面源污染生态保护基金,发行水环境保护专项治理债券,筹集环保产业发展专项资金,成立生态环境保护投资公司等形式广泛吸纳社会资本;发行环境公益彩票;吸纳国际组织、非政府组织、生态保护组织以及民间各界捐赠资金。

三是农民出资。建立村级环保专项资金募集制度,村委会定期向村民收取一定的环境治理费用,用于农村环境整治与公共环境卫生设施建设。

(3)结构调整生态化。

在新农村建设过程中,制定完善的生态建设规划,将生态建设与农业结构调整有机结合起来,实现可持续发展。

一是对农村生态环境进行分区治理。用模糊层次分析法将农村生态环境分为潜在脆弱区、轻度脆弱区、中度脆弱区、严重脆弱区、极端脆弱区五个等级,分区进行有效治理,并在此基础上形成网络化监测。

二是积极创新农业面源污染防治生态种养模式,大力发展生态农业、生态林业、生态渔业等生态园建设。建设一批生态园,推广"稻鸭共育"模式、"橘—草—羊"生态种养模式、"果—草—羊"模式等,积极发展无污染的安全食品,推广生态农业优化模式与技术。

三是推广农村面源污染控制模式。重点推广农田面源控制、村落面源源头控制、汇流至沟渠的面源输移控制和小流域出口汇流控制、湿地处理模式组成的清洁小流域面源污染控制等模式。

四是加快农村农民生态建设。积极培育"生态农户";进一步实施农村道路硬化、村容净化、干道亮化、村貌绿化工程;开展乡镇污水处理示范试点;实施生态移民,有效减少农村面源污染。

(4)治理机制法制化。

尽快开展农村面源污染现状普查,为农村面源污染防治提供可靠信息;建立和完善农业环境、农产品质量安全监测体系,为法律制度的实施提供科学技术支持。

一是转变立法思路,研究出台以经济刺激、技术扶持为主的农村水污染防治"促进法",重点是农业生态补偿、农业面源污染控制技术及农村水污染防治专业企业扶持,以及农业循环经济、农业清洁生产推广等;同时要敦促相关法律法规实施细则的出台,重在加强对化肥、农药的生产、销售、施用等环节的监管。

二是加大农业执法扶持力度，促进执法活动健康有序开展。

三是出台相关鼓励和优惠政策、法规，规范和促进有机农产品市场的发展。通过对化肥、农药等征收氮税、磷税或环境浓度税的办法来补贴有机农业生产，对有机农业给予扶持。

### （二）水产养殖业内源性污染治理的建议

（1）转变水产养殖业发展方式。

根据循环经济的发展思路，选择性地建立人工湿地—水产养殖—畜禽养殖—种植业的复合养殖体系，充分利用现有的资源，形成集生产、休闲、观光于一体的综合渔业，创造良好的渔业环境，实现水产养殖模式由单一生产型渔业向无害化立体生态养殖与复合型景观渔业的转变。

（2）优化政府部门管理职能。

政府要把资源配置主导权交给市场，实现职能转变。制定水产发展目标；严格执行国家法律法规，保持市场稳定和水产品质量安全；提供良好的公共产品和服务，包括科技养殖攻关、技术培训和环境意识宣传等；制定完善的绿色水产品质量认证标准，推进绿色产品质量数据信息透明化，扩大品牌效应。

（3）发展水产品绿色供应链。

建立绿色水产品生产的多元补偿机制；打造水产品冷链物流中心，构建水产品信息交易平台和可追溯质量监控体系；引进大型龙头企业，通过供应链金融模式进行水产品绿色供应链中小企业融资；加强水产品合作社建设，制定科学的水产品绿色供应链定价策略与利益协调机制。

（4）鼓励水产养殖业合作组织建设。

促进池塘承包经营权的合理流转，培植养殖大户。同时，通过财政支持、税收优惠和金融、科技、人才的扶持以及产业政策引导等措施，促进水产养殖渔民合作社的发展。发挥龙头企业和能人、大户的带动作用和科技的引领作用，促进淡水养殖向规模化、产业化方向发展，促进养殖结构调整，提高标准化生产水平，增强市场竞争能力。

（5）促进水产养殖业技术创新和应用。

加强水产育种工作，培育出能大规模生产的抗病、抗逆新品种，提高水产养殖良种化水平；开展池塘环境生态修复技术创新，加快实现养殖废水达标排放，保护和改善养殖生态环境；开展水产用药物代谢规律研究，研发药物安全使用技术，推进水产养殖科学合理用药；研制能够替代禁用药物的新型渔药，特别是水产疫苗，逐步降低化学药物使用量；研究开发适合于不同养殖品种、不同养殖条件的高效环保饲料及投饲技术；研究水产品质量安全快速检测技术和水产品质量安全追溯技术。

# 他山之石

## 经验借鉴

　　人类的生存和社会的发展须臾离不开水，但在今天，水危机成为了全球性问题。水资源短缺，不仅中国存在，西方发达国家同样存在；不仅中国大陆存在，台湾地区也存在。经过多年的论战，全球共识是：水危机是天灾，更是人祸，解决这个问题必须控制人的行为，法律作为调整行为的正式规则，义不容辞。许多国家和地区，在水事立法方面先行一步，其经验与教训，都是镜子。

# 台湾地区防治水污染之立法概述

蔡惟钧　　周成瑜*

于现今社会,水对于人类生活之重要性自不待言。然而人类社会之发展,产生大量污水及废弃物,每天产生之家庭废污水以及各种生产活动所造成的污染水排放于水体当中,使得水之质量降低,并可能使得有些水体丧失其基本功能,更为严重者可能因为水污染而间接污染土地①。因而水污染为水资源保护之重要议题,也是当今探讨环境保护之重要课题。本文乃说明水污染防治相关之法制,以及我国台湾地区"水污染防治法"之主要内容,并对于台湾水污染事件之纠纷处理途径进行探讨,最后提出建议以作为结论。

## 一、台湾水污染防治之基本措施与管制

台湾有关水污染防治之基本措施与管制规定,规定于"水污染防治法"——乃是为防治水污染、确保水资源之清洁,以维护生态体系、改善生活环境而设立,其内容乃是透过各种措施管理事业于活动上所产生之含有污染物之废水及污水,并对于其排放之标准及方法加以规定,以达到其立法之目的。

依"水污染防治法"第5条之规定,"为避免防害水体之用途,利用水体以承受或传运放流水者,不得超过水体之涵容能量"。而第2条之名词定义规定该条中所谓之水体,乃是指任何形式存在之地面水(指存在于河川、海洋、湖潭、水库、池塘、灌溉渠道、各级排水路或其他体系内全部或部分之水)及地下水(指存在于地下水层之水)。放流水则是指进入承受水体前之废(污)水。又所谓的涵容能量,乃是指在不妨害水体正常用途情况下,水体能涵容污染物之能量。故该条乃是指利用任何形式存在之地面水及地下水以承受或传运废污水时,其排放之总量须不造成水体水质之变动而妨害水体正常用途,此乃水污染防治之基本原则。具体措施为:

### (一) 水区水质标准

"水污染防治法"第6条第1项规定:"中央"主管机关依水体特质及其所在地情况,

---

* 蔡惟钧,台湾海洋大学海洋法律研究所硕士班研究生;周成瑜,台湾海洋大学海洋法律研究所副教授。
① 陈慈阳:《环境法总论》,台湾元照出版有限公司2000年版,第21页。

划定水区，并订水质标准。以及"中央"主管机关"环保署"所制定之《地面水体分类及水质标准》其各水适用性质及环境基准如下[①]：

（1）陆域地面水体分类之适用性质。

"环保署"公布之地面水体分类标准第 4 条，将陆域地面水体分为甲、乙、丙、丁、戊五类，其适用性质：

甲类：适用于一级公共用水（指经消毒处理即可供公共给水之水源）、游泳、乙类、丙类、丁类及戊类。

乙类：适用于二级公共用水（指需经混凝、沉淀、过滤、消毒等一般通用之净水方法处理可供公共给水之水源）、一级水产用水（在陆域地面水体，指可供鳟鱼、香鱼及鲈鱼培养用水之水源；在海域水体，指可供嘉腊鱼及紫菜类培养用水之水源）、丙类、丁类及戊类。

丙类：适用于三级公共用水（指经活性炭吸附、离子交换、逆渗透等特殊或高度处理可供公共给水之水源）、二级水产用水（在陆域地面水体，指可供鲢鱼、草鱼及贝类培养用水之水源；在海域水体，指虱目鱼、乌鱼及龙须菜培养用水之水源）、一级工业用水（指可供制造用水之水源）、丁类及戊类。

丁类：适用于灌溉用水、二级工业用水（指可供冷却用水之水源）及环境保育。

戊类：适用环境保育。

（2）海域地面水体分类之适用性质。

"环保署"公布之地面水体分类标准第 4 条，将海域地面水体分类为甲、乙、丙三类，其适用性质：

甲类：适用于一级水产用水（在陆域地面水体，指可供鳟鱼、香鱼及鲈鱼培养用水之水源；在海域水体，指可供嘉腊鱼及紫菜类培养用水之水源）、游泳、乙类及丙类。

乙类：适用于二级水产用水（在陆域地面水体，指可供鲢鱼、草鱼及贝类培养用水之水源；在海域水体，指虱目鱼、乌鱼及龙须菜培养用水之水源）、二级工业用水及环境保育。

丙类：适用环境保育。

（3）陆域、海域地面水体之环境基准。

"环保署"公布之地面水体分类标准第 3 条，陆域、海域地面水体相关环境基准关系保护人体健康及保护生活环境，分别规定保护生活环境相关基准及保护人体健康相关环境基准。《保护人体健康相关环境基准》之订定目的，乃是为了保护人体之健康，其基准统一适用于所有地面水体。又《保护生活环境相关基准》乃是为保护不同水体等级应有之环境利用而订定，因而对于不同水体之间基准有所不同，故此基准依不同水体等级而有不同之适用。

**（二）排放废水标准**

"水污染防治法"第 7 条第 1 项规定："事业、污水下水道系统或建筑物污水处理设

---

① 台湾"行政院环境保护署"（1987）环署水字第 0039159 号令修正发布。

施,排放废(污)水于地面水体者,应符合放流水标准"。故放流水之排放须符合放流标准。

1. 放流水标准

放流标准之订定,依"水污染防治法"第 7 条第 2 项之规定,亦可分为一般标准与特殊严格标准两者,分述如下:

(1) 一般标准。一般标准乃是由"中央"主管机关会商相关目的事业主管机关订定之,其内容应包含适用范围、管制方式、项目、浓度或总量限值、研订基准及其他应遵行之事项。

(2) 特殊严格标准。除一般标准之外,直辖市、县(市)主管机关得视辖区内环境特殊或需特殊保护之水体,就排放总量或浓度、管制项目或方式增订或提高辖内之放流标准。此乃是为了使标准能随着环境能有更好的适用。地方政府所制定之特殊严格标准,乃须报请"中央"主管机关会商相关目的事业主管机关核定之。

2. 违反排放标准之处罚规定

对于排放污染废水违反排放放流水标准者,依"水污染防治法"第四章有关罚则之规定,处罚如下:

(1) 事业或污水下水道系统或畜牧业违反排放标准。依"水污染防治法"第 40 条之规定,事业或污水下水道系统排放废(污)水,违反废水排放标准者,处新台币 6 万元以上 60 万元以下罚锾,并通知限期改善,届期仍未完成改善者,按日连续处罚,畜牧业则处新台币 6000 元以上 12 万元以下罚锾,并通知限期改善,届期仍未完成改善者,按日连续处罚。于情节重大时主管机关,得命违反该标准之事业或污水下水道或畜牧业停工或停业;必要时,并得废止其排放许可证、简易排放许可文件或勒令歇业。

依第 42 条之规定,污水下水道系统违反排放废水规定时,处罚其所有人、使用人或管理人;污水下水道系统为共同所有或共同使用且无管理人者,应对共同所有人或共同使用人处罚。此即学说上所谓"状态责任"[①]。

(2) 建筑物污水处理设施排放违反排放废水标准。依"水污染防治法"第 41 条之规定,建筑物污水处理设施违反排放废水标准者,处新台币 3000 元以上 3 万元以下罚锾。处罚之对象依第 42 条规定,乃对于建筑物之所有人、使用人或管理人,若为共同所有或共同使用且无管理人者,应对共同所有人或共同使用人处罚之。

### (三) 污泥处理

"水污染防治法"第 8 条规定,事业、污水下水道系统及建筑物污水处理设施之废(污)水处理,其产生之污泥,应妥善处理,不得任意放置或弃置。对于违反污泥处理之事业或污水下水道系统或建筑物之处罚规定,准用违反排放废水标准之处罚规定,前已述之。

---

① 陈正根:《环保秩序法上责任人之基础与责任界限》,载《中正大学法学丛刊》第 24 期(2008 年 11 月),第 56 页;蔡宗珍:《论秩序行政下之状态责任》,载《第三届行政法实务与理论学术研讨会》(2003 年 12 月 28 日),第 15—16 页。

### （四）总量管制

依"水污染防治法"第 9 条之规定，水体之全部或部分有因事业、污水下水道系统密集，以放流水标准管制，仍未能达到该水体之水质标准者，或经主管机关认定须特予保护者，直辖市、县（市）主管机关应依据水体之涵容能力，以废（污）水排放之总量管制方法管制之。

事业或污水下水道系统若违反总量管制之规定者，依第 43 条之规定，处新台币 3 万元以上 30 万元以下罚锾，并通知限期改善，届期仍未完成改善者，按日连续处罚；情节重大者，得命其停工或停业；必要时，并得废止其排放许可证、简易排放许可文件或勒令歇业。

### （五）水质监测

各级主管机关应设水质监测站，采样检验，定期公告检验结果，并采取适当之措施。依"水污染防治法施行细则"第 7 条之规定，水质监测站之设置"中央"主管机关应就涉及二"直辖市、县（市）"以上之地面及地下水体，应视其水质情形设置监测站。于"直辖市、县（市）"主管机关应就其辖区内之地面及地下水体，视其水质情形设置监测站。

### （六）水污染防治费

依"水污染防治法"第 11 条之规定，"中央"主管机关对于排放废（污）水于地面水体之事业、污水下水道系统及家户，应依其排放之水质水量或依中央主管机关规定之计算方式核定其排放之水质水量，征收水污染防治费。

违反水污染防治费收费办法，未于期限内缴交费用者，依第 44 条之规定，应依缴纳期限当日邮政储金一年期定期存款固定利率按日加计利息一并缴纳；逾期 90 日仍未缴纳者，除移送强制执行外，并对事业或污水下水道系统处新台币 6000 元以上 30 万元以下罚锾，家户处新台币 1500 元以上 3 万元以下罚金。

### （七）污水下水道建设

污水下水道兴建与污水处理设施乃是都市重视环保之指标之一，台湾地区目前家庭污水为河川污染之主要来源，台湾乃须加强污水下水道之建设。[①] 依"水污染防治法"第 12 条之规定，污水下水道建设与污水处理设施，应符合水污染防治政策之需要，并且"中央"主管机关应会商"直辖市、县（市）"主管机关订定水污染防治方案，每年向"立法院"报告执行进度。

## 二、水污染管制

依"水污染防治法"对于污染管制之规定，依污染源之不同，将管制之制度分为两类，

---

① 陈樱琴、王忠一：《环境法律》，台湾五南图书出版有限公司 2007 年版，第 161 页。

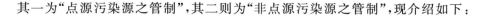

其一为"点源污染源之管制",其二则为"非点源污染源之管制",现介绍如下：

**（一）点源污染源之管制**

所谓点污染源是指有列管之场所,场所依据污染排放之方式不同可将其区分为透过管线排放及透过逸散性排出者,一般将管线排放者称为点源污染,透过逸散性排出者称为线源污染。[1] 然而于水污染事件中,废（污）水皆是透过管线流出,因而对于场所之管制,乃是对点源污染之管制为主。

"水污染防治法"对于水污染之点源污染管制,乃透过事业设立之初设立许可之申请,于设立之后需申请排放许可或简易排放文件,并于运作时需作各式各样检测并申报之,最后由主管机关作定期查证。本文将点源污染之管制方式详述于下：

1. 设立许可之申请

依"水污染防治法"第 13 条之规定,事业于设立或变更前,应检具《水污染防治措施计划及相关文件》,送"直辖市、县（市）"主管机关或"中央"主管机关委托之机关审查核准。此处所指之事业之种类、范围及规模,由"中央"主管机关会商目的事业主管机关公告之[2]。

2. 许可证及简易许可文件之申请

废（污）水之处理,许可之申请,依"水污染防治法"及"水污染防治措施计划及许可申请审查办法"之规定,需申请许可证及简易许可文件之点源污染,可分为对地面水体之排放及贮留或稀释与注入地下水体或排放于土壤三种情况,分述如下：

（1）对地面水体之排放

A. 事业地面水体之排放

事业排放废（污）水于地面水者,依"水污染防治法"第 14 条之规定,应向"直辖市、县（市）"主管机关或"中央"主管机关委托之机关申请,取得排放许可证或简易排放许可文件后,始得排放。排放许可证及简易排放许可文件有效期间为 5 年。期满仍继续使用者,应自期满 6 个月前起算 5 个月之期间内,向"直辖市、县（市）"主管机关或"中央"主管机关委托之机关申请核准展延。每次展延不得超过 5 年。

B. 下水道地面水体之排放

污水下水道系统废（污）水之排放,依"水污染防治法"第 19 条之规定,其准用第 14 条、第 15 条及第 18 条之规定,故污水下水道系统排放废（污）水于地面水体时,应申请许可证或简易许可文件。

观之"水污染防治法"第四章罚则,依第 36 条之规定,事业无排放许可或简易排放许可文件,且其排放废水所含之有害健康物质超过放流水标准者,处负责人 3 年以下有期徒刑、拘役或科或并科 20 万元以上 100 万元以下罚金。又行政罚之部分,事业违反"水污染防治法"第 14 条或第 15 条第 1 项之规定者,依"水污染防治法"第 45 条之规定,处 6

---

① 网址：http://ivy2.epa.gov.tw/air-ei/new_main1-5.htm,最后访问日期：2012/7/16。

② 参见台湾"行政院环境保护署"环署水字第 0970036765A 号公告。

万元以上 60 万元以下罚锾,并通知限期补正,届期仍未补正者,按次处罚。

(2) 贮留或稀释

依"水污染防治法"第 20 条之规定,事业及污水下水道系统贮留或稀释废水,应申请直辖市或县(市)主管机关许可后,始得为之。

(3) 注入地下水体或排放于土壤

依"水污染防治法"第 32 条可知,原则上废(污)水不得注入于地下水体或排放于土壤,但于例外之情况下,经"直辖市、县(市)"主管机关审查核准,发给许可证并报经"中央"主管机关核备者,得例外排注入于地下水体或排放于土壤。此例外之情况有二,其一为污水经依环境风险评估结果处理至规定标准,且不含有害健康物质者,为补注地下水源之目的,得注入于饮用水水源水质保护区或其他需保护地区以外之地下水体。其二则为废(污)水经处理至合于土壤处理标准及依第 18 条所定之办法者,得排放于土壤。

违反上述注入于地下水体或排放于土壤之规定者,依"水污染防治法"第 37 条第 1 项之规定,处 3 年以下有期徒刑、拘役或科或并科 20 万元以上 100 万元以下罚金。行政罚之部分,则依同法第 53 条之规定,违反不得注入于地下水体或排放于土壤之规定者,处 6 万元以上 60 万元以下罚锾,并通知限期补正或改善,届期仍未补正或完成改善者,按日连续处罚;情节重大者,得命其停工或停业;必要时,并得废止其注入或排入许可证、简易排放许可文件或勒令歇业。

上述申请许可所需之文件,"水污染防治法"第 17 条设有环境工程技师签证制度,原则上除纳入污水下水道系统者外,事业依第 13 条规定检具水污染防治措施计划及依第 14 条规定申请发给排放许可证或办理变更登记时,其应具备之必要文件,应经依法登记执业之环境工程技师或其他相关专业技师签证。例外于符合两项情形之一时,得免再依第 17 条第 1 项规定经技师签证,其一为依第 14 条规定申请排放许可证时,应检具之水污染防治措施计划,与已依第 13 条规定经审查核准之水污染防治措施计划中,其应经技师签证事项未变更者。其二则为依第 15 条规定申请展延排放许可证时,其应经技师签证之事项未变更者。

3. 申报

依"水污染防治法"有关点排放之管制规定,其中于第 20 条、第 22 条、第 23 条、第 31 条及第 33 条中皆有申报之规定,依其申报事项分述如下:

(1) 贮留废水

依"水污染防治法"第 20 条之规定,主管机关贮留废水者,应依主管机关规定之格式、内容、频率、方式,向"直辖市、县(市)"主管机关申报废水处理情形。依"水污染防治措施及检测申报管理办法"①第 39 条之规定,事业或污水下水道系统采贮留者,其贮留设施应设置进流水及出流水之独立专用累计型水量计测设施,或自动记录液位及显示贮留水量之计测设施。事业或污水下水道系统,应逐日逐批记录废(污)水贮留时间、输(运)送方式、水量及处理水量,并保存 3 年,以备查阅。

---

① 台湾"行政院环境保护署"环署水字第 0950080183 号令订定发布。

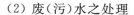

（2）废（污）水之处理

依"水污染防治法"第 22 条之规定，事业或污水下水道系统应依主管机关规定之格式、内容、频率、方式，向"直辖市、县（市）"主管机关申报废（污）水处理设施之操作、放流水水质水量之检验测定、用电纪录及其他有关废（污）水处理之文件。

（3）自行委托水质检测

依"水污染防治法"第 23 条之规定，水污染物及水质水量之检验测定，除经"中央"主管机关核准外，应委托"中央"主管机关核发许可证之检验测定机构办理。检验测定机构之条件、设施、检验测定人员之资格限制、许可证之申请、审查、核发、换发、撤销、废止、停业、复业、查核、评鉴等程序及其他应遵行事项之管理办法及收费标准，由"中央"主管机关定之。

（4）总量管制水体之检测

依"水污染防治法"第 31 条之规定，事业或污水下水道系统，排放废（污）水于划定为总量管制之水体，排放废（污）水量每日超过一千立方公尺者或经"直辖市、县（市）"主管机关认定系重大水污染源者，应自行设置放流水水质水量自动监测系统，予以监测，监测结果，应做成纪录，并依规定向"直辖市、县（市）"主管机关或"中央"主管机关申报。

（5）土壤处理与作物吸收试验及地下水质监测

依"水污染防治法"第 32 条之规定，事业依主管机关核定之土壤处理与作物吸收试验及地下水水质监测计划，排放废（污）水于土壤者，应依主管机关规定之格式、内容、频率、方式，执行试验、监测、记录及申报。

（6）废（污）水贮存监测

依"水污染防治法"第 33 条之规定，事业贮存经"中央"主管机关公告指定之物质时（例如加油站），应设置防止污染地下水体之设施及监测设备，并经"直辖市、县（市）"主管机关备查后，始得申办有关使用事宜。监测设备应依主管机关规定之格式、内容、频率、方式，监测、记录及申报。

违反上述申报义务之规定，明知为不实之事项而申报不实或于业务上做成之文书为虚伪记载者，依"水污染防治法"第 35 条之规定，处 3 年以下有期徒刑、拘役或科或并科 20 万元以上 100 万元以下罚金。行政罚之部分，则依"水污染防治法"第 52 条之规定，违反排放废（污）于总量管制水体监测之规定者，处 3 万元以上 30 万元以下罚锾；情节重大者，得命其停止作为或停工、停业；必要时，并得废止其排放许可证、简易排放许可文件或勒令歇业。

4. 查证及紧急应变

（1）查证

依"水污染防治法"第 26 条之规定，各级主管机关得派员携带证明文件，进入事业、污水下水道系统或建筑物污水处理设施之场所，为检查污染物来源及废（污）水处理、排放情形；索取有关资料；采样、流量测定及有关废（污）水处理、排放情形之摄影等查证工作。各级主管机关依前项规定为查证工作时，其涉及军事秘密者，应会同军事机关为之。对于前 2 项查证，不得规避、妨碍或拒绝。检查机关与人员，对于受检之工商、军事秘密，应予保密。

（2）紧急应变

依"水污染防治法"第 27 条及第 28 条之规定,可知紧急状况亦可分为两种,其一为排放废(污)水,其二则为输送或贮存设备,有疏漏污染或废水至水体之虞者。

前者依"水污染防治法"第 27 条规定,事业或污水下水道系统排放废(污)水,有严重危害人体健康、农渔业生产或饮用水水源之虞时,负责人应立即采取紧急应变措施,并于 3 小时内通知当地主管机关。前项所称严重危害人体健康、农渔业生产或饮用水之虞之情形,由"中央"主管机关定之。[1] 若事业或污水下水道系统排放废(污)水,有严重危害人体健康、农渔业生产或引用水水源之虞时未立即采取紧急应变措施或不遵行主管机关命其采取必要防制措施外,情节严重者,并得命其停业或部分或全部停工之命令,因而致人于死者,依"水污染防治法"第 34 条,处无期徒刑,或 7 年以上有期徒刑,得并科 300 万元以下罚金;致危害人体健康导致疾病者,处 5 年以下有期徒刑,得并科 200 万元以下罚金。行政罚则依第 51 条之规定,事业或污水下水道系统排放废(污)水,有严重危害人体健康、农渔业生产或饮用水水源之虞时,负责人未立即采取紧急应变措施或不遵守主管机关除命其采取必要防治措施者,情节严重者,主管机关得处新台币 6 万元以上 60 万元以下罚锾,并命其停业或部分或全部停工者;必要时,并得废止其排放许可证、简易排放许可文件或勒令歇业。

后者输送或贮存设备之污染,依"水污染防治法"第 28 条规定,事业或污水下水道系统设置之输送或贮存设备,有疏漏污染物或废(污)水至水体之虞者,应采取维护及防范措施;其有疏漏致污染水体者,应立即采取紧急应变措施,并于事故发生后 3 小时内,通知当地主管机关。

**（二）非点源污染源之管制**

依水体污染可分为点源及非点源两类,以往环保单位于管制上,着重于点源污染之管理,反而非点源污染源之管制较为受到忽视。然而随着点源污染通过各种管制措施渐渐受到控制,非点源污染所带来的影响逐渐显现出来,不管是农地、游憩区、施工工地、都市、工厂及工业区,均会因下雨而冲刷出各种污染物、泥沙及营养盐。这些污染物对水库集水区之环境影响极大,使得社会因而承担巨大的经济损失[2]。

非点源污染之控制,因其来源并不固定因而需要有不同之控制方式。故随所在地之不同,应订定不同之控制方式,称为"最佳管理作业"(BMP),此与点源污染防治系对于定点排放之管制有所不同。"最佳管理作业"包含非结构性及结构性两种,所谓非结构性的最佳管理作业,是指管理上之措施,例如农药或肥料使用管制。又所谓结构性的最佳管理作业,则是指建造控制污染之措施。

"环保署"则自 1994 年起即对于非点源污染控制研究,经数年的努力,已完成施工活

① 参见"事业或污水下水道系统排放废(污)水紧急应变办法"。

② 台湾"环保署":《非点源污染管理作业规范》,网址:http://www.epa.gov.tw/ch/aioshow.aspx? busin＝235＆path＝531＆guid＝4e0b4609-a02c-40d0-92b3-d0a8dd00bcd1＆lang＝zh-tw,最后访问日期:2012/7/16。

动、游憩区、工业区、小区及农业区等非点源污染防治最佳管理作业（BMP）手册①。直辖市、县（市）主管机关，则依此对于管辖区内之河流为管理措施。

1. 水污染管制区之设立

依"水污染防治法"第29条之规定，"直辖市、县（市）"主管机关，得视辖境内水污染状况，划定水污染管制区公告之，并报"中央"主管机关。

除上诉由"直辖市、县（市）"主管机关得划定水污染管制区，可自行对于辖境内之河流加以管制外，对于跨县市之水体，"中央"主管机关基于改善水污染，确保水资源之清洁，以维护生活环境，增进国民健康之目的，亦有指定，作为水污染管制区，对此台湾原公告订定"淡水河系水污染管制区"及"台湾地区除淡水河系以外涉及二'直辖市、县（市）'以上河川之水污染管制区"。于2011年5月25日配合2010年12月25日之县市改制，将上述公告废止，另新公布"涉及二'直辖市、县（市）'以上河川之水污染管制区"②。依现行"涉及二'直辖市、县（市）'以上河川之水污染管制区"主管机关指定之作为水污染管制区之水体共有18处③。

2. 水污染管制区之管制事项

水污染管制区之管制，乃是由"中央"主管机关订定一般管制标准，直辖市、县（市）主管机关得视辖区内之水体环境，维持、增订或提高管制标准加以执行。依第30条之规定，于管制区内不得为下列行为：（1）使用农药或化学肥料，致有污染主管机关指定之水体之虞。（2）在水体或其沿岸规定距离内弃置垃圾、水肥、污泥、酸碱废液、建筑废料或其他污染物。（3）使用毒品、药品或电流捕杀水生物。（4）在主管机关指定之水体或其沿岸规定距离内饲养家禽、家畜。（5）其他经主管机关公告禁止足使水污染之行为。

所谓经主管机关公告禁止足使水污染之行为依据台湾"环保署"2002年7月5日环署水字第0910045352号之公告，包括：（1）在河川区域内进行疏浚、埋设管线或其他工程，致A. 工程进行河段属已公告水体分类中甲、乙类水体者，其上、下游水质变化大于或等于15％。B. 工程进行河段属已公告水体分类中丙类水体者，其上下游水质变化大于或等于30％。C. 工程劲刑河段属已公告水体分类中丁、戊类水体者，其上、下游水质变化大于或等于50％。D. 工程进行河段属未公告水体分类知河段者，其上、下游水质变化大于或等60％。（2）所有人或管理人因天灾、事变或其他不可抗力事由，导致污染物介入水体或其沿岸规定距离，且为依主管机关规定，于期限内完成清除或阻断污染物进入水体及沿岸规定距离者。

3. 违反水污染管制区管制事项之罚则

违反上述第30条规定者，依"水污染防治法"第52条之规定，处新台币3万元以上30万元以下罚锾，并通知限期改善，届期仍未完成改善者，按日连续处罚；情节重大者，得命其停止作为或停工、停业；必要时，并得废止其排放许可证、简易排放许可文件或勒令歇业。

---

① 台湾"环保署"：《非点源污染管理作业规范》，网址：http://www.epa.gov.tw/ch/aioshow.aspx? busin=235&path=531&guid=4e0b4609-a02c-40d0-92b3-d0a8dd00bcd1&lang=zh-tw，最后访问日期：2012/7/16。

② 涉及二直辖市、县（市）以上河川之水污染管制区总说明。

③ 参阅台湾"行政院环境保护署"环署水字第1000043540号公告。

## 三、水污染事件纠纷之处理途径

发生水污染之纠纷时，从受害者、污染者、行政机关等不同当事人间之关系观之，所牵涉到之法律问题横跨行政、民事、刑事，其处理途径一同，因而本文将从当事人间之关系出发，对于水污染纠纷之处理加以探讨，分述如下：

### （一）受害者与污染者

从受害者与污染者之间关系观之，受害者乃受到污染者之侵害，故受害者得于民事上请求污染者之侵权行为损害之赔偿。并得基于法益之侵害，污染者需负刑事责任。故将受害者与污染者之关系分为民事处理途径及刑事处理一同观之。

1. 民事处理途径

民事处理途径上，受害者得依"民法"债编有关侵权行为之规定向污染者要求侵权行为之损害赔偿。故受害者可援引"民法"第 184 条规定，即"因故意或过失，不法侵害他人之权利者，负损害赔偿责任。故意违背善良风俗之方法，加损害于他人者亦同"。及"民法"第 191 条规定，即："土地上之建筑物或其他工作物所致他人权利之损害，由工作物之所有人负赔偿责任。但其对于设置或保管并无欠缺，或损害非因设置或保管有欠缺，或于防止损害之发生，已尽相当之注意者，不在此限"。或"民法"第 191 条之 3 规定，即："经营一定事业或从事其他工作或活动之人，其工作或活动之性质或其使用之工具或方法有生损害于他人之危险者，对他人之损害应负赔偿责任。但损害非由于其工作或活动或其使用之工具或方法所致，或于防止损害之发生已尽相当之注意者，不在此限"。向建筑物或工作物之所有人及事业或从事其他工作或活动之人请求侵权行为之损害赔偿。

然而受害人选用"民法"之救济程序时，往往会遇到举证责任之困难，因而达不到救济之效果，虽然"民法"于修正时已有加强保护受害人，但仍有不足。故于 1980 年底研议制定"公害纠纷处理法"，并于 1992 年公布施行[①]。所称公害，系指因人为因素，致破坏生存环境，损害国民健康或有危害之虞者。其范围包括水污染、空气污染、土壤污染、噪音、振动、恶臭、废弃物、毒性物质污染、地盘下陷、辐射公害及其他经"中央"主管机关指定公告为公害者。所称公害纠纷，指因公害或有发生公害之虞所造成之民事纠纷。故根据该"法"之规定其所称之公害纠纷亦包含水污染之民事公害纠纷。

"公害纠纷处理法"规范之公害纠纷处理程序乃是透过成立各直辖市、县（市）政府设调解委员会，调解委员会之设立乃需符合"公害纠纷处理法"之规定。依"公害纠纷处理法"第 14 条之规定，公害纠纷之一造当事人，得以申请书向公害纠纷之原因或损害发生地之直辖市或县（市）调处委员会申请调处。调处成立后经法院核定后，与民事确定判决有同一之效力；当事人就该事件，不得再行起诉；其调处书得为强制执行名义。若调处不成立，其属于因公害纠纷所生之损害赔偿事件者，则可依"公害纠纷处理法"第 33 条之规

---

① 颜秀惠：《公害纠纷处理相关法规》，载台湾《绿基会通讯》第 24 期（2011 年 4 月），第 16 页。

定,当事人得就同一事件申请裁决委员会裁决。所谓公害纠纷裁决委员会,乃"行政院环境保护署",基于裁决经调处不成立之公害纠纷损害赔偿事件,依"公害纠纷处理法"第9条之规定设立。裁决之当事人于裁决书正本送达后20日内,未就同一事件向法院提起民事诉讼或经撤回其诉者,视为双方当事人依裁决书达成合意。裁决书经法院核定后,与民事确定判决有同一之效力;当事人就该事件,不得再行起诉;其裁决书得为强制执行名义。若当事人于20日内就同一事件向法院提起民事诉讼或未撤回其诉者,则进入民事诉讼程序。

2. 刑事处理途径

于水污染纠纷中,受害者受"刑法"上所保护之生命身体健康法益,有因污染者之污染行为而受到侵害时,被害人或其他有告诉权之人得向侦查机关申告犯罪事实,并请求追诉之意思,而为告诉。

**(二)受害者与行政机关**

受害者与行政机关间之关系,于水污染纠纷中,往往是在行政权独大又偏袒企业财团情形下,义务律师团为农民、为环境、为法治,对不公不义之行政权提出司法诉讼,寻求维护人民之权益或者透过请求"国家"赔偿之方式达到救济,故将此分述如下[①]:

1. 公益诉讼程序

公益诉讼基本上为对行政机关之不作为所提起之行政诉讼[②]。于台湾地区之行政诉讼及环境保育法规中亦有引进该公益诉讼之制度。台湾"行政诉讼法"第9条即规定,人民为维护公益,就无关自己权利及法律上利益之事项,对于行政机关之违法行为,得提起行政诉讼。但以法律有特别规定者为限。此处法律有特别规定,观之水污染相关之法规,于"环境基本法"与"水污染防治法"中皆有所规定,"环境基本法"第34条规定:"各级政府疏于执行时,人民或公益团体得依法律规定以主管机关为被告,向行政法院提起诉讼。行政法院为判决时,得依职权判令被告机关支付适当律师费用、监测鉴定费用或其他诉讼费用予对维护环境质量有具体贡献之原告"。"水污染防治法"则于第72条规定:"事业、污水下水道系统违反'本法'或依'本法'授权订定之相关命令而主管机关疏于执行时,受害人民或公益团体得叙明疏于执行之具体内容,以书面告知主管机关。主管机关于书面告知送达之日起60日内仍未依法执行者,受害人民或公益团体得以该主管机关为被告,对其怠忽执行职务之行为,直接向高等行政法院提起诉讼,请求判令其执行。高等行政法院为前项判决时,得依职权判命被告机关支付适当律师费用、监测鉴定费用或其他诉讼费用予对维护水体质量有具体贡献之原告"。可知,对于水污染之纠纷,若行政机关对于其应作为之义务而不作为,受害者或公益团体得向高等行政法院提起公益诉讼,受害者及环保团体便能藉公益诉讼之提起要求法院命主管行政机关依法作为。

---

① 颜秀惠:《公害纠纷处理相关法规》,载台湾《绿基会通讯》第24期(2011年4月),第17页。
② 叶俊荣:《环境政策与法律》,台湾元照出版有限公司2010年版,第243页。

2. 国家赔偿程序

依"国家赔偿法"第 2 条之规定,公务员怠于执行职务,致人民自由或权利遭受损害者,"国家"应负损害赔偿责任。故于水污染纠纷中,行政机关之公务员若有怠于执行职务之情形,造成人民之权利因该水污染事件而受有损害之情形,受损害之人得依"国家"赔偿之程序请求"国家"赔偿。

**(三)行政机关与污染者**

因污染者违反环境法规之污染行为,而造成水污染事件时,行政机关基于环境法规,亦得对其为刑事制裁或行政管制,分述如下:

1. 刑事制裁

依水污染相关法律,于"水污染防治法"第 34 条至第 39 条,设有刑事处罚之规范,于"刑法"中亦有第 190 条及第 190 条之 1 之刑事处罚规范,故政府得透过刑事追诉之手段,于该当上述水污染犯罪要件,科以刑责。台湾地区关于水污染的刑事制裁手段很多,包括徒刑、拘役、罚金等。值得一提的是,对于水污染事件之污染者最高可以判处无期徒刑,罚金的额度最高可至 500 万新台币。刑期之长、罚金数额之大、刑事制裁之重可见一斑。

2. 行政手段

依水污染相关法律,因违反行政义务或不当之污染行为时,行政主管机关应依水污染防治相关之规定,予以行政裁罚。

# 四、结　论

从台湾地区对于环境保护之立法演变中可见,"水污染防治法"之立法虽早,但因当时各环境法规较为凌乱而效率不彰,于后经过历次之修法,其措施及管制之法制上甚为周全,加上"环境基本法"之设立,使得各环境法规间之运作能有所依据,效率也随之彰显。然而水污染之法律规定,目前乃着重于管制面,以资源永续利用之预防性规定,仍未有所完整之立法,对此仍需改进。

于水污染事件之处理上,人民对政府之公益诉讼引进,也盼其能够使得民众能够对于水污染事件之处理有所参与,而达到督促执法之公益目的。

# 水法基本原则之法律比较

## ——我国水法、欧盟《水框架指令》及德国《水平衡管理法》

沈百鑫[*]

法律原则不仅是法律体系所不可缺少的[①],而且在部门法中也日益受到重视,甚至通过法律规定予以确定。为应对已有一般法律规定的不足,经常以基本原则为整部法律定下基调,为司法实践提供解释的依据,同时也有利于法律所追求价值的一以贯之。因此,除基本原则服务于法律所追求的现实目的外,也对整个部门法统一性负责。

21世纪被称为是水的世纪,全球范围内水问题日益严峻。对水和治水的重要性认识十分明确,"水是重要的自然资源,又是构成环境的要素,人类生活和一切生产活动都离不开水","治水问题成为历代治国安邦的大事"。[②] 针对严峻的水情,法治社会下水法[③]于此承担着关键性的作用。以下从我国水法的基本原则出发,再相应考察欧盟及德国水法中的基本原则,最后为我国水法提出若干建议。

## 一、我国水法的基本原则

水危机表面上是自然界中的水无法满足人类社会的发展需要,而实际是由于社会发展与传统水利之间不平衡所导致的[④],即水法所面对的最主要问题——对现代水利的规范与引导。《水法》、《水污染防治法》、《防洪法》和《水土防治法》共同构成我国法律对水管理的主要规范,我国水法体系自1984年《水污染防治法》实施起近三十年的迅速发展是传统社会向法治社会转变的印证,也体现了水管理的重要性。以下从《水法》和《水污染防治法》规定出发,理解我国水法的基本原则。

---

[*] 沈百鑫,亥姆霍兹联合会环境研究中心(Helmholtz UFZ)客座研究员,莱比锡大学法学院博士生。

[①] 张文显主编:《法理学》,高等教育出版社2007年版,第121页。

[②] 《关于〈中华人民共和国水法(草案)〉的说明》,载《中国水利》1988年第3期。

[③] 这里对水法取广义,指一切涉及对水管理规范的法律规定,主要是指核心的《水法》、《水污染防治法》、《防洪法》和《水土保持法》四部法律。

[④] 郑通汉:《制度文化水危机》,载《中国水利》2005年第1期;姜文来:《水危机的主因是管理不善》,载《中国减灾》2007年第8期;伍新木:《水生态系统危机是最严重的水危机》,载《中国水利》2009年第19期。

### （一）《水法》的基本原则

法律的基本原则与立法目的紧密相关，立法目的往往决定了基本原则。1988 年《水法》颁布实施 14 年后，《水法》[①]于 2002 年作了全面的修订。首先，经修订后的《水法》仍强调"开发利用水资源与防治水害"作为《水法》的直接立法目的。[②] 基于此，在此的"保护"只是为了水资源的可持续"利用"的目的而进行的保护，此意义上的"保护"并不是基于现代环境法的理念，而仍然是属于传统意义上，只考虑到资源的枯竭可能而采取被动的不适用预防原则的资源保护。其次，尽管提出了"可持续"性理念，然而"可持续利用"在一定程度上是对可持续理念的一种误读。从《水法》第 1 条"水资源的可持续利用"的表述上就是值得疑问的，可持续原则强调的是保护，而不是利用。在表述上把保护与开发、利用、节约三者进行并列，然而所谓"开发、利用、节约"其实都是水体使用的一个方面，将此三方面与"保护"并列在一起，就体现出法律对水体使用的促进与祖护。

### （二）《水污染防治法》的基本原则

在 1984 年的《水污染防治法》中没有对于水污染防治的基本原则作出规定，而直到 2008 年《水污染防治法》第二次修订中，才增加了水污染防治的基本原则，加强水污染源头控制。[③] 第 3 条中规定："水污染防治应当坚持预防为主、防治结合、综合治理的原则，优先保护饮用水水源，严格控制工业污染、城镇生活污染，防治农业面源污染，积极推进生态治理工程建设，预防、控制和减少水环境污染和生态破坏。"本条中规定了基本原则，即"预防为主、防治结合、综合治理"。应当说这是环境法原则在水体管理上的具体贯彻，强调了生态治理工程建设，这是环境综合治理的体现。但正如法条中明确指出的"预防为主、防治结合、综合治理"只是"水污染防治"的原则，说明这些原则实质上受制于整个水法体系的设置，它也无法延伸影响到作为基础性法律的《水法》中。

## 二、欧盟《水框架指令》的基本原则

欧盟《水框架指令》是欧盟在结合自身多年在水治理领域的经验与法规基础上，对于水管理作出的一个重要的框架性法规，不仅将以往的多部法规综合到此框架内，还为水领域的治理提供了未来一定时期的法律发展框架，对成员国国内水管理法规起着重要的指导作用。其重点在于改善支撑动植物群体均衡发展的水生环境，健康的生态系统意味着有优质的水供人类使用。而如何改善自然的水生环境，其重点又在于对水体使用进行良好的规划，从而保证社会经济需求与环境需求之间的平衡。[④]

---

[①] 载《全国人民代表大会常务委员会公报》2002 年第 5 期。

[②] 黄建初主编：《中华人民共和国水法释义》，法制出版社 2003 年版，第 1 条。

[③] 《关于〈中华人民共和国水污染防治法（修订草案）〉的说明》，载《全国人民代表大会常务委员会公报》2008 年第 2 期。

[④] 马丁·格里菲斯：《欧盟水框架指令手册》，水利部国际经济技术合作交流中心译，中国水利水电出版社 2008 年版，第 3 页。

在《水框架指令》中第1条明确指令具体目的上可以分为几个方面:避免退化、防治和改善水生生态系统及与其直接相关的陆地和湿地生态系统状况、促进可持续的水使用、减少有害物质造成的污染、逐步减少地下水污染、减少洪水与旱灾的影响。第二句明确规定:"本指令目的在于,为内陆地表水、过渡性水体、沿海水体和地下水的保护建立一个规范框架,致力于:(1)防止水生态系统及考虑到其水平衡状况下的直接依赖于水生态系统的陆地生态系统和湿地的状况的进一步退化以及保护和改善;(2)在长期保护可利用水资源的基础上,促进可持续的水利用;(3)强化水生环境的保护与改善,尤其是通过逐渐减少重点污染物质以及停止或逐步停止重点有害物质下泄、排放和散逸;(4)保证逐步减少地下水污染,防止对其进一步污染;(5)对减轻洪水与干旱影响,通过以上五点从而使得:提供充沛的优质地表水与地下水的供应,正如可持续的、均衡的及公平的水利用所要求的;显著减轻地下水污染;保护主权内水体和海洋水体;实现相关国际协议规定的目标,包括预防与消除海洋环境污染,按照第16条第3款由欧共体停止或逐步停止重点有害物质的排入、排放和散布,最终实现海洋环境浓度接近自然本值和人造合成污染物浓度趋于零。"

正是在这个统一而单纯水体保洁的立法目的[①]下,《水框架指令》达到新的高度。尽管在不同成员国之间有着合作机制,但如果不统一水体管理目的,这种合作也是非常有限的,所以以《水框架指令》第1条的立法目的,不仅对于整个指令有着指导性意义,而且在统一水管理的单纯目的基础上也有助于各国积极落实与执行欧盟《水框架指令》。这个保护水体的立法目的,即包括地表水又包括地下水,不仅保护水生生态还涉及相关的陆地和湿地生态系统,不仅是防止污染还追求可持续的水使用,此外还涉及水害:洪水与旱灾。正是在这样的立法目的的确定下,欧盟的《水框架指令》对于成员国的水法有着革命性的意义,使其从传统的资源性水管理转变到一种环境保护意义下侧重生态的水体管理。[②]

## 三、德国《水平衡管理法》的基本原则

随着欧盟《水框架指令》的颁布,德国水法更明显地受到欧盟法的影响。欧盟指令要求成员国在特定的期限内把欧盟指令转化为成员国国内法,同时在实体法上还规定了特定的约束性义务。2009年新修订的德国《水平衡管理法》[③]第1条明确规定:本法之目的

---

① Czychowski/Reinhardt,(2010),Wasserhaushaltsgesetz. Unter Berücksichtigung der Landeswassergesetze,Kommentar. 10. Aufl. Beck, S. 81.

② Micheal Reinhardt,Das neue Wasserrecht zwischen Umweltrecht und Wirtschaftsrecht,in M. Reinhardt(Hrsg.):Wasserrecht im Umbruch,2007,S. 9ff.

③ 德国《水法》自1958年完成立法后,到2009年前一共进行了七次水法修订案,都没有进行条文的重新编排,只是在原条文基础上进行补充与修改,而新的《水平衡管理法》进行了全面的结构与条文的重新编排。德国《水法》的法条明确为Wasserhaushaltsgesetz,这个Haushalt一般是指家政、财政收支的意思,在水法的意义上,这个"水政"是指从供应与需求双方面相对的规定,就像是一种工具,主要目的是要保持或在可能情况下增长,这种水平衡管理不仅是涉及当下,更是对于可预见未来的需求予以保障。这种水平衡管理更符合作为生态系统一部分的自然现象。Czychowski/Reinhardt,S. 69.

在于,通过一种可持续的水体管理,保护作为生态平衡中的组成部分、作为人类的生活基础、作为动植物的生活空间以及作为可利用物之水体。① 它确定了水体的意义和生态的保护目的,并规定以可持续的水体管理作为实现目的之指导原则。②

《水平衡管理法》除了通过第 1 条的立法目的规定外,通过第 6 条规定,对水管理普遍性原则作出详细的明确。具体规定如下:"水体管理的普遍原则:1. 水体应该可持续性地予以管理,尤其依此目标,(1)保持和改善水体作为生态平衡的组成部分和作为动植物的生存空间的功能和效用,特别是通过防止水质的不利改变;(2)避免在对直接依赖与水体的陆地生态系统和湿地的水平衡方面造成的影响,当不可避免时,要尽可能弥补仅非轻微的影响;(3)为了公共福祉和与公共福祉相一致的个人利益,使用水域;(4)保持和创造现实的或将来的利用可能性,尤其于公共的水供应;(5)预防气候变化的可能后果;(6)对地表水体,尽可能地保障自然的和无害的水流方式,特别是通过把水保留在土壤层中来预防造成不利的洪水后果;(7)有助于海洋环境的保护。可持续的水体管理必须整体保障对环境的一种高的保护水平;同时必须要照顾到,不利作用从一个保护对象向另一个保护对象可能的转移以及气候保护的必要性。2. 处于自然或者近自然状态的水体,应当保持这种状况,当与公众福祉的重要理由不冲突时,不是按接近自然方式修建的自然水体应当尽可能再恢复到一种近自然的状态下。"这一条是对第 1 条的完全展开,普遍原则包括了十分丰富的内容,这是水法在发展中逐渐增加的,在这次新水法修订中予以了集中的。③ 水法的核心结构原则是国家的管理职责,这种义务原则上要求对每个水体使用都需要得到行政许可。④ 这条就体现了水法的公法本质以及其实施执行是国家相对于公民所承担的任务,行政机构在管理中要遵循可持续性理念,尤其是体现第 1 款中所列举的七个方面。在第 2 款中规定了追求自然状态的水体,这也完全是出于环境保护的理念。不仅是保护水量与水质,同样还要求保护作为栖息地的水体,以及水体与生态环境的系统性。

## 四、对我国水法的借鉴意义

### (一)发展的水法——从资源开发向环境保护侧重的转变

水法是不断发展和进步的。就如水法中"水体保护"这个核心概念的提出,在我国水法中主要使用水资源、水环境、水资源利用和保护以及水环境保护等概念,但在科学与社会不断发展中,这些概念都代表着水法的历史性阶段。水法最初的任务就在于衡量、规范和协调多种不同的使用利益。事实上在现代环境法还没有产生之前,水体保护并不是

---

① §1 von WHG v. 31. 7. 2009, BGBl I, 2585.
② BT. Drs. 16/12275, 17.03.2009, S. 53.(新法的草案说明)
③ Czychowski/Reinhardt, S. 148.
④ BT. Drs. 16/12275, 17.03.2009, S. 55.

作为水管理法自其产生以来就必然的组成部分,甚至在某些时候陷入一种相互冲突中。①

德国及欧盟水法就是不断发展与转变的例子。19 世纪末《德国民法典》制定中,人们就试图将水规范纳入到民法典中,当时水法已有很大部分是公法上的内容,而私法的水规范各地规定不同,所以最后没有成功。这也说明了水的法律规范是极为复杂的。随着 20 世纪 60 年代现代环境法新兴,水法规的复杂性又增添了更多变数。水法第一次生态化现象发生在 20 世纪 70 年代环境法产生时期,但水法也并不是完全作为环境法的部门法规。到 2000 年欧盟《水框架指令》再次推动了从水经济的水体管理向主要是生态的水体管理、明显强调水体保洁的目的的革命性转型②。由此在水法中环境保护部分不断增加,传统意义的水法部分不断式微。③ 在看到水法的历史发展和水法保护的多维利益的同时,也明白从根源对自然的水体保护角度出发,才是可持续水管理的根本。

另外,水法必定要从人类对水体的使用为出发点,对此就需要设立公法上的强制性管理机构。欧盟《水框架指令》和德国《水平衡管理法》都是对于水(体)使用进行管理为根本出发点的。在德国水法中公共水供应与有序的废水处理在一定程度上是一个事物紧密相连的两个方面,所以在法律上包括取水后使用,到使用后排放废水这是两种使用形式,而且用水权益并不包括对于水质的影响。这两种水体使用都需要根据水体的质量和数量上的保护符合生态目标,由此才能依照自然水循环形成一种循环经济。这里的"使用"不是民法意义上的使用,而是从对水体造成的结果而言的,即对水体产生影响的使用,在德国水法中是通过事先审查来进行严格的控制。个人没有水体使用权,仅有向水体管理机构的申请权,而且个人对于水体管理机构不是一种满足条件就能得到批准的许可权,而是基于主管机构的自由裁量下的需要豁免权的绝对禁止,申请人如果不服只能要求主管机构"合法审查申请"的权利,而不具有对水体使用的实体性权利。它不同于一般行政法中符合条件即予许可的预防性禁止。④ 德国水法受欧盟水法的影响,同样越来越侧重从环境保护法的角度出发,从最基础的根源上来保障水体对于人类及自然环境的贡献。因此,水法越来越采用综合统一的环境保护法的机制与理念,环境保护的考量与内容已在水法中占着绝对比重。

### (二)深刻理解可持续性原则

可持续发展理念已成为迄今为止国际社会最广为接受的指导发展的总体战略,其理念全面深刻地影响着环境立法。可持续发展至少包括生态、经济和社会三个层面的协调,在原来唯独强调经济发展的现状下必须把环境问题和社会发展问题考虑进来,可持续发展理念的重点不是在发展上,而是"如何"发展的定义上,即"可持续"。它要求在全

① M. Reinhardt, Das neue Wasserrecht zwischen Umweltrecht und Wirtschaftsrecht, in M. Reinhardt (Hrsg.): Wasserrecht im Umbruch, 2008, S. 11.
② Salzwedel, Schutz natürlicher Lebensgrundlagen, in: Isensee/Kirchhof (Hrsg.), Handbuch des Staatsrechts der Bundesrepublik Deutschland, Band IV, 3. Aufl. 2006, § 97 Rn. 62.
③ M. Reinhardt, S. 11.
④ M. Reinhardt, S. 11. Breuer, Öffentliches und privates Wasserrecht, 3. Aufl. 2004, Rn. 31.

球化的平台上对于环境和发展问题采取均衡和综合的处理方法。[①] 这要求在制定经济、社会、内政、能源、交通、贸易等多项政策时要更为系统地考虑到环境问题,在制定中就考虑到可能对环境方面产生的影响,这就要求形成新的对话形式和合作原则。[②] 在我国水法和欧盟及德国水法的立法目的中都规定了"可持续"原则,我国强调"水资源的可持续利用",德国水法则强调可持续的水体管理要基于保障高水平的环境保护。水管理不仅只是从人类的直接利益出发,而更要把水体理解为生态平衡的组成、动植物生存空间,把水体与陆地及湿地一并思考,并尽可能弥补人类行为造成的不利影响,由此保持和创造水体的现在和将来的多种利用可能性。同时还考虑到洪水防治与海洋环境保护的利益。可持续性除了保障将来的能力外,还体现在多种利益的综合全面考虑,而这种理念的实现最根本的就是从环境保护的立场出发,这是可持续水管理的必然要求。环境保护是欧盟和德国水法的直接立法目的,是可持续水治理的最终目的,它不是一种手段,而是与经济、社会发展同样属于目的范畴,具有同等地位。

此外可持续理念不应只是停留在目的与理念上,需要有一系列的制度与措施予以支撑,并保证实施。欧盟《水框架指令》从水量和水的化学状况、水体的生物状况和水体结构状况系统性出发以流域统一管理的理念,综合地对环境目标进行明确规定也正与联合国《可持续发展21世纪议程》中第十八章的规定[③]有着共同的理念。我国《水法》修订中加强了对于规划手段的应用,规定了流域统一管理机制,同时还强调了节约用水和减少浪费的具体措施性规定,这都是可持续理念在水管理上的体现,但同时,在水量与水质的统一综合考虑上、在水体保护利益在其他相关经济领域的政策制定中得到明确的考量上,以及在公众参与和机构合作方面都还仍然有待改善。[④]

环境法的立法目的也正是以"可持续发展"理论的共同认可分为以20世纪90年代中为界限的前后二个阶段,环境法从单一强调污染或自然保护转向全面的环境保护;由强调末端为主的技术性措施向强调源头控制的环境治理转变;从经济建设为中心的发展向可持续性发展观的转变。确立谋求人与自然的和谐,保持环境清洁和维护生态平衡,确保当代以及后代人的环境与发展权的环境法立法目的,是可持续发展作为环境立法目的理念在环境立法中处于逻辑原点的必然要求。[⑤] 环境法与可持续理念二者相互依存,环境保护是可持续理念不可或缺的重要组成,没有20世纪60年代起的现代环境保护运动,就不可能提出可持续理念。而同时,可持续理念又促进了现代环境法的发展,使得环境法深入到每一个传统的法律部门里面,只要以环境保护为目的的和能促进环境保护的

---

① 根据《联合国可持续发展二十一世纪议程》第 1.1 和 1.2 项。

② 根据《联合国可持续发展二十一世纪议程》第 8.2 项,同样见欧盟《水框架指令》立法原则第 16 项规定。

③ 《联合国可持续发展二十一世纪议程》第 18.3 项规定:"必须对水资源进行统筹规划和管理。这种统筹规划必须覆盖所有各类的相关淡水水体,包括地表水和地下水,同时需要适当考虑到水的量与质方面。在社会经济发展的背景下开发水资源的多部门性质,以及水资源对用水供应和卫生、农业、工业、城市发展、水力发电、内陆渔业、运输、娱乐、湿地管理和其他活动的多方面利益用途,都必须得到确认。在为开发地表水和地下水供应源和其他潜在来源拟定合理的用水计划时,还必须以同时采取节约用水和尽量减少浪费的措施予以支持。"

④ 参见王亚华:《水危机的根本出路:治道变革》,载《绿叶》2007 年第 5 期。

⑤ 巩海平:《论环境法目的理念及其实现路径》,载《兰州大学学报(社会科学版)》2010 年第 3 期。

都被视为环境法规。

### （三）一部统一而综合的水法

基于德国及欧盟的水法发展经验,在统一理念下综合的水体保护是其共同的发展趋势。尤其是以欧盟《水框架指令》为代表,有一个统一的理念,这就是以水体状况为保护对象、以水质为导向的水综合管理。从水体保护这个单纯利益出发,以共同体内所有水体的化学和生态的良好状况为追求目的,要求基于对现有资源的长期保护的基础上促进可持续的水体使用。"有必要制定统一水政策"①,统一水政策一方面需要建立在统一水法规体系上,另一方面也体现在基于环境保护的基本原则上,强调对自然的水体保护为根本的可持续水治理。正如《水框架指令》,它是首个保护所有水体②的统一的欧盟法律,而且不再只以水体的化学状态,而更多地考虑到水体生物学和水体结构学来判断水体状况。欧盟《水框架指令》立法原则说明第 11 项中明确规定了其立法根据是基于欧共体的环境政策与根本条约中的环境保护的规定,"应有利于实现保持、保护及改善环境质量为目标,保证谨慎和合理地使用自然资源",并基于环境法上的预防原则、污染者付费原则和综合治理原则。德国水法也深受欧盟《水框架指令》理念的影响,也日益从传统的调整用水利益向从更为根本和基础的水体保护转变,整体适用环境保护中综合与预防原则。

我国现有水领域的立法,《水法》、《水污染防治法》、《防洪法》以及《水土防治法》之间没有形成统一的理念,而原本作为基本法的《水法》在各法的多次修订后,法条上的相关性日益减弱。统一的水管理政策也是可持续水管理的必然要求,只有基于综合的统一理念下,从水体生态的系统性理念出发,水法才能符合现代社会下的治水需要。在近期内无法实现四部法律统一的前提下,如何实现整个水法体系的系统化是水法有效实施的必要前提。对此,欧盟与德国水法中的环境保护的统一理念和综合的水体保护措施是我国水法需要从立法目的和基础原则上予以明确规定并要以水法具体法规作为支撑的。

统一而综合的水法是建立在环境保护这个基础之上的。在欧盟《水框架指令》和德国《水平衡管理法》中,都已经将重点转向环境优先,即只有在保障自然水体的自身良好功能的前提下,才能长期保障人类的各种用水利益。在我国环境政策中也已有相关的环境优先的体现,即:"在环境容量有限、自然资源供给不足而经济相对发达的地区实行优化开发,坚持环境优先。"③现代水治理的意义已经完全超出了传统的在生产、生活和生态用水之间的协调问题④,而是在不能协调的情况下如何保障生态用水的优先性问题,因为生态用水是生产用水和生活用水的根本,没有生态用水的保障,谈不上长期保障生产和

---

① 欧盟《水框架指令》立法原则中第 9 项。
② 正如欧盟《水框架指令》中的名称,它是一种框架性指令,虽然它规定了从水源头到入海口,从地表水体到地下水体对水综合整体来进行管理,但为实现指令所规定的目标,还是需要出台具体详细的法律,正如 2006 年颁布的《防止地下水污染和变差指令》和 2007 年颁布的《洪水风险管理指令》都进一步对欧盟水法进行了充实。
③ 国务院《关于落实科学发展观加强环境保护的决定》,国发〔2005〕39 号,载《国务院公报》2006 年第 3 期,第 10—17 页。
④ 我国《水法》第 4 条规定,还只是强调用水之间的相互协调,而不是以优先在保障环境用水的前提下才来实现对生活与生产的用水之供应,而且根据欧盟水法,其重点就只落在以质量为导向的水体环境保护上。

生活用水。另外,水治理是环境保护最核心的一个领域,水问题或水危机也就意味着生态问题与生态危机。不管是资源危机还是治理危机①,水管理最急需的就是要从原来以"资源开发利用"的理念升级到"环境保护"的理念,水法的立法目的要从原来的鼓励开发利用转变到环境保护。②

---

① 参见王亚华:《水危机的根本出路:治道变革》,载《绿叶》2007年第5期。
② 另参见王小钢:《对"环境立法目的二元论"的反思》,载《中国地质大学学报(社会科学版)》2008年第4期。

# 美国水产养殖综合治理政策研究<sup>*</sup>

杨诗鸣<sup>**</sup>

水产养殖指人为控制下繁殖、培育和收获水生动植物的活动。水产养殖作为人类重要的粮食和经济产业,对人类文明发展发挥着重要的作用。近一个世纪以来,快速增长的世界人口和经济发展带动了水产养殖的现代化转型。1970 年到 2008 年世界水产养殖产量翻了 25 倍。仅从 2004 年到 2009 年,世界水产养殖年产量就增加了 31.5%。<sup>①</sup> 但是,水产品养殖的发展伴随着一系列环境、经济和社会问题,以污染为最直接的表现形式。这些困难来自不科学的发展方式,并严重威胁着水产养殖的可持续发展。美国在水产养殖及相关面源水污染治理上有多年的经验,为了应对这一两国共同的环境问题,本文介绍了水产养殖污染的种类和本质,论证了中美水产养殖污染的共同点。随后文章介绍了美国与水产养殖治污相关的主要政策和思路。通过介绍并分析这些政策,以图为中国水产养殖综合治理法规制定提供参考。

## 一、水产养殖污染的本质

水产养殖种类和规模有着显著的地域差异,对当地环境的影响程度也有差别。从污染种类来说,水产养殖污染可分为化学污染、物理污染和生物污染三种。化学污染主要指养殖过程中的废物废水排放,包括粪便和多余饲料及鱼药。物理污染主要指养殖对物理生态环境的改变和破坏,例如围网养殖对湖泊沼泽化的加速。生物污染包括养殖物种泄露到自然生态环境中对野生物种的影响。世界各国由于水产养殖的生态和社会环境的发展程度不同,其产生的污染也有差别。比如,发展中国家多在自然湖泊中进行水产养殖,而发达国家如美国,由于湖泊保护措施较严格,因此淡水养殖多在人工挖建的池塘

---

\* 编者按:与传统大陆法系的"提出问题—分析问题—解决问题"的研究思路和论文撰写方法不同,《美国水产养殖综合治理政策研究》一文,作者采用了英美法系的"演绎式"研究思路和论文撰写思路,通过对美国水产养殖思路、体制机制、具体案例、典型地区等的介绍,经过不断分析最终归纳总结出对我国水产养殖的借鉴意义进而得出最终结论。

\*\* 杨诗鸣,美国密歇根大学自然资源和环境学院硕士研究生。

① FAO, UN, 2010, *The State of World Fisheries and Aquaculture*, Rome.

中进行,所以对自然水体的物理破坏并不严重。相比之下,养殖废水排放造成的化学污染则是发达国家和发展中国家共同面临的环境问题,并且随着水产养殖的规模扩大而日益严峻。

水产养殖化学污染本质上是含有营养物质的废水的面源污染。养殖废水中多余的营养物质(氮、磷等)不会直接对人体产生危害,而是通过使水体富营养化、耗尽氧气来威胁水体生态系统。这种污染不仅威胁当地水体生态系统,也会传染到其他自然水体,使污染蔓延。水产养殖废水污染在治理上面临两个问题。首先,这种营养物质污染既不对人体产生直接危害,也可以被生物直接吸收,其速率因地而异,如何制定合理的排放标准,既不阻碍生产又能保护环境,就成了难题。其次,水产养殖通常在农村地区的水体进行,不仅没有容易监测的排放渠道,排放的生活废水和农业废水混在一起,又加大了管理和监督的难度。

大多数发达国家由于淡水养殖业规模较小,造成的污染从数量也较少。而对于发展中国家来说,由于水产养殖是很多国家的"脱贫产业",为大量农民提供了重要的收入来源和营养摄入,其规模较大,污染也较严重。但从本质上来说,水产养殖污染的污染物和污染途径都属于农村面源污染,而农村面源污染则是发达国家和发展中国家共同面临的环境问题。因此,为了综合治理水产养殖的污染,不仅可以借鉴发达国家的水产业立法和管理制度,其在营养物质面源水污染方面的经验也同样有学习的价值。

美国在环境保护立法和管理制度上走在世界的前列。20世纪中叶美国国内工业化造成了严重的空气和水污染,直到70年代初成立环保局并开始环保立法,四十多年来美国积累了大量污染治理的经验。下文首先介绍美国治理排放型污染的两种思路,然后介绍美国政府治理面源水污染的主要工具——最佳管理实践,并辅以水产养殖治污相关的实践案例,最后描述和分析加利福尼亚州在治理面源水污染方面结合立法手段和最佳管理实践的方法来达到治污目标的成功经验,从基本思路到具体法规制定来层层推进地描述美国在水产养殖和面源水污染方面的政策。

## 二、美国水污染治理思路

美国环境法体系真正建立于20世纪70年代初,以《洁净空气法案》和《洁净水法案》为标志。其法规体系完善,涵盖面广,责任明确,执行力强。当代美国环境法在污染综合治理方面无论是治理思路,还是具体政策措施以及效果,都对中国水产综合治理有较大的参考价值。

美国根据污染种类决定治理方法。治理排放型污染主要有两种途径,第一种是Command-and-Control(行政强制机制),第二种是Cap-and-Trade(排污权交易机制)。前者使政府强制设定排放限额,后者则引入市场机制和排污权来降低污染。两种情况适用于不同的条件。理论上,当减少污染的边际成本较平缓,而污染的边际社会成本较高时,排污权系统更利于减少污染;反之,当减少污染的边际成本相对较高,而污染造成的边际社会成本较小时,设立强制排污限额更有效率。美国在20世纪90年代使用排污权交易系统有效减少了酸雨气体后,2003 年 1 月美国环保局出台了以控制水中营养物质和沉积物为目的的排污交易权指导文件。① 此政策主要针对农业和林木业。以沿海水产养殖业污染为对象的氮磷排污权交易在欧洲也在发展中。

排污权交易的有效性很大程度上取决于对污染者的责任确认,也就是说,首先要明确每个污染者的实际排污量和排污权规定的排污量,才可以进行"排污权交易"。和确定污染者同样重要的是排污权的分配,因为排污权交易的目标是随着时间减少的排放(排污权)总量。合理的排污权分配需要充分的数据、研究,和对产业市场的了解做支撑。

强制限定排污量是治理各种排放型污染的基本方法。如前所述,当污染的边际社会成本较高时——也就是对较为"危险"的污染物,政府通常会强制限定排污量。除了通过边际社会成本,另一种区分方法是把排放型污染分为点源污染和非点源污染(或面源污染)。酸雨气体的排放(和大多数工业污染)属于点源污染,而农业、水产养殖业和畜牧业为非点源污染。美国的非点源污染主要来自农业、畜牧业和城市的溢流和废水。这些营养物质(肥料和粪便)、化学物质(杀虫剂、除草剂)以及各种细菌(粪便)直排入地面水体并渗入地下水。非点源污染物通常单位毒性小于点源污染物,不会直接对人体造成危害,但会对生态系统造成影响。

强制排污限额和排污权交易这两种方法的共同点在于都有一个排放上限(TM-DL)②,无论是逐年还是一次性减少到有害水平以下。两者的主要区别在于污染是否具有扩散性。在酸雨气体的排污权交易系统中,酸雨气体随着空气转移到其他地区,也就是强制限定一个地区的排放并不能保证此地区不会受到其他地方酸雨气体排放的影响。换言之,有些"污染"是无法交易的,比如土地污染、噪声污染和一部分水污染。当然也有一些污染无法简单套用以上某一种治理途径。

水产养殖排污权就属于不能跨区域交易的污染。如前所述,水产养殖各生产方式对环境的影响并不确定。根据环境的承载力和生产方式,不同地区的污染边际社会成本和减污边际成本都不一样。而这方面各国都缺少系统的科学研究和数据,也就使排污权的制定和分配成为不可能。水产污染的责任者和其实际排污量很难确定。水产养殖废水从化学组成上和农业废水几乎同质,同属非点源污染,且中国淡水养殖多与农田同处一地,更难区分污染者。如果采用强制限排,成熟减排技术的缺乏会大大增加养殖户的成本,对整个产业造成影响。

水产养殖污染是一个典型的复杂环境问题(wicked problem)。随着对传统污染物治理的发展和人类与自然日益加强的冲突,环境问题正变得更多样化、更与人类发展相关、与经济及社会联系更紧密、更难被及时发现,结果也更严重。为了适应这种环境问题的本质变化,环境政策的制定需要更加及时和谨慎,更加结合当地知识和科学理论。此类环境政策之一,也是美国治理面源水污染的重要工具,被称为"最佳管理实践"(Best Management Practices, or BMPs)。

---

① Elizabeth Bina Croker et al, 2003, *Emissions Trading Moves to Water, But It Is Not As Simple*. The Environmental Forum, The Environmental Law Institute, March/April, pp. 63—69.

② Total Maximum Daily Level,即每日最大负荷量。

## 三、最佳管理实践

"最佳管理实践"（BMPs）主要用于美国和加拿大的非点源水污染的综合治理，如城市雨水径流、下水道溢流和农村径流等。不同于工业污水对技术的依赖，最佳管理实践主要采用结构上或工程上的控制系统，通过改变操作程序来处理对人体不产生直接危害的非点源污染。最佳管理实践除了更加重视操作和管理，在方法上也更加多样，且从"源头控制"和"末端治理"双向推进着非点源污染综合治理。

美国城市雨水污染法规制定就体现了"最佳管理实践"的灵活性和实用性。城市雨水污染是典型的非点源污染，主要原因是城市不透水地面的增加导致径流量及进入地上水体污染物剧增。美国治理城市雨水污染的思路是末端治理和源头控制并重。一方面，通过雨水许可证的方式来分地区管理排水管道流出水质，将非点源转化为点源治理。另一方面，通过各种以减少径流、增大原地渗（入地下）水为目标的最佳管理实践，例如生态屋顶和透水路面，来源头控制径流量。这种方法在美国很多城市取得了成功，不同的城市可以根据雨水污染程度选择采取源头控制或者末端治理的方式。美国环保局对水产养殖的最佳管理实践定义为"水产养殖业可用来防治或减少污染的操作程序、活动日程、维护程序或其他管理实践"[①]。最佳管理实践因其制定者不同适用范围有所差异。

一个和水产养殖紧密相关的例子是美国对水体中氮磷含量标准的修改。现行美国法律中水的氮磷含量仅考虑了生物体内的聚积量而未考虑（农业及水产养殖导致的）水体富营养化的影响。近几十年来美国的农业一方面大量种植需肥较多的大豆和玉米，一方面农业机械化革命也加重了肥料的使用，由此导致的重度水体富营养化是墨西哥湾和切萨皮克湾水域（美国最大的河口湾）变成"死亡区（缺氧区，dead zone）"的主要原因。为了综合治理水体富营养化而又不因为过度管理而损害到农业，美国环保局提出了一个"同行审核的全国营养物质标准对策"。对策主要包括以下几方面：根据不同地区和水体来研发新的氮磷水质标准；编写针对不同水体的技术指导文件，使参与人可以依其判断水体营养化程度并制定水质标准；国家环保局相关小组和地区营养物质协调机构组合建立地区数据库；编写关于营养物质的水质标准指导，以便各州可以建立或修改相应的水质标准；在实行期间监督和评价相关水质管理项目。[②]

由于水产系统随地理环境而变化，更多水产养殖相关最佳管理实践作用于地区和当地层面。这些最佳管理实践既可以技术，也可以行政和经济为中心。一个例子是美国夏威夷莫洛凯岛的鱼塘养殖系统。莫洛凯岛是夏威夷原住民最多、传统鱼塘保持最完好的地区，但这种水产养殖正在消失中。为了提高当地原住民的生活水平，更重要的是保存当地的文化传统，当地社区决定恢复已经退化的鱼塘养殖。计划中重建和修复后的鱼塘除了水产养殖，也可用于当地教育、生态旅游、娱乐和其他经济发展方面。但这个计划涉

---

① USEPA，Feb 23rd，2011，*Aquaculture Operations-Best Management Practices*. Link：http://www.epa.gov/agriculture/anaqubmp.html.

② USEPA，Feb. 23rd，2011.

及其他保护沿海环境的法律,其通过不仅需要获得一系列漫长的环境相关批准,花费也完全超出了当地的承受范围。面对这个问题,相关部门采取了一系列最佳管理实践,通过合并鱼塘项目来简化审批时间,通过和各相关部门的对话来调解行政冲突,通过技术上的最佳管理措施来减少重建鱼塘对当地环境的影响等,最终鱼塘修复计划得以完成。[①]

在技术上,根据水产养殖内源污染主要来自鱼粪和多余肥饲料,Negroni 提出用湿地处理鱼塘污水的方法。鱼塘周围大型植物可以直接吸收可能的污染物质。富余的氮可以通过硝化和反硝化作用来移除。富余的磷元素可以通过吸附作用,以固态存在于水中。各种病原体可以通过沉淀和过滤设施来移除。

从管理上,Pillay 认为渔场的选址非常重要。渔场应尽可能远离工业农业和生活污水排放,并且结合当地环境的特点,比如池塘较适合水驻留时间长的非密集型养殖。为了提高效率需要加固池塘,池底污泥需定时清理作为农肥。合适的混养可以也可以增加总体产量。这些措施都需要定性定量的数据来量化对农产品和水产养殖的详细利益,合理施肥也很重要。在内陆淡水密集养殖区域,则可以尝试污水处理系统,其费用来自减少的池塘面积和增加的产量。

作为最佳管理实践的科学基础,针对当地环境(以其共享水体为单位)的环境评价和水产规划十分重要。规划中应该包括环境承载力—产量的模型来估算最大可持续的产量。在执行中,内陆水产养殖必须注重各行业在治理过程和费用上的协调,比如当地农民对池塘底泥的接受,对湿地的保护和重建以及对废水排放的互相监督。

## 四、加利福尼亚州非点源水污染治理

美国的非点源污染主要来自农业、畜牧业、水产养殖业和城市的溢流及废水。污染组成主要包括各类营养物质(肥料和粪便)、少量化学物质(杀虫剂,除草剂)以及细菌。这种营养物质污染从本质上如前面分析的水产养殖污染,从技术和管理上极难治理。由于美国的内陆水产养殖主要是工厂式养殖,环保局将其归为点源污染治理。美国在《洁净水法案》的第 208 款、第 319 款和第 404 款以水质为标准依照当地环境制定最大日负荷量(Total maximum daily loads,TMDL),渔业企业必须获得抽水和排放执照,安装基本废物处理设施(如防止养殖鱼类流入自然河道),并要求企业在州政府的帮助下制定最佳管理实践的规划。违反规定的企业依据该法最高可处以 17.75 万美金的罚款。美国尚无联邦法律治理非点源污染,各州政府的自愿减排方案包括教育、技术支持和经济鼓励措施,并在很大程度上借助于当地社区和非政府环保组织的监督和配合。但由于其非强制性和缺乏有效的监测,成效并不显著。加利福尼亚州作为西部农业大省,在控制面源污染方面有相对全面的流域治理系统。其减排系统结合了最佳管理实践和分布限排的时间表,代表了美国非点源水污染治理的新思路,对水产养殖非点源污染提供了宝贵的参考。

---

① USEPA, Feb. 23rd. 2011.

加州人口稠密、农业发达，大量用水来自周边河流及地下水资源，面临一定水资源压力。1991 年以来，州水资源控制委员会、海岸委员会和九个地区水质量控制委员会联合进行的调查显示了非点源水污染作为主要加州水污染的原因。在此情况下出台了《加州非点源污染控制方案》①，意在 1998—2013 年间"避免和解决加州的非点源水污染"。该方案的目标包括：监测、估计和报告水质量变化；在可行的范围内以流域为单位，通过当地社区的努力和因地制宜的管理措施控制各种水体的非点源污染；在公众参与和支持的基础上推行项目，并鼓励创新非点源污染控制方法；提供技术和经济和教育支持，并执行具体管理措施。

根据《加州非点源污染控制方案》，加州政府的政策有两个特点，一是"三等级管理"方法（Three-Tiered Approach）。政府根据各地非点源污染的情况设置了三个不同强度的等级。② 第一等级为"自愿减排"，排放者自行选择最佳管理措施（BMP）来达标。政府在技术、教育和经济方面予以支持。需要强调的是，"自愿减排"并非意味着可以自愿选择是否完成减排目标，而是选择达成目标的方法。第二等级是以法规为基础的鼓励政策，排污者通过采取政府认可的 BMP，可以免除申请排污许可（WDR）或其他排污许可程序。这一等级的特点是政府有权选择 BMP，也有权在某一 BMP 无明显效果时要求其他措施。第三等级可以称为"强制等级"，政府有权对某些排污者设定严格的限排目标，而对于这些排污者来说，只有通过采用 BMP 才能达标。这一等级主要针对未经许可的各种排放，及无法完成减排目标的排污者。

二是循序渐进的三个"五年计划"（Three Five-Year Implementation Plans）。第一个五年计划（1998—2003 年）的重点是设定管理目标、数据库和监测系统、达标指南等基础设施，整合已有的 BMP 项目，全面收集信息，根据参与者达标情况调整下一阶段的计划。第二个五年计划（2003—2008 年）和第三个五年计划（2008—2013 年）针对第一阶段的成果来决定是否提升管理等级，以及在需要的情况下追加新的排放指标，保障最终计划的顺利完成。

# 五、对我国的借鉴意义

加州政府对非点源水污染的综合治理对内陆水产污染有重要的借鉴作用。首先，非点源污染的特点在难以监测其排污行为，也就是"排污成本低，而减排成本高"。不仅排污地点分散，排污量与时间不定（径流），排污种类也各有不同（农业、牧业、城市、矿场等）。这种复杂性和多样性使得有效的非点源污染治理需要同时作用于多个相关污染源，而这不仅对政府能力的要求极高，也预示着制定目标和执行机制时的层次性。三个

---

① California Environmental Protection Agency, State Water Resources Control Board, 2011, Nonpoint Source (NPS) Pollution Control Program. Link：http://www. swrcb. ca. gov/water_issues/programs/nps/reg_solutions. shtml.

② State Water Resources Control Board & California Coastal Commission, *Nonpoint Source Program Strategy and Implementation Plan*, *1998-2013*（PROSIP）, January 2000.

"五年计划"和"三等级方式"分别代表了时间上和执行强度上的层次,大大减小了计划实施的风险。

我国内陆水产养殖污染同为非点源污染,其对水体污染的总贡献相对较小,却受到农村污水和生活污水的影响,若仅仅限制水产业污染,其成本很高而真正社会收益却相对小,加上水产业和农业及农村污水同处一地,单解决水产污染源而不碰触其他两污染源,不仅经济上不合算,也难见成效。此外,水产业与农业和生活污水不仅从排放物上相似(氮、磷、化学需氧量)、地域相近、排放类型相同(非点源污染),水产业和农牧业同属粮食产业,在国家产业结构的地位也颇有可比,这些条件都表明综合治理这几个污染源在环境、经济和社会方面都有合理性。也就是说,要想有效地治理污染,需要采取跨行业政策来同时治理流域内的农业和水产养殖业废水排放,否则水产养殖治污减排的成果很可能被农业面源污染掩盖。

加州非点源水污染治理的基础是流域管理。根据一系列联邦环境法案,美国环保局(USEPA)享有相当大的立法和执法权。在水资源方面,美国也正从区域管理转向流域管理。自从 1998 年非点源治理计划实施直到 2008 年,许多污染严重的水体都在"一河一策"的基础上得到了良好缓解。以洛杉矶河流域(LA River)的氨污染为例,该流域在 2003 年(第一个五年计划末)确定了流域排放上限,该标准在 2004 年被美国环保局接受,2006 年分配了基于废水排放位置的排污权,2007 年安装了硝化/反硝化设备,达到了排放标准。而同样氨污染的圣克拉拉河流域(Santa Clara River),则因为田地较多,使农民通过采取最佳管理实践来免除强制限排措施,在 2008 年第一次监测了实践结果,并制定了基于结果的氮减排计划。[①] 从这两个例子可以看出流域管理的灵活性和高效的执行效果。

非点源污染比点源水污染更需要流域治理。非点源污染本就难以监测,在多污染源同时治理且治理方法尚待评估的情况下,区域治理不能见效。和固体废弃物不同,水污染的形成和传播都以流域生态系统为单位,因此其综合治理也必须作用于整个流域生态系统,而非让生态系统来适应社会单位。然而,流域治理和区域治理并不是相排斥的概念。在加州的例子中,尽管责任机构是流域机构,但具体 BMP 实施却通常在更小的社区中进行,尤其是城镇径流减排,更以行政社区为单位。同样,在水产养殖污染综合治理中,尽管流域治理占主导作用,且要赋予与其责任相当的执法权,在具体的实施上也离不开区域管理的配合。

加州政府把非点源污染治理建立在"民众参与"、"政府提供技术和资金支持"这两点上,充分考虑到了问题的复杂性。因为污染源的复杂性,最佳管理措施必须因地制宜,因为很多"最佳管理措施"(BMP)未必经过实践的考验,其效果有待观察。新的最佳管理实践风险较高,但又必须得到尽快试行——否则政府将无法根据实行情况修改计划——所以政府提供的技术和资金支持至关重要。加州政府把"收集信息"和"从经验中学习"作

---

① State Water Resources Control Board, California Regional Water Quality Control Boards, California Coastal Commission, *Annual Progress Report for Federal Clean Water Act Section 319 Program 2007-2008*, November 2008.

为初期的重点,这种科学为本的精神值得借鉴。

内陆水产综合治理也面临着同样的形势——对待同一个减排目标,有很多种方法。这些方法根据鱼塘范围大小、水质要求、养鱼种类等互有优劣,而政府绝无可能,也不应该强行规定何种方法适用于何种情况,这一切都需要养殖户和当地社区根据经验和需要来计量。政府需要做的是充分发挥当地社区的主动性,在减排目标的完成前提下,一方面让当地养殖户"自主"减排,另一方面主动提供技术和资金支持,并汇总资料为后来者作为参考,同时设立严格的监督体制,随时提高减排措施的执行强度,从而双向同时推进减排进展。

## 六、总　　结

美国水污染治理政策体系中,在强制减排和排污权交易这两个基本思路下,最佳管理实践(BMPs)是治理地区性非点源水污染,包括农业水污染和水产养殖水污染的重要途径,对中国水产养殖污染治理有宝贵的借鉴意义。作为治理复杂环境问题的形式,最佳管理实践的灵活性、多样性和对环境与经济社会关联的重视使其符合水产养殖综合治理面临的诸多问题。加州非点源污染和美国城市污水治理这两个案例则具体表现了美国对待非点源水污染的思路,以及最佳管理实践在其中的作用。可以看出,美国对待复杂环境问题的政策制定因地制宜,充分发挥当地部门的知识,并注重收集数据。在执行方面,这些政策充分体现了政策中硬性指标和灵活的达标方式及时间表的结合,源头控制和末端治理的结合,使其更适应复杂的面源污染跨行业、跨地区的特点。这些都是中国在制定水产养殖治污政策需要注意的。

当然,中国水产治污的情况更加复杂,涉及的人群也更多。首先,国内人口密度较大,水产养殖污染很大程度上是各行业用水冲突的问题。其次,中国水产养殖污染并不仅仅是营养物质的排放,还有对水体周围环境的物理破坏。最后也是最重要的一点,中国的环境政策执行系统和资金支持都与美国有本质的不同,如何提高我国环保部门的行政能力,以及如何让养殖户和农民认可综合治理政策的长远作用,都是必须重点考虑的问题。也正因为这种复杂性,在政策的制定上我们才要更多地依靠当地经验,注重各行业配合,留出各种最佳管理实践的空间,并与经济鼓励措施紧密结合。只有这样,才能从根本上治理好水产养殖污染。

# 附　录

2011 年湖北省水资源可持续利用大事记

# 湖北省发布 2010 年度水土保持公报

在纪念《中华人民共和国水土保持法》颁布实施 20 周年之际,湖北省水利厅于 2011 年 6 月 29 日依法向社会发布了《2010 年湖北省水土保持公报》。本次公报是湖北省自 2005 年首次公报以来第 6 次向社会发布水土保持情况。

公报显示,湖北省现有水土流失面积约 5.58 万平方公里,年均侵蚀量 1.78 亿吨,平均侵蚀模数约 3186 t/km2.a。2010 年,全省共治理水土流失面积达 2248.44 平方公里。全省各级水行政主管部门共审批生产建设项目水土保持方案 894 个,方案水土保持总投资 22.4 亿元,确定水土流失防治责任范围 607.57 平方公里,设计拦渣量 1.42 亿立方米,对 149 个生产建设项目进行了水土保持设施验收,全年查处水土保持违法案件 260 起。全省建成由 1 个省级监测中心、14 个监测分站、73 个监测点组成的水土保持监测网络体系并开始运行。

本次公报的发布旨在进一步增强全社会的水土流失忧患意识、水土保持国策意识和法制意识,进一步增强社会各界参与水土保持生态建设的自觉性、积极性和紧迫性。

# 湖北努力推进小农水建设新跨越

湖北省委、省政府对小型农田水利重点县建设高度重视，多次召开省委常委会议、省政府常务会议，专题研究以小农水为重点的农田水利建设工作。省人大、政协发挥职能作用，积极开展小农水专题调研，提出合理化建议。同时，省政府成立了由分管副省长任组长的组织协调机构，出台了《关于加快农村小型水利建设的意见》。各重点县相应成立了以主要领导任组长的小农水重点县项目建设领导小组。

湖北为充分调动各地积极性，建立了重点县竞争立项工作机制。将各地小农水项目的建设业绩和资金投入等作为重要内容，通过严格、科学的考核，公开、公正的评审，最大限度地实现了奖优罚劣、绩效优先。下一步湖北将建立保障有力的建管机制，高标准规范管理、全过程群众监督、多模式管护创新。针对不同地域特点、工程类型，积极探索长效管理方式，确保工程建得成、管得住、用得好、长受益。

# 湖北全面推进中小河流治理工程建设

　　湖北省水利厅、财政厅在武汉对鄂州市长港鄂城段河道整治工程、武汉市黄陂区滠水河东风河段综合治理工程等 10 个中小河流治理工程项目初设报告进行了技术审查。标志着按计划全部完成了纳入《全国重点地区中小河流近期治理建设规划》125 个项目的技术审查工作，湖北省中小河流治理工程建设正在全面推进。根据水利部、财政部联合印发的《全国重点地区中小河流近期治理建设规划》，湖北全省纳入规划的有 125 个项目。2009—2010 年度 52 个试点项目在认真编制并严格审批初步设计、规范开展建设管理工作的基础上，现已全部开工，年底将全部完成建设任务；第二批 42 个项目全部完成初步设计审批，正在进行招投标工作，即将全面开工建设；新增 31 个项目已全部通过技术审查，将于 2011 年 10 月底前完成初步设计审批工作，全面进入建设实施阶段。

# 湖北省全面开展水利普查清查数据质量抽查工作

　　按照国务院水利普查办的统一部署,湖北省水利普查对象清查已取得阶段性成果,目前全省水利普查正在进行清查数据汇总审核。为确保清查数据质量,省水利普查办编制了《湖北省第一次水利普查对象清查数据质量抽查工作方案》。为确保清查数据质量抽查工作取得实效,2011年8月4日至8日,湖北召开全省水利普查清查数据质量抽查培训现场会,详细讲解了水利工程、经济社会用水、河湖开发治理保护、行业能力建设、灌区专项、地下水取水井、数据处理及录入7个专项质量抽查的内容、要点、流程、一般要求,以及清查数据质量的评价要点和方法等;分别选取大冶市陈贵镇堰畈桥村等作为质量抽查样区,对与会人员进行了实际操作演练;启动并部署了全省水利普查清查数据质量抽查工作。

# 湖北省水利信息化"十二五"发展规划通过审查

2011 年 6 月 17 日,湖北省水利厅在武汉召开《湖北省水利信息化"十二五"发展规划》审查会议,厅党组成员、副厅长史芳斌出席会议并讲话。长江水利委员会、武汉大学、华中科技大学、省南水北调管理局、省水利水电科学研究院、省防汛抗旱指挥部办公室、省水文水资源局等单位的专家和代表共 20 余人参加会议。会上,编制单位厅信息中心汇报了规划的主要内容,与会领导、专家和代表对该规划进行了认真的审议和讨论。一致认为编制单位结合当前水利发展与改革的新局面和全球信息化发展的新形势,组织开展了大量的调查、分析和研究工作,提出的规划符合我省现阶段的实际情况,规划思路清晰、目标明确、内容全面,已达到规划阶段所要求的深度。适当修改完善后,经报批将作为"十二五"期间湖北省水利信息化建设的主要依据。

"十一五"期间,省水利信息化取得了"基础设施逐步完善、业务应用全面展开、保障环境逐步改善"的成绩,为信息化的持续发展奠定了基础。"十二五"将重点建设湖北省防汛抗旱指挥系统、湖北省水资源管理系统等十大水利业务应用系统及湖北省水利数据中心和水利网络与信息安全保障系统两个基本支撑平台,基本实现水利信息化,为湖北水利发展战略目标的实现提供强大的信息化支撑。

# 湖北环保世纪行组委会召开会议

2011年5月27日,湖北环保世纪行组委会召开全体会议,讨论通过2011年湖北环保世纪行活动方案,并就"八百里汉江巡礼"等5个专项行动进行部署和分工。2011年湖北环保世纪行由省人大城环委、省委宣传部、省发改委、省交通厅、省南水北调办、湖北经济学院等21个单位主办,今年将围绕"保障饮水安全 建设绿色汉江"主题组织开展活动。

湖北环保世纪行已连续开展了18年,对加强我省生态文明建设,实施"两圈一带"发展战略,加快构建资源节约型、环境友好型生产方式和消费模式,促进湖北科学发展、跨越式发展具有重要意义。

# 第一次全国水利普查对象清查工作会议召开

　　2011 年 5 月 25 日,国务院第一次全国水利普查领导小组办公室在京召开第一次全国水利普查对象清查工作会议,通报水利普查对象清查工作进展情况,总结经验,分析问题,对下一阶段工作进行部署。自 2011 年 3 月 18 日第一次全国水利普查清查登记工作启动视频会议以来,水利普查清查登记工作按时启动,对象清查工作正积极推进。在对象清查工作中,许多地方结合实际扎实工作,创造了很多好的做法,取得了很多好的经验,但也存在工作进展不平衡的问题。目前,部分地区进度滞后,部分地区还存在思想认识、组织推动、工作安排、资金、人员以及督导检查等几方面不到位的现象。

　　会议强调,地方水利普查对象清查工作要在 6 月底前完成,对象清查工作到了关键时刻。水利普查对象清查工作时间非常紧迫,任务十分艰巨,责任十分重大,各级水利普查机构要按照国务院和水利部党组的部署和要求,切实增强责任意识,积极开拓思路,努力克服困难,加快工作进度,确保按时完成对象清查工作。

# 湖北万名干部进万村挖万塘

　　根据湖北省委、省政府的决定，2011年12月5日至2012年3月5日，全省将实施主题为"兴水利，清塘堰，促发展，惠民生"的"万名干部进万村挖万塘"活动，组成省、市、县三级党委和政府8550个工作组，选派26480名干部，集中组织完成20万口当家塘堰整治任务，覆盖每一个村民小组，以整治塘堰为重点，带动其他小型农田水利设施的整治和建设。这是新中国成立以来湖北省规模最大的农田小水利建设。湖北省委、省政府成立了"三万"活动领导小组：省委书记任组长，省长任第一副组长，省委副书记具体抓。湖北省制定了活动的总体方案以及相关的配套方案，省委、省政府下发了《关于在全省开展"万名干部进万村挖万塘"活动的通知》，对开展"三万"活动进行具体部署。在解决塘堰建设资金的同时，湖北省将按照"谁投资、谁管理、谁受益"的原则，引导村组和群众推进塘堰等小型水利设施产权制度改革，探索建立农田水利建设渠道投入机制和长效管护机制，确保工程建得起、用得好、长受益。

# 湖北省人大开展湖泊保护立法调研

　　2011 年 12 月 6—7 日,省人大常委会党组副书记、副主任刘友凡率省人大法制委员会、常委会法规工作室以及省直有关厅局、高校的负责同志赴鄂州开展湖泊立法调研。我省素有"千湖之省"之称,但由于多年的围垦,造成湖泊面积锐减,部分湖泊消失。近年来,随着经济的快速增长,人口的不断增加,城市化程度的日益提高,乱填乱占和过度开发湖泊的现象欲禁难止,愈演愈烈。湖泊的减少以及湖面的萎缩,导致湖泊防洪调蓄功能大为减弱,加重了洪水和干旱灾害的威胁,降低了水域纳污能力,加速了水体污染。而水体污染不仅危及人民群众的饮水安全,还导致湖泊生态系统受到严重破坏,使得湖泊的养殖、旅游等功能逐步退化。湖泊问题已经成为影响我省经济社会可持续发展和生态安全的重大问题。今年我省连续出现干旱和洪涝灾害,而且旱灾和涝灾急剧转换,再次为湖泊问题敲响了警钟。社会各界对此高度关注,各方面迫切要求通过立法保护湖泊资源。2011 年,湖泊保护条例被列为省人大常委会年度立法计划项目。11 月 15 日,省政府常务会议审议并原则通过了《湖北省湖泊保护条例(草案)》。《草案》现已提交省人大常委会审议。

# 胡锦涛总书记在湖北视察抗旱工作

　　2011 年 5 月 31 日至 6 月 3 日,中共中央总书记、国家主席、中央军委主席胡锦涛在湖北考察工作,并专门前往受旱地区和丹江口水库察看。

　　在位于十堰市东部的丹江口市土关垭镇龙家河村,胡锦涛走进一片受旱严重的农田,用手翻开田里的土壤查看墒情。一位上了年纪的村民告诉总书记,这里好久没下过一场透雨,流经村子的小河几十年都不曾缺过水,如今却断流了。得知村里现在正把插不上秧的水田改成旱地,抢种玉米、花生、大豆等耐旱作物,胡锦涛走上前去,亲自刨土、点种、舀水、浇地,和村民一起补种玉米。总书记希望乡亲们精心搞好抗旱田间管理,能补种的尽量补种,能改种的抓紧改种,努力把损失降到最低程度。胡锦涛又特别叮嘱当地干部,现在是抗旱的关键时刻,要把抗旱作为当前农村工作最紧迫的任务,动员各方力量,采取综合措施,加大资金、物资、技术等方面的保障力度,确保人畜饮水,确保不误农时,坚决打赢抗旱这场硬仗。

　　当年兴建的大型水利枢纽工程丹江口水库,不仅在汉江流域治理和开发中起到了重要作用,也为现在实施南水北调中线工程奠定了重要基础。胡锦涛登上水库大坝,俯瞰上下游水情,听取南水北调工程建设和丹江口水库运行管理情况汇报。总书记希望有关方面按照中央要求,进一步把丹江口水库建设好、管理好、维护好,同时抓好移民安置、环境保护、配套工程建设,为加快南水北调工程建设作出更大的努力。胡锦涛还明确提出,当前特别要针对汉江流域的严重旱情,加强水库下泄流量的科学调度,帮助群众有效缓解生产生活用水困难,把大型水利枢纽在抗旱中的重要作用充分发挥出来。

# 温家宝:坚定信心科学应对打赢抗旱减灾硬仗

2011 年 6 月 4 日,正在江西、湖南、湖北考察抗旱工作的中共中央政治局常委、国务院总理温家宝在武汉主持召开江苏、安徽、江西、湖北、湖南五省抗旱工作座谈会,并发表重要讲话。他强调,长江中下游地区在我国经济社会发展中具有举足轻重的战略地位,搞好当前的抗旱救灾工作,对于促进粮食和农业稳定发展、农民持续增收至关重要,对于保持经济平稳较快发展、管理好通胀预期意义重大。各地区、各有关部门必须高度重视并努力克服旱灾对农业生产的不利影响,坚定抗旱夺丰收的信心,为促进经济社会健康发展作出贡献。

温家宝指出,近一个时期以来,长江中下游地区降水过程少,高温天气多,河湖水位持续偏低,水利工程蓄水不足,数千万亩耕地受旱,水产养殖遭受损失,河湖生态受到影响,一些地方出现人畜饮水困难。面对严重旱情,受旱地区广大干部群众奋起抗灾,付出了巨大努力,取得了显著成效。近日部分地区出现降雨,但未来天气变化还存在很大的不确定性,旱情根本缓解还有一个过程,对灾情的影响绝不可掉以轻心。当前,正值早稻生长发育和中稻栽插用水关键时期,是农业生产和水产养殖的重要季节,我们一定要采取更加有力的措施,狠抓落实,科学应对,确保农业特别是粮食丰收。

温家宝强调,做好当前的抗旱工作,一要千方百计保障群众生活用水,努力促进粮食和农业稳定发展。全面落实供水措施,尽最大努力保证城乡居民饮水安全。加强分类指导,搞好田间管理,及时调整农业生产结构。采取措施尽快恢复渔业生产。力争早稻损失晚稻补,渔业损失农业补,农业损失非农业补。二要强化水利水电工程的科学调度,发挥好三峡等水利工程的综合调蓄作用,提高长江流域抗灾减灾整体能力,多渠道开辟抗旱水源,大力推行农业节水,强化科学用水。三要加大抗旱资金和物资投入,强化对农业生产的扶持。近期,中央财政将再次下达一批特大抗旱经费,重点用于补助农民抗旱浇地和抗旱服务队开展抗旱服务。进一步增加农业、渔业生产救灾资金,用于农民购买鱼苗、种子、化肥等生产资料。要统筹安排,突出重点,提高资金的使用效益。同时,搞好农资供应和价格质量监管,抓好夏收夏种夏管。四要坚持抗旱防汛两手抓,未雨绸缪,防范旱涝急转,抓紧进行堤防、水库隐患排查与除险加固,加强监测预报,保障安全度汛。科学规划,妥善解决好旱灾过后的生态恢复问题。五要全面加强水利基础设施建设,着眼长远,全面规划,落实好中央加强水利建设的各项政策措施。六要切实加强对抗旱工作的组织领导,受旱地区要把抗旱减灾作为当前的一项重要任务来抓。主要领导要深入抗旱第一线,切实帮助群众解决抗旱工作中遇到的实际困难和问题。各有关部门要通力协作,努力形成抗旱救灾的强大合力,确保群众生产生活用水需要,确保农民收入和困难群众生活不因旱灾而受到大的影响。七要统筹抓好稳定物价、保障性住房建设、经济运行调节、财政金融等各方面工作,努力实现全年经济社会发展目标。

# 省委一号文件提出实施饮水安全村村通工程

在省委出台的一号文件《关于加快水利改革发展的决定》中，明确提出"全面解决农村饮水安全问题，实现农村饮水安全工程'村村通'"。

"十一五"期间，全省共投入饮水安全工程建设资金 71.5 亿元，解决了高氟水、苦咸水、血吸虫病疫水水质问题，以及局部地区严重缺乏饮用水问题。全省农村有 1626.12 万人受益，超 4.1 万人解决原定的"十一五"期间 1609.6 万人的饮水安全问题。目前，我省农村饮水安全"十二五"规划已经按照"村村通"的要求编制完成。

# 农村饮水安全再次列入省政府"十件实事"

　　湖北省十一届人大四次会议上,王国生省长宣布了 2011 年省政府"十件实事","解决农村 200 万人饮水安全问题"位列其中。这是农村饮水安全问题自 2005 年以来连续第七次列入省政府当年的"十件实事"。

# 中共中央、国务院《关于加快水利改革发展的决定》
# 正式公布

2011年1月29日,中共中央、国务院《关于加快水利改革发展的决定》正式公布。这是新世纪以来的第8个中央一号文件,也是新中国成立62年来中共中央首次系统部署水利改革发展全面工作的决定。中央1号文件《关于加快水利改革发展的决定》发布,进一步明确了新形势下水利的战略地位以及水利改革发展的指导思想、基本原则、目标任务、工作重点和政策举措。

2011年中央一号文提出加大公共财政对水利的投入,多渠道筹集资金,力争今后10年全社会水利年平均投入比2010年高出一倍。2010年我国水利投资是2000亿元,高出一倍就是4000亿元,未来10年的水利投资将达到4万亿元。

随着工业化、城镇化深入发展和全球气候变化影响,我国水资源、水生态、水环境面临更加严峻的形势。为此,2011年中央一号文件明确提出,实行最严格的水资源管理制度,通过建立"三项制度",确立"三条红线",着力改变当前水资源过度开发、用水浪费、水污染严重等突出问题,使水资源要素在我国经济布局、产业发展、结构调整中成为重要的约束性、控制性、先导性指标。到2020年,全国年总用水量控制在6700亿立方米以内。万元国内生产总值和万元工业增加值用水量明显降低,农田灌溉水有效利用系数提高到0.55以上。主要江河湖泊水功能区水质明显改善,城镇供水水源地水质全面达标。

# 湖北今年将基本完成南水北调中线工程库区
# 移民安置工作

继完成移民外迁工作之后,湖北省将全面启动移民内安工作,全年计划完成9.2万移民内安复建任务。此举意味着,到2011年底,湖北省将基本完成南水北调中线工程丹江口库区移民安置工作。

为实现2014年汛后蓄水目标,按照库区移民"四年任务、两年基本完成、三年彻底扫尾"的工作安排,2011年,湖北省要基本完成9.2万移民安置任务,其中农村移民8万人,城集镇移民1.2万人;基本完成9个城集镇迁建、124家企业补偿迁建和专业设施复建改建。

据介绍,湖北省南水北调中线工程丹江口水库移民总数约为18万人,其中外迁移民7.7万人,内安移民10.5万人。自2009年8月20日启动首批外迁试点移民搬迁以来,到2010年11月28日,湖北省全部7.7万外迁移民已经顺利完成搬迁。到2012年6月底,随着移民内安和搬迁复建工作结束,湖北省将全面完成南水北调中线工程丹江口库区移民安置任务,为实现2012年底库区移民搬迁彻底扫尾和2014年汛后蓄水目标打下坚实基础。

# "湖北省水环境遥感监测示范系统"项目通过鉴定

　　2011年11月13日上午,"湖北省水环境遥感监测示范系统"项目科技成果鉴定会在武汉召开。专家一致认为,该成果在中小湖泊湖网系统水环境遥感监测研究与应用方面达到国内领先水平。

　　"湖北省水环境遥感监测示范系统"是针对湖北省重点水域突出的环境问题,利用多源卫星遥感数据,特别是我国环境减灾小卫星(HJ-1A/B)数据,结合地面观测数据,以"大东湖水网"和梁子湖为示范研究区,达到大范围、多时相、连续动态监测湖北省水环境状况的目的。实现在污染源识别与水质监测方面的应用示范,为后续开展环境监测其他领域的应用与管理,特别是发挥遥感技术在其中的作用提供有效经验与借鉴。该项目的实施对实现环境监测工作的整体信息化、促进环境监测科技水平提升等具有十分重要的意义。

# 《全国地下水污染防治规划》发布

  为解决地下水污染问题,切实保障人民群众饮水安全,环境保护部会同国家发改委、财政部、国土资源部、住建部、水利部等部门,历时 6 年编制完成的《全国地下水污染防治规划(2011—2020 年)》(以下简称《规划》)10 月 10 日经国务院正式批复。这是我国首部地下水污染防治纲领性文件,它的出台丰富和完善了我国的水污染防治体系,为我国地下水与地表水协同控制的水污染防治格局的建立,为实现水环境质量的总体改善奠定了坚实的基础,对于支撑我国经济社会发展具有举足轻重的战略地位。《规划》明确提出了"保护优先、预防为主、防治结合"的地下水污染防治原则,以及两个阶段的有限目标:到2015 年,基本掌握地下水污染状况,初步控制地下水污染源,初步遏制地下水水质恶化趋势,全面建立地下水环境监管体系;到 2020 年,对典型地下水污染源实现全面监控,重要地下水饮用水水源水质安全得到基本保障,重点地区地下水水质明显改善,地下水环境监管能力全面提高,地下水污染防治体系基本建成。这充分表明我国环境污染防治已经初步实现由被动应对向主动防控的转变,开始进入防治并举、系统管理的新阶段。《规划》还提出开展地下水污染状况调查、保障地下水饮用水水源环境安全、严格控制影响地下水的城镇污染、强化重点工业地下水污染防治、分类控制农业面源对地下水污染、加强土壤对地下水污染的防控、有计划开展地下水污染修复、建立健全地下水环境监管体系等 8 项地下水污染防治主要任务。

# 国务院通过《三峡后续工作规划》和《长江中下游流域水污染防治规划》

    2011年5月18日,国务院常务会议讨论通过《三峡后续工作规划》和《长江中下游流域水污染防治规划》。《三峡后续工作规划》的主要目标之一是:到2020年,生态环境恶化趋势得到有效遏制,地质灾害防治长效机制进一步健全,防灾减灾体系基本建立。为此,要加强库区生态环境建设与保护。将水库水域、消落区、生态屏障区和库区重要支流作为整体,综合采取控制污染、提高生态环境承载力、削减库区入库污染负荷等措施,建设生态环境保护体系。要妥善处理三峡工程蓄水后对长江中下游带来的不利影响。实施生态修复,改善生物栖息地环境,保护生物多样性。《长江中下游流域水污染防治规划》的范围,包括尚未纳入水污染防治规划的长江干流、长江口、汉江中下游、洞庭湖和鄱阳湖等5个控制区,涉及8个省(区、市)的408个县,流域面积达63.3万平方公里。

# 《太湖流域管理条例》正式颁布实施

  国务院通过《太湖流域管理条例》，自 2011 年 11 月 1 日起施行。《太湖流域管理条例》中有很多亮点与新措施，其中最突出的是建立了流域排污总量控制制度以及区域间生态效益补偿机制。太湖流域位于长江三角洲地区腹地，跨江苏、浙江、上海等省市，人口密集、经济发达，资源环境压力大，通过立法加强太湖流域的水资源保护和水污染防治工作，对推动经济发展方式转变、维护流域生态安全，具有十分重要的意义。为了巩固水环境综合治理成果，有必要通过立法将实践证明行之有效的各项措施规范化、制度化。

  此条例作为我国首部流域综合性行政法规，对加强流域水资源的管理、开发、利用和保护，推动流域经济发展方式转变具有重要现实意义和深远历史影响。

# 湖北启动《湖北省环境保护条例》修订工作

　　鉴于目前正在执行的《湖北省环境保护条例》是 1994 年颁布实施的，已不适合湖北省当前发展形势。湖北省人大代表、武汉大学法学院王树义教授等提出的关于修订《湖北省环境保护条例（修正）》的议案，受到省委、省政府、省人大的高度重视。为进一步加强环境保护工作，促进湖北科学发展、跨越式发展，实现绿色繁荣，创新完善环境保护和生态文明建设的体制机制，强化法制的支撑作用。湖北省人大常委会已将《湖北省环境保护条例（修订）》列入 2012 年度湖北省人大常委会立法计划项目，正式启动该条例的修订工作。

# 湖北启动《湖北省实施〈中华人民共和国水污染防治法〉办法》修订工作

为了进一步建立健全湖北省环境保护地方性法规规章体系,同时为了更好地与修订后的《中华人民共和国水污染防治法》相适应。湖北省人大常委会已将《湖北省实施〈中华人民共和国水污染防治法〉办法(修订)》列入 2012 年度湖北省人大常委会立法计划项目,启动《湖北省实施〈中华人民共和国水污染防治法〉办法》的修订工作。

# 湖北水资源报告调查意见反馈表

尊敬的读者:

    这是湖北水事研究中心进行的湖北水资源保护观察与记录的年度报告。希望您能填写下表,通过 Email 或邮寄的方式提供反馈意见,帮助提高《湖北水资源报告》的品质。

    谢谢您对湖北水资源保护事业的支持,谢谢您给湖北水事研究中心提出的宝贵意见。

    请在选项位置打"√",可多选:

| | |
|---|---|
| 您对这本书的评价(请按照满意程度进行选择,并陈述基本理由) | 1. 不满意,理由是: |
| | 2. 一般,理由是: |
| | 3. 不错,理由是: |
| | 4. 很满意,理由是: |
| 您认为湖北水资源报告应在下列几方面如何改进? | 1. 基本数据和事实的准确性、权威性;2. 评论分析的深入和洞察力;3. 更全面追踪透视年度热点;4. 可读和趣味性;5. 更突出重点或年度主题 |
| | 其他(请写明): |
| 您认为哪几篇(部分)较好? | |
| 您认为哪几篇(部分)一般或较差? | |
| 您认为湖北水资源报告在哪些方面对您比较有帮助? | 1. 可以作为参考的工具书;2. 了解湖北水资源问题现状与进程;3. 增长见闻 |
| | 4. 其他(请写明): |

（续表）

| 您的个人信息 | 您的姓名： | | | |
|---|---|---|---|---|
| | 所在单位(职务方便请注明)： | | | |
| | 联系方式： | | | |
| | 邮编： | 通信地址：<br>电子邮件： | | 联系电话： |
| | 您比较关注哪些领域： | | | |
| 您的其他建议或要求 | | | | |

湖北水事研究中心

网址：http://www1.hbue.edu.cn/water/

地址：湖北省武汉市江夏区藏龙岛 湖北经济学院

邮编：430205

电话：027-81978221

E-mail：hbssyjzx@163.com